油库技术与管理系列丛书

油库规章制度与业务管理

马秀让　陈　勇　主编

石油工业出版社

内 容 提 要

　　本书根据油库管理工作的实际需要，详细介绍了油库规章制度与业务管理的方方面面，内容包括油库管理规章的体系及编制实施，油库主要管理规则，作业程序、流程和操作卡，设备操作规程，应急处置预案编制，岗位职责与应知应会，专业教育与训练考核，主要场所先进标准，油库文书与业务资料，油库标识与业务登记统计等。

　　本书可供油料系统各级管理者、油库业务技术干部及油库一线操作人员阅读使用，也可供油库工程设计与技术人员和石油院校相关专业师生参阅。

图书在版编目（CIP）数据

油库规章制度与业务管理／马秀让，陈勇主编．——北京：石油工业出版社，2017.7
　（油库技术与管理系列丛书）
　ISBN 978-7-5183-1932-9

　Ⅰ.①油… Ⅱ.①马… ②陈… Ⅲ.①油库管理-规章制度②油库管理-业务管理 Ⅳ.①TE972

　　中国版本图书馆 CIP 数据核字（2017）第 126942 号

出版发行：石油工业出版社
　　　　　（北京安定门外安华里 2 区 1 号　　100011）
　　　　　网　　址：www. petropub. com
　　　　　编辑部：（010）64523583　图书营销中心：（010）64523633
经　　销：全国新华书店
印　　刷：北京中石油彩色印刷有限责任公司

2017 年 7 月第 1 版　2017 年 7 月第 1 次印刷
710×1000 毫米　开本：1/16　印张：17
字数：340 千字

定价：78.00 元

《油库技术与管理系列丛书》
编　委　会

《油库规章制度与业务管理》分册
编　写　组

主　　编　马秀让　陈　勇

副 主 编　郭守香　聂世全　曹振华　杨　恩

编写人员　（按姓氏笔画排序）

马介威　王立明　王伟峰　王宏德　邓凯玲

朱邦辉　纪连好　刘　刚　远　方　苏奋华

张传福　邵海永　陈李广　周江涛　罗晓霞

郑志峤　单汝芬　赵希凯　赵希捷　屈统强

秦　洋　夏礼群　徐浩勐　郭广东　高志东

曹常青　梁检成　景　鹏　程　赟　端旭峰

薛　楠

序一

读完摆放在案头的《油库技术与管理系列丛书》，平添了几分期待，也引发对油库技术与管理的少许思考，叙来共勉。

能源是现代工业的基础和动力，石油作为能源主力，有着国民经济血液之美誉，油库处于产业链的末梢，其技术与管理和国家的经济命脉息息相关。随着世界工业现代化进程的加快及其对能源需求的增长，作为不可再生的化石能源，石油已成为主要国家能源角逐的主战场和经济较量的战略筹码，甚至围绕石油资源的控制权，在领土主权、海洋权益、地缘政治乃至军事安全方面展开了激烈的较量。我国政府审时度势，面对世界政治、经济格局的重大变革以及能源供求关系的深刻变化，结合我国能源面临的新问题、新形势，提出了优化能源结构、提高能源效率、发展清洁能源、推进能源绿色发展的指导思想。在能源应急储备保障方面，坚持立足国内，采取国家储备与企业储备结合、战略储备与生产运行储备并举的措施，鼓励企业发展义务商业储备。位卑未敢忘忧国。石油及其成品油库，虽处在石油供应链的末梢，但肩负上下游生产、市场保供的重担，与国民经济高速、可持续发展息息相关，广大油库技术与管理从业人员使命光荣而艰巨，任重而道远。

油库技术与管理包罗万象，工作千头万绪，涉及油库建设与经营、生产与运行、安全与环保等方方面面，其内涵和外延也随着社会的转型、能源结构及政策的调整、国家法律和行业法规的完善，以及互联网等先进技术的应用而与时俱进、日新月异。首先，随着中国社会急剧转型，企业不仅要创造经济利润，还须承担安全、环保等社会任。要求油库建设依法合规，经营管理诚信守法，既要确保上游生产和下游的稳定供应，又要提供优质保量的产品和服务。而易易爆、易挥发是石油及其产品的固有特性，时刻威胁着油库的安产，要求油库不断通过技术改造、强化管理，提高工艺技术，优化作业流程，规范作业行为，强化设备管理，持续开展隐患排查与治理，打造强大作业现场，实现油库的安全平稳生产。其次，随着国家绿色低碳新能源战略的实施及社会公民环保意识的提升，要求油库采用节能环保技术和清洁生产工艺改造传统工艺技术，降低油品挥发和损耗，创造绿色环保、环境友好油库；另外，随着成品油流通领域竞争日趋激烈，盈利空间、盈利能力进一步压缩，要求油库持续实施专业化、精细化管理，优化库存和劳动用工，实现油库低成本运作、高效率运行。人无远虑必有近忧。随着国家能源创新行动计划的实施，可再生能源技术、通信技术以及自动控制技术快速发展，依托实时高速的双向信息数据交互技术，以电能为核心纽带，涵盖煤炭、石油多类型能源以及公路和铁路运输等多形态网络系统的新型能源利用体系——能源互联网呼之欲出，预示着我国能源发展将要进入一个全新的历史阶段，通过能源互联网，推动能源生产与消费、结构与体制的链式变革，冲击传统的以生产顺应需求的能源供给模式。在此背景下，如何提升油库信息化、自动化水平，探索与之相融合的现代化油库经营模式就成为油库技术与管理需要研究的新课题。

试套丛书，从油库使用与管理的实际需要出发，收集、归纳、整理了内外大量数据、资料，既有油库生产应知应会的理论知识，又理行之有效的经验方法，既涉及油库"四新技术"的推广应了油库相关规范标准的解读以及事故案例的分析研究，涵盖设与管理、生产与运行、工艺与设备、检修与维护、安全与自动化等方方面面，具有较强的知识性和实用性，是管理从业人员的良师益友，也可作为相关院校师生和参考素材，必将对提高油库技术与管理水平起到重习。希望系统内相关技术和管理人员能从中汲取营油库技术与管理水平。

中国石油副总裁　周昌惠

2016 年 5 月

序二

油库是储存、输转石油及其产品的仓库，是石油工业开采、炼制、储存、销售必不可少的中间重要环节。油库在整个销售系统中处在节点和枢纽的位置，是协调原油生产、加工、成品油供应及运输的纽带，是国家石油储备和供应的基地，它对于保障国防安全、促进国民经济高速发展具有相当重要的意义。

在国际形势复杂多变的当今，在国际油价涨落难以预测的今天，多建油库、增加储备，是世界各国采取的对策；管好油库、提高其效，是世界各国经营之道。

国家战略石油储备是政府宏观市场调控及应对战争、严重自然灾害、经济失调、国际市场价格的大幅波动等突发事件的重要战略物质手段。西方国家成功的石油储备制度不仅避免因突发事件引起石油供应中断、价格的剧烈波动、恐慌和石油危机的发生，更对世界石油价格市场，甚至是对国际局势也起到了重要影响。2007年12月，中国国家石油储备中心正式成立，旨在加强中国战略石油储备建设，健全石油储备管理体系。决策层决定用15年时间，分三期完成石油储备基地的建设。由政府投资首期建设4个战略石油储备基地。国际油价从2014年年底的140美元/桶降到2016年年初的不到40美元/桶，对于国家战略石油储备是一个难得的好时机，应该抓住这个时机多建石油储备库。我国成品油储备库的建设，在近几年亦加快进行，动员石油系统各行业，建新库、扩旧库，成绩显著。

油库的设计、建造、使用、管理是密不可分的四个环节。油库设计建造的好坏、使用管理水平的高低、经营效益的大小、使用寿命的长短、安全可靠的程度，是相互关联的整体。这就要求我们油库管理使用者，不仅应掌握油库管理使用的本领，而且应懂得油库设计建造的知识。

为了适应这种需求，由中央军委后勤保障部建筑规划设计研究院与部分军内油库建设与管理专家和中国石油天然气集团公司部分专家合作编写了《油库技术与管理系列丛书》。丛书从油库使用与管理者实际工作需要出发，吸取了《油库技术与管理手册》的精华，收集了国内外油库管理及建设的新知识、新技术、新工艺、新标准、新设备、新材料，总结了国内油库管理的新经验、新方法，涵盖了油库技术与业务管理的方方面面。

丛书共 13 分册，各自独立、相互依存、专册专用，便于选择携带，便于查阅使用，是一套灵活实用的好书。本丛书体现了军队油库和民用油库的技术与管理特点，适用于军队和民用油库设计、建造、管理和使用的技术与管理人员阅读。也可作为石油院校教学的重要参考资料。

本丛书主编马秀让毕业于原北京石油学院石油储运专业，从事油库设计、施工、科研、管理 40 余年，曾出版多部有关专著，《油库技术与管理系列丛书》是他和石油工业出版社副总编辑章卫兵组织策划的又一部新作，相信这套丛书的出版，必将对军队和地方的油库建设与管理发挥更大作用。

解放军后勤工程学院原副院长、少将
原中国石油学会储运专业委员会理事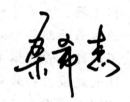

2016 年 5 月

丛书前言

油库技术是涉及多学科、多领域较复杂的专业性很强的技术。油库又是很危险的场所，于是油库管理具有很严格很科学的特定管理模式。

为了满足油料系统各级管理者、油库业务技术干部及油库一线操作使用人员工作需求，适应国内外油库技术与管理的发展，几年前马秀让和范继义开始编写《油库业务工作手册》，由于各种原因此书未完成编写出版。《油库技术与管理系列丛书》收集了国内外油库管理及建设的新知识、新技术、新工艺、新标准、新设备、新材料，采用了《油库业务工作手册》中部分资料。

本丛书由石油工业出版社副总编辑章卫兵策划，邀中央军委后勤保障部建筑规划设计研究院与部分军内油库建设与管理专家和中国石油天然气集团公司部分专家用3年时间完成编写。丛书共分13分册，总计约400多万字。该丛书具有技术知识性、科学先进性、丛书完整性、单册独立性、管建相融性、广泛适用性等显著特性。丛书内容既有油品、油库的基本知识，又有油库建设、管理、使用、操作的技术技能要求；既有科学理论、科研成果，又有新经验总结、新标准介绍及新工艺、新设备、新材料的推广应用；既有油库业务管理方面的知识、技术、职责及称职标准，又有管理人员应知应会的油库建设法规。丛书整体涵盖了油库技术与业务管理的方方面面，而每本分册又有各自独立的结构，适用于不同工种。专册专用，便于选择携带，便于查阅使用，是油料系统和油库管理者学习使用的系列丛书，也可供油库设计、施工、监理者及高等院校相关专业师生参考。

丛书编写过程中，得到中国石油销售公司、中国石油规划总院等单位和同行的大力支持，特别感谢中国石油规划总院魏海国处长组织有关专家对稿件进行审查把关。书中参考选用了同类书籍、文献和生产厂家的不少资料，在此一并表示衷心地感谢。

丛书涉及专业、学科面较宽，收集、归纳、整理的工作量大，再加时间仓促、水平有限，缺点错误在所难免，恳请广大读者批评指正。

《油库技术与管理系列丛书》编委会

2016 年 5 月

目 录

第一章　油库管理规章概述

第一节　油库规章基本属性与作用

　　油库"管理规章"主要针对管人、管物、管环境而制定，大体可归纳为建设、人员、财物、场所、专业、作业、设备、专项、临时等九方面，且每个方面都是一个严密的系统。

　　（1）建设管理。油库建设的好坏是油库能否安全、正常运行的物质基础。油库建设管理包括前期资料搜集、油库选址、油库总体设计、各功能区域设计、建设施工管理、更新改造管理等方面的内容。

　　（2）人员管理。除了运用社会道德、职业道德等规范人员外，油库规章主要包括人员职责、岗位职责、共同遵循的守则以及工作标准等。

　　（3）财物管理。财物是油库人员生活与油库运行的保障。为有效运用财物，都应制订相应的管理规则，以便于管理与监督的实施。

　　（4）场所管理。油库各个场所都具有其独特功能、不同的危险类别，场所管理是油库管理的一个重要方面，应制订相应的管理规定，使场所的管理落实到部门、单位，并明确责任人。

　　（5）专业管理。油库涉及专业较多，且不同专业有其独特规律，每个专业都应有相应的规章，围绕专业全过程的主要环节，应有配套完整的职责、程序、规则、规定、规程等。

　　（6）作业管理。油库各项作业活动是油库运行的主要内容。为确保油库安全运行，都应制订相应的作业程序。

　　（7）设备管理。油库设备设施是油库正常、安全运行，实现规定功能的物资基础，每台设备、每种设施都应有维护保养、技术鉴定、操作使用等规定、规程。

　　（8）专项管理。油库的油罐清洗作业、高空作业、动土作业等专项工作，都具有一定的危险性，必须有相应的规章、细则进行规范，以确保安全。

　　（9）临时管理。油库经常会有一些临时委托的工作任务，这些任务的完成也应有规章作保证。

　　上述九个方面的油库规章都必须明确对执行人的要求，分工协调的严密界定，监督检查的范围和内容，管理层的权限和考核依据，且必须具有可操作性及量化标准。

一、油库管理规章的基本属性

油库"管理规章"在油库管理中的地位是由其基本属性决定的。作为油品仓储部门和防火重点单位的油库，要按照一定的管理模式、作业程序运行，如没有一整套行业与内部"管理规章"作保证，显然是不行的。可以这么说，油库"管理规章"的建设与油库建设是同步进行的，也是同步投入运行的。它从建立之初就显现出下列属性。

（1）规范性。这是油库管理的基本要求。它要求油库全员在各项作业活动中，必须以一定的"管理规章"去约束自己思想，规范自己的行为，即规范一切作业、操作、管理等行为。

（2）严肃性。"管理规章"从本质上体现了油库运行的根本方向、管理模式与应有秩序，同时也表现了油库整体利益的需求。因此，它要求对油库全员一视同仁，并按既定的方式、秩序开展各项工作，不允许任何人以任何方式或理由做出超越"管理规章"的行为。

（3）科学性。"管理规章"的建立只有符合客观规律(科学性)，才具有管理导向、秩序规范的作用，从而引导油库全员按照约定的作业方式、管理定式，去定向自我行为，规范班组、部门的整体行为，使之符合油库安全、合理运行的客观需要。

（4）派生性。上述"管理规章"的三大基本属性，又派生出系统性、完整性、针对性、操作性、严密性等特性。即自成一体的系统性，覆盖全面的完整性，一一对应的针对性，具体明确的操作性，内含逻辑的严密性。

二、油库管理规章的作用

现行油库管理规章主要有条例、标准、规范、规则、规程、规定、制度、程序、职责、守则、责任制等，见表1-1。

表1-1　油库管理规章的作用与主要特点

序号	分类	含义	适用范围	作用与主要特点	示例
1	条例	既定法式	行业领域组织与职权	规范行业的行为准则，具有行业综合特性，是行业的"母法"	油料条例
2	标准	衡量事物的准则	不同的标准适用于不同的机、物、环境等	明确考量机、物、环境等的准则，是考量机、物、环境等质量档次与优劣的依据，具有针对性、专一性	油库建设标准

序号	分类	含义	适用范围	作用与主要特点	示例
3	规范	既定标准、法规	专业领域的设计、施工	明确专业设计、施工各个环节全过程的准则，具有专业综合特性，对其他规章具有牵一挂十作用	石油库设计规范
4	规则	既定原则	专业领域人员应共同遵守的各项要求	明确专业领域人、机、物、环境等的管理任务、环节、方法、措施、手段等。在该专业领域具有管理"母法"的作用	油库管理规则
5	规程	一定的程式	适用于设备设施的操作	明确设备设施操作方法、步骤、要求，具有很强的操作性和步骤感	各种设备设施的操作规程
6	规定	约定	适用于不同场所或事项	对未明确的事宜或补充说明事项的要求，便于进行有效的管理，具有较强的针对性	油库用火安全管理规定
7	制度	定式及规定	适用于特殊工作或具体工作	明确工作内容、做法、要求，以及注意事项，如进行必要的延伸、量化，具有较强操作性	油库工作及上下班制度
8	程序	程式、次序	用于各项作业活动	明确作业活动的要领、过程和先后顺序，规定各环节间的联系。具有简捷、明了、示意性强的特点	油料、油料装备收发作业程序
9	职责	职权、责任	岗位人员职权、责任范围	明确各级、各层次、各类人员职责、责任范围，具有较强的专用性和特殊性	油库各类人员职责
10	守则	遵循的原则	适用于人员共同遵守的方面	明确人员必须遵守的内容、要求，具有共同性强，内容较为抽象、原则	油料文明服务守则
11	责任制	责任的约定	适用于人员、部门、场所等重要事项管理	对人员、部门、场所等专项管理提出明确的要求，具有很强责任性	油库安全责任制

油库"管理规章"的地位与作用可从以下四个方面充分体现。

①"管理规章"能陶冶油库行业人员的情操，培养良好的职业道德。

油库是油料系统的窗口，油库工作者在实施储存、供应管理功能的过程中，既要实际接触油品等物资，又需与人打交道。而这类行为是在油库这个特定的环境中，按照油库"管理规章"的原则和要求进行的。当将执行原则和要求变为自觉行动时，其情操和道德则上升为理性，为人民、为社会服务的思想确立。

②"管理规章"能约束和改造油库行业人员的思想。

油库收发、储存的物资大都是易燃易爆的油品，与具有极大危险性的油品交往，如果思想上不重视，就可能导致重大事故的发生，造成无法挽回的损失。油库行业人员通过学习认识油品的危险性，理解执行"管理规章"的必须性，就自觉地用"管理规章"约束和改造思想，使之适应油库的客观要求。

③ "管理规章"能规范油库行业人员的行为。

油库"管理规章"是前人实践经验的总结，并上升到理性的体现，是客观规律的反映。油库行业人员只有用"管理规章"规范自己的行为，才能实现安全作业。否则，违犯"管理规章"就会酿成灾害，甚至葬送自己和他人的生命。这种油品及其作业活动的危险性，促使油库行业人员自觉用"管理规章"规范其行为。

④ "管理规章"是油库一切作业活动的准则。

油库"管理规章"明确规定了干什么，怎么干的要求，使油库行业人员有法可依，有章可循。只要按"管理规章"要求办事，就能顺利完成各项任务，到达胜利的彼岸，实现保障有力。否则，油库储存、供应管理功能难以实现，各项任务也难以完成，甚至会造成不应有的损失。

油库"管理规章"既能陶冶人情操，培养良好的职业道德，又能约束规范人员的思想和行为，是指导油库各项作业活动的准则，可见其是油库组成中不可缺少部分。"管理规章"能否发挥其应有作用，关键在学习、宣传、教育的效果，以及油库行业人员理解的深度。

第二节　油库管理规章的必要性

从严治库，其基本内容是按照"管理规章"制度管理教育成员，按照规章制度建设与管理油库。把油库"管理规章"提到"法"的高度来认识，还由于它在油库建设与管理中有重要的规范、约束作用。油库犹如一部结构复杂的机器，要使之成为组织严密、协调一致、运转自如的有机整体，必须通过"管理规章"制度管理教育油库成员，以规范其思想，约束其行为，对其实施严格的正规化管理。特别是具有极大危险性的油库，各项作业活动，要求油库工作者具有高度有效的组织指挥，严格准确的操作、灵活可靠的协同，还必须有技术状况良好的设备设施，这些就是要靠油库规章、标准、规范、规程、程序、办法、细则等来规范人的思想、约束人的行为、统一人的行动，协调一致的参加各项作业活动，才能确保安全，圆满完成油料的收发供应和储存任务。

油库"管理规章"来自于油库实践经验教训的概括和理性化总结，充分体现了油库建设与管理的原则，集中了油库建设与管理的经验教训，设备设施整修和科学研究的成果。从严治库，抓正规化管理，说到底就是把"管理规章"制度进一步逐项、逐章、逐条、逐点加以落实，"管理规章"到位，工作到位。这是实现"油料供应保障有力"不可或缺的。

油库的建设与管理离不开正规化，正规化的核心是制度化，制度化的本质是法规化。油库的"管理规章"已经基本完善，油库成员特别是各级领导，一定要强化"管理规章"就是"法"的观念，增强"法"的意识，提高依"法"办事，按章操作的自觉性，真正将油库建设与管理纳入法规化的轨道。

油库"管理规章"的建设对油库建设和管理具有举足轻重的作用，因此，从理性高度研究、探索油库"管理规章"的建设，用以指导和推进油库"管理规章"建设的规范化，油库建设和管理法规化、科学化是油库工作者的责任。

第三节　油库管理规章的结构体系

几十年来，油库工作者以现代管理科学理论为指导，结合我国油库发展实际，初步形成了油库管理规章的结构体系(图1-1)。油库管理规章都可以从这个结构体系中找到自己的位置。反过来说，油库管理规章应按照这个结构体系来调整、充实、完善。

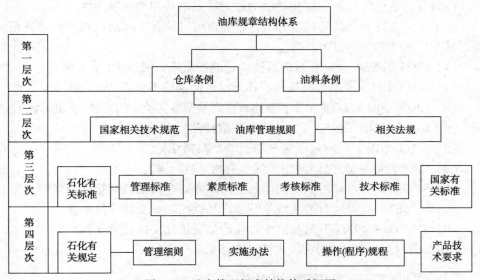

图1-1　油库管理规章结构体系框图

一、第一层次——油库管理纲要

该层次是油库管理规章的最高层次，主要是确立油库工作的指导思想、基本原则、基本任务，从宏观上调整油库内外工作关系，将油库管理的性质、地位、作用，以法规的形式确定下来。

二、第二层次——油库行业规范

从现代经济运行理论来讲，仓储(油库是仓储的重要成员之一)是物资流通中的一个重要环节，也是资源配置，调控中的"蓄能站"。油库是油料保障网络中的一个结点，起着承上启下的作用，是保证油料供应保障过程中正常运行的支撑点。

为保证国民经济和国防事业的正常运行而建立了油库行业。那么，有了油库行业就必须有配套的行业规范。从现行的规范来讲，有规范油库建设行为的，也有规范油库管理行为的。这个层次的规范，对于国家来说，主要由国家综合行政机关(如国家技术监督、人力资源和社会保障部等)颁发。

三、第三层次——油库分类规范

油库作为一个专业(行业)，需要管理的范围很广、对象很多。由于管理对象和性质的差异，所以应分别制订具体规章，即从管理、技术、素质、考核等四个方面制订一系列的规章，这些规章的最大特点是共同性和通用性。

除了国家和行业制订的规范外，各企业也可以结合实际制订相关分类规范标准，具有代表性的包括以下几类。

(1) GB/T 13894—1992《石油和液体石油产品液位测量法(手工法)》。

(2) GB/T 8927—2008《石油和液体石油产品温度测量法(手工法)》。

(3) GB/T 1884—2000《原油和液体石油产品密度实验室测定法(密度计法)》。

(4) GB/T 4756—2015《石油液体手工取样法》。

(5) GB/T 11085—1989《散装液态石油产品损耗》。

(6) GB 20950—2007《储油库大气污染物排放标准》。

(7) SY 5669—1993《石油及液体石油产品立式金属油罐交接计量规程》。

(8) SY 5670—1993《石油及液体石油产品铁路罐车交接计量规程》。

(9) SY 5671—1993《石油及液体石油产品流量计交接计量规程》。

(10) GA 185—2014《火灾损失统计方法》。

四、第四层次——油库实施细则(办法)

由于全国不同地区油库在编制体制、地理环境、工作方法上的差别，以及设备设施规格、型号的不同，主要根据上级规章的总体要求，结合本单位实际情况制订。这一层次的规章主要由油库及上一级直管单位制订，包括操作规程、管理细则、实施办法等三个方面。

但对于油库实施细则需要说明以下三个问题。

第一，油库直接管理单位一般不制订规章。油库直接管理单位的职责主要是"执行"和"实施"工作，也就是代表企业（公司）监督油库执行各种规章；从立法主体的分类模式上来说，油库直接管理单位不具有专项立法权，也极少有附带法律条文的授权。

第二，油库不宜采用统一的操作规程。操作规程顾名思义是某项作业的动作规定和动作程序。每个油库的具体情况各异，设备设施的规格、型号不同，工艺参数不同，不可能有同样的操作规程，例如，有的操作规程出现这样的规定，"作业中应密切注意运行参数是否正常，发现异常情况立即停泵（机），并向上级报告"。正常或异常参数是用具体数量表示的（产品操作使用说明书对设备工作参数也是给出了范围，具体参数是由油库工艺系统决定的）。没有数量就等于把操作规程中最为核心的东西省掉了。这种操作规程只能是一种模式，不能正确指导操作和作业。

第三，油库应结合实际将规章"本地化"。上级机关部门制订的规章是油库应遵循的一般、普遍的规定，不具有很强的针对性。油库必须根据授权许可，从实际出发，制订符合本库实际情况的有关规章，主要是操作规程和管理细则，从而实现规章真正发挥作用。

第二章　油库作业规程编制

油库作业规程是油库作业流程、作业程序、操作规程、操作卡片等的总称。油库工艺流程与设备设施(装置、系统)的使用维护说明书是编制作业规程的基础，因此上级机关主管部门编制的作业规程是一种带有共性的、普遍性的模式，或者说是一种范本，各油库的作业规程应根据范本，结合油库的具体工艺流程和设备设施(装置、系统)的使用维护说明书对其细化、量化、流程化和卡片化(或其他形式)。

第一节　油库作业规程的作用、编制指导思想及注意事项

一、油库作业规程的作用

(1)有利于油库本质安全。油库作业规程的核心作用是保证油库作业全面受控。从管理学角度上看，作业受控是指作业过程中人的行为、物的状态、作业环境等因素都处于稳定受控状态；从过程上看，是作业准备、作业组织、设备运行、岗位操作、油品储运、安全环保、风险评估等因素与工作的全过程受控；从管理上看，是计划制定、方案编制、步骤确认、过程监控、事后总结等环节形成的闭路循环。其最终目的是实现营运工作的全员、全过程、全方位受控，确保油库本质安全。

(2)有利于杜绝"三违"。油库作业规程是杜绝"三违"行为的重要保证。作业规程推行"四有一卡"操作管理模式，实行作业过程"步步确认"制，具体体现了油库作业受控的管理理念。

"有指令、有规程、有确认、有监控，卡片化"(简称"四有一卡")管理模式："有指令"是指作业操作必须由上级负责人下达指令，重要操作变动必须有主管部门领导和单位签字确认的操作变动审批单；"有规程"是指作业操作必须按预先制定好，并按程序审批的操作规程和工艺技术规程执行；"有确认"是指作业操作过程中的每一个具体行为都要按照规程检查和确定，做出标记，保证正确无误；"有监控"是指作业操作全过程都有人监督、检查和控制，防止操作失误；"卡片化"是指将岗位操作步骤与工艺卡片紧密结合起来，形成完整的作业操作卡片，操作过程中严格执行控制工艺指标和操作步骤。作业规程根据操作权限对

每一步骤都规定了确认和监控环节，操作步骤不可逾越，执行过程步步确认，严格规定动作，杜绝自选动作，有效地防止误操作和漏项操作，杜绝了"三违"或习惯性违章行为的发生。

（3）油库作业规程是员工的培训教材。油库作业规程可作为员工上岗、转岗和日常学习的培训教材。作业规程涵盖了作业程序、操作指南、设备操作规程、油库工艺技术规程、业务流程、事故处理、操作规定、储运安全与环保等，内容全面、结构严谨，有利于员工对油库工艺设备、操作技能和安全环保知识全面理解和掌握，是油库员工综合性培训教材和学习资料。

二、油库作业规程编制指导思想

油库作业规程编制的指导思想主要体现在七个方面。

（1）油库作业规程是油库作业运行的法律性文件，是油库投产运行的必要条件之一。一般应按照"有指令、有规程、有确认、有监控，卡片化"要求，结合各油库实际情况，充分吸收先进的管理理念，并融合传统的好做法，编制油库作业规程。

（2）油库作业规程必须以工程设计、设备使用说明和生产实践为依据，确保技术指标、技术要求、操作方法的科学合理。

（3）油库作业规程必须总结长期储运实践的操作经验，保证同一操作的统一性，成为人人严格遵守的操作行为指南，有利于作业安全。

（4）油库作业规程必须保证操作步骤的完整、细致、准确、量化，涵盖所有操作过程，体现操作的先后顺序，有利于油库储输油设备设施的可靠运行。

（5）油库作业规程必须与优化操作、节能降耗、保障油品质量、安全环保有机地结合，有利于安全平稳运行。

（6）油库作业规程必须明确岗位操作人员的职责，做到分工明确、各施其责、可靠衔接。

（7）油库作业规程必须在作业实践中及时修订补充，不断完善，实现从实践到理论再到实践的不断提高。

三、油库作业规程编制注意事项

（1）引入稳定状态概念。油库作业规程是工艺或设备从初始状态通过一定顺序过渡到最终状态的一系列准确的操作步骤、规则和程序。在执行操作过程中遇到异常可以退守到上一个稳定状态，确保安全地逐渐过渡到最终状态。

油库作业规程最为显著的特点就是"稳定状态"概念的应用，使作业规程具有很强的可操作性和可控性。

稳定状态是指在工艺流程或设备开停过程中，可以停留较长时间进行条件确认或问题处理，是相对稳定和安全的必要过渡状态。稳定状态包括初始、过渡、最终状态的稳定。初始状态是工艺流程或设备开停的起步状态，最终状态是开停之后的目标状态，工艺流程或设备开停过程需经过多个稳定状态。

退守状态是指在工艺流程或设备发生大幅度操作波动或事故时，为保证人员和设备安全，防止操作波动或事故范围扩大，经过一系列操作过程到达的相对稳定和安全的状态。在退守状态下，可以从容地考虑工艺或设备下一步的处理过程。

（2）编制方法科学。

① 编制方法实行团队工作制。油库作业规程编制小组至少应由有经验的操作班长、技术人员及操作人员三人组成，改变原有作业规程只有技术人员参与编写的模式。

② 编制过程应先大纲后规程。油库作业规程的编制采用先大纲后规程的编写方法，即先编写作业规程的大纲，然后编写作业规程。作业规程大纲是作业规程稳定状态和各级别操作步骤简洁的描述；作业规程则是操作过程的详细描述，它是不同状态的过渡和各个具体的操作动作描述。这种分级编写使得油库作业规程的结构和层次清晰，使用方便，覆盖面广。

（3）步骤要细致准确。油库作业规程将工艺设备大量、复杂、变化的操作内容和步骤分解到每一个岗位，并详细准确地表述每一个步骤，每一个细节都由有章可循的规程来支持，操作动作细致，顺序严谨，有效避免了操作步骤疏漏和倒置，同时也避免了依靠管理人员和操作人员的主观意识来控制作业各个环节的情况。

（4）操作要具有量化。油库作业规程注重操作"量"的概念，如泵的压力、流量、轴温等参数尽可能的量化，如阀门的开度，要准确到"几扣"，而不是"打开"或"关闭"。而以往作业规程对操作步骤的描述是定性的，没有"量"的概念，在一定条件下操作起来有一定的随意性，容易出现偏差。

（5）实施步骤要确认制。操作步骤确认是作业规程的重要内容，对状态之间的每一步操作，都要有确认。在规程中操作步骤的确认一般采用符号"〔 〕"中划"√"；对于初始状态、稳定状态和最终状态的状态参数也要有相应的确认，在确认符号"〔 〕"中划"√"。只有在确认上一步操作后才能进行下一步的操作，步骤确认和状态参数确认是整个操作过程的纽带，如果确认不到位，将会使操作程序紊乱，甚至引发事故。

第二节　油库作业规程的编制管理

一、油库作业规程编制管理分工

根据目前油库三级（四级）管理体制，对油库作业规程的分工，一般宜按下列规定执行。

（1）油库上级主管部门(如石油销售总公司、国家物资储备局油库管理部门等)是油库规章(含油库作业规程)的归口管理部门，负责油库作业规程相关制度、标准的制定和完善。

（2）油库直接业务管理部门(省、地区石油销售分公司、省储备物资管理局油库主管部门等)是油库作业规程的归口管理部门，全面负责作业规程的编制、修订和评审的组织管理工作，并对审批作业规程的完整性及相关业务内容正确性负责。其他相关业务管理部门要积极参与作业规程组织管理工作，负责相关专业内容的审核及执行过程中的监督检查，对所属专业内容的正确性负责。

（3）油库业务直接主管部门分工主管油库的领导依据部门评审意见签发执行（二、三级可合并）。

（4）油库负责本油库作业规程的编制、上报、审核工作，全面负责作业规程的贯彻执行，并对作业规程是否得到贯彻执行负责；油库岗位操作员应严格按照油库作业规程进行操作，并保证做到"只有规定动作，没有自选动作"，同时有责任和义务对作业规程在作业过程中出现的问题和不足进行记录、整理和汇报。

二、油库作业规程编制管理程序

油库作业规程编制管理程序是"成立编写组→收集资料→编制（或修订）→审核→审批→运行→变更(修订)→再审批→再运行"的螺旋式管理模式。油库作业规程编制管理程序流程见图 2-1。

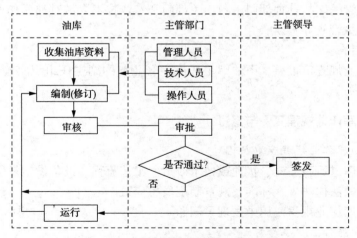

图 2-1　油库作业规程管理程序流程图

（一）成立编写组

由所在油库主任担任组长，吸收管理人员、技术人员和有丰富经验的操作班长、岗位操作人员组成编制团队。

（二）收集资料

将油库工艺流程（没有的应绘制）、设备使用说明书、原有操作规程、各种相关的技术规范（规程），以及管理规定、油库环境特点等收集齐全，必要时对其记录或整理。

（三）编制（或修订）

结合油库自身工艺、设备设施、操作和作业环境等条件一起讨论、共同编制。涉及作业程序、设备操作规程、操作规定、事故处理等内容时，应充分征求一线员工意见，避免与实际脱节。

（四）审核

（1）定稿审核。油库作业规程编写小组向油库储运部门提交《油库作业规程》正式文稿，油库储运业务的负责人组织审核，参与审核人员会签，油库主任签字后上级主管部门审批。新建油库编制的《油库作业规程》应试运行一年，在此期间应进行修订、完善、审核。

（2）常规审核。油库作业规程一般应每年评审一次，对规程的符合性、科学性、可操作性等方面进行评审，以确认油库作业规程应修改和补充完善的内容。对在使用中提出修订的内容予以确认，并保留相关评审记录。

（五）审批

上级主管油库的管理部门组织相关部门和专业技术人员对油库作业规程进行会签，并报主管领导签发。

（六）运行

油库作业规程审批后，由油库主任或主管业务的副主任组织实施"新版油库作业规程"的运行。

三、油库作业规程变更与修订

（一）油库作业规程变更原因

（1）油库进行新、改、扩建或技术改造，工艺流程、设备设施发生变更。

（2）相关法律法规、标准及规章制度发生变更。

（3）油库作业规程使用中发现了问题。

（二）油库作业规程修订

当发生上述变更时，应根据新工艺和设备的特点，以及法律法规和标准制度的有关要求，及时修订油库作业规程相关内容。

油库作业规程需要修订时，油库应向上级主管油库的管理部门提出修订申请，修订申请批准后，按油库作业规程编制管理程序，履行编制、审核和审批等相关程序。

油库作业规程一般每五年进行一次全面修订，修订后，重新审核、审批、出版和发放。

第三节　油库作业规程的结构体系及内容

一、油库作业规程的结构体系

油库作业规程由基础资料、操作规程、规程实施三个层次组成，见图2-2。

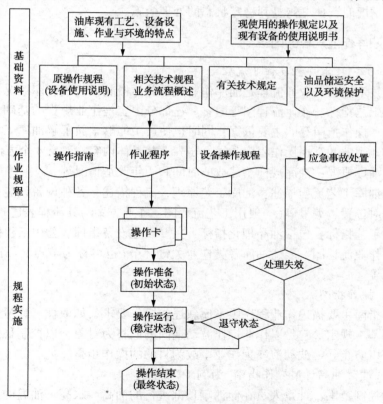

图 2-2　油库作业规程编制与实施的逻辑关系图

（1）基础资料包括油库工艺、技术规程及作业流程。

（2）操作规程包括操作指南、作业程序、设备操作规程、事故处理、操作规定、储运安全与环境保护。

（3）规程实施包括作业准备（初始状态，即油品、设备设施处于静态）、操作运行（稳定状态，即油品、设备设施处于动态）、操作结束（最终状态，即油品、设备设施返回静态）。这些涵盖了油库所有的工艺、设备设施和相应的作业程序、步骤和要求。

油库作业规程各部分在内容上各有侧重、相互配合、相互补充。工艺技术规程及业务流程描述、操作规定和储运安全与环境保护内容是油库操作规程编制的基础。操作指南、设备操作规程、作业程序是为实现工艺设备功能，完成储运任务，保证操作步骤准确，环节过渡顺畅，状态衔接有序和安全环保而编制的操作步骤、程序和方法。操作卡是从操作指南、设备操作规程和操作程序中提取出来的，是岗位人员操作过程中具体执行的步骤和要求。事故处理是当操作卡执行中出现异常情况时，使之恢复到稳定状态的处理措施。

二、油库作业规程的内容

（一）工艺技术规程及作业流程

工艺技术规程、业务流程是油库作业规程总体概况，包括油库概况、油库工艺流程、工艺指标、作业流程图等内容。这部分内容是作业规程的基础，是编制作业程序、操作指南等的主要依据，同时也使员工能够全面了解油库工艺流程概况，更好地理解和掌握操作程序和操作步骤，其具体内容一般有 4 个方面。

（1）油库概况：油库规模、建成的时间和历年改造情况等。

（2）油库工艺流程描述：油库工艺原理、流程描述，各种设备设施、管路与附件的相对位置、编号等（一般用工艺流程图、作业方案与其流程表述）。

（3）工艺指标：包括油品理化指标、主要设施设备指标、公用工程指标等。

（4）作业流程图：表述油库各类作业关键环节（也可称为节点）、作业记录、人员分工等。

（二）操作指南

操作指南主要描述作业程序中不便叙述的操作要求，如取样、计量、消防等项作业的基本规定。它是以作业操作波动期间的调整为对象，以控制稳定、安全为目标，以防止异常波动演变为作业事故为目的的操作步骤。

现以"油罐油品计量操作指南"为例予以说明。

（1）控制范围：计量人员在储油罐顶部进行的油高、水高、油温的测量作业和密度采样作业。

（2）控制目标：准确操作。

（3）控制参数：稳油时间不少于 30min；温度计浸没时间不少于 5min。

（4）测量精度：油、水高度±1mm；温度±0.5℃；密度±0.5kg/m³；检尺、测温时上提速度不得大于0.5m/s，下落速度不得大于1m/s。

（5）正常操作：

① 罐顶：站在上风方向，轻轻放下计量工具、打开量油口，检查导尺槽。

② 测量：按测量油水总高、水高、油温、采样测密度顺序操作。

（6）测量异常处理见表2-1。

表 2-1　测量异常处理

现　象	原　因	处　理
油尺测量液位值过大	油尺数据变化大，油面不稳	达到稳油时间后再检尺
油尺不能正常测量液位，油痕不明显	油品挥发性强、溶解性强	在预计油尺位置附近涂不易挥发性示油膏后再检尺

（三）作业程序

作业程序主要描述作业准备、作业实施、作业结束等内容。正常作业程序规定了主要作业步骤与具体操作步骤和各种具体要求。作业程序的作用是规范和控制油库收油、发油、倒罐等关键作业，是编制操作卡的主要依据之一。

（四）设备操作规程

设备操作规程是描述油库主要设备的操作使用要求的。油库主要设备包括油罐、机泵、阀门、辅助设备、油气回收装置、消防设备、自动控制系统等，其内容是描述设备操作的具体方法和步骤，也是编制操作卡的主要依据之一。

（五）事故处理

事故处理是针对不同岗位出现异常情况的处理，主要描述事故处理原则、事故处理预案（事故原因分析、事故预防、事故处理）等内容。其目的是帮助操作人员判明事故真相，决策处理目标，明确操作方法，使设备在异常状态下避免进一步扩大事故范围，事故状态朝着可控的方向发展，达到最终的安全受控状态的处理方案。

（1）事故名称。每个事故（异常）处理预案都要有具体、明确的标题。

（2）事故现象。事故发生时最直接表现出来的异常，如异常的声音、气味、报警灯闪烁等。

（3）事故原因。分析导致事故的原因。

（4）事故确认。列出确认事故的必要充分条件，对这些条件进行"是"或"否"的判断。从而确定事故的属性。

（5）事故处置。

① 立即行动：用明确、简洁的语言指出必须立即进行的操作行为。

② 操作目标：用简洁的语言表明事故处理的努力方向。

③ 潜在问题：提示处理过程中应努力避免的事故后果。

④ 操作步骤：以框图的形式列出操作步骤清单，各操作步骤都设有编号，要列出整个事故处理过程中必须特别关注的事项；或者按顺序排列出包含具体操作的各处理步骤。

（六）操作规定

操作规定主要描述安全巡检、设备（机泵、阀门等）检查及使用保养、灭火器检查、冬季夏季操作等方面规定，它与操作规程具有同等的作用。

（七）储运安全与环境保护

储运安全与环境保护主要描述安全作业知识、安全规定、污染治理及环境保护等内容，它是油库安全、环保方面应知应会的内容。

（1）安全生产知识。防止静电、防止中毒窒息、防火防爆、油品性质、电器、消防等方面的安全知识。

（2）安全规定。以油库安全方面的管理制度和管理规定为主要内容，包括集团公司、销售公司、地区公司和油库制定的安全管理制度和安全规定等。如集团公司《反违章禁令》《防火防爆十大禁令》《防止储罐跑油十大规定》《入库须知》《发油场安全管理规定》，进入爆炸危险区域必须释放人体静电；高处作业必须系安全带、佩戴安全帽；计量、采样作业严禁使用化纤棉纱；计量作业严禁站在上风方向；雷暴雨天气严禁进行收发油作业等。

（3）安全环保法律法规、标准是油库安全作业必须遵循的法律依据。包括《中华人民共和国安全生产法》《中华人民共和国环境保护法》《危险化学品安全管理条例》等。在编写中应写明法律法规、标准的名称、颁布和实施时间，以及应执行的具体条款和要求。

（4）污染治理及环境保护。包括油库主要污染物（有毒有害物质、噪声、废水、废气、固体废弃物）、相关控制指标和控制方法等。

（八）附录

附录主要包括油库工艺流程图、工艺管线和仪表控制图、设备与仪表明细表、平面分布图、接地系统图、固定式可燃气体报警仪分布图、消防设施分布图。

第四节　油库作业规程编制范围与方法

一、油库作业规程编制范围

结合所在油库的作业特点，以典型作业和风险作业为重点，按作业类型编制。具体包括公路发油、铁路卸油、铁路发油、水路卸油、水路发油、管输收油、管输发油和倒罐等项作业在内的全部作业操作规程，也可包括维检修、危险作业(动火、动土、进入有限空间、临时用电、高处作业等)、发配电操作、消防操作等。

二、油库作业规程编制方法

(一)确定稳定状态

按照储运设施安全特性，规程编写小组集体研究确定油库储运操作的稳定状态。在稳定状态之间是具体的操作动作，用于实现稳定状态之间的过渡，将一个复杂而多变的过程分解成简单的状态和简单无误的操作动作，从而实现操作规程的可操作性和准确性。一个工艺流程的稳定状态不宜过多，一般以常规操作的步骤为基础。

(二)分级编写

按照分级编写的要求，分别编制 A 级纲要、B 级操作，通过纲—目分级来挈领和建构其内容。

A 级是规程的纲要，规定了规程的主要操作顺序和状态，对所有稳定状态及该状态下的操作目标进行详细规划，主要用于统筹各个岗位或系统的操作。

B 级描述详细的操作过程、不同状态的过渡和各种具体的操作动作，包括初始状态卡、稳定状态卡、最终状态卡、操作目标以及目标下全部具体操作动作。B 级操作步骤的编号与 A 级对应一致。

(三)编写语法

统一规定作业规程的编写用语，使规程具有通读性。即对同一个操作动作的描述语言在各种状态操作下，表达的意思都是一样的，不会出现同样一句话在不同工艺设备使用时有不同的理解。

语句格式一般为："(操作者代号)+(操作性质代码)+(谓语动词)+(宾语及宾语补足语)"。用这种语言格式表达要阐述的内容，且每一句话只表明一个动作。一个动作规定了动作的性质、执行人、动作的内容以及要求达到的目的。

(四)操作者代号和操作性质代码

(1)班(组)长、安全监督员、调度员代码，一般用 M 表示。

(2)泵工、计量员、化验员、发油工、装卸工等代码，一般用 P 表示。

(3)操作性质代码，一般用"( )、〔 〕、< >"表示，其中"( )"表示对某项操作的确认，"〔 〕"表示对某项具体操作的动作描述，"< >"表示对安全操作或确认的描述。如：(M)——确认出口阀门打开；〔P〕——关闭油泵出口阀门。

（五）稳定状态卡

当操作步骤进行到规定的稳定状态时，需要插入初始状态卡、稳定状态卡和最终状态卡，列出进行条件确认的内容，如发油过程稳定状态卡：

1. 发油初始阶段

初始状态

（1）储油罐发油阀门关闭，发油管线膨胀管阀门开启。
（2）发油管道泵进出口闸阀关闭，发油鹤管备用。
（3）泵进出口阀门关闭，配电柜电源断开，工艺流程未开通。

2. 发油最终阶段

最终状态

汽车油罐车出库，发油管道泵进出口闸阀关闭，发油鹤管复位，泵进出口闸阀关闭，配电相电源断开，储油罐发油闸阀关闭，发油管线膨胀管阀门开启。

（六）提示卡

操作步骤之间可根据需要插入提示卡，说明操作过程中应引起注意的操作事项。提示卡内容必须细化、量化，避免原则性提示，如公路发油提示卡：

发油灌装过程的巡查

<M>——安全监督员确认汽车油罐车驾驶员在灌装现场；

<M>——班长确认作业人员按照规程操作；

（P）——发油员确认防爆显示屏有规律变化；

（P）——发油员确认流量表运行正常；

（P）——发油员确认压力表指示值在 0.1~0.2MPa 范围内。

提示卡

作业中随时巡检，发现紧急情况，关闭鹤管球阀，按下"ESD"旋钮，终止此次发油。

（P）——确认管道泵运行正常；

（P）——确认电液网工作正常。

（七）注意事项

（1）操作规程的编写要做到全面和细化。要详细准确地把每一个操作步骤表述出来，完整反映整个操作过程，特别是关键操作、关键控制点不能有遗漏；将过程进行分解，过程不能简化，步骤不可逾越，操作人员按照职责分工完成每一步操作，保证操作的完整和细致。

（2）操作规程应做到量化。用定量方法描述操作过程，避免操作的随意性，同时操作规程中的数据、技术指标、操作方法和技术要求等必须具有科学依据和作业实践依据。操作规程描述操作过程的控制，只描述操作内容，即做什么、怎么做、做到什么程度，不描述为什么要这样做。

（3）建立操作卡制度。所有的操作内容都以操作卡片的形式给出，按卡操作，无卡不操作。操作卡包括操作准备、操作过程、操作结束等内容。操作卡由班（组）长、操作人员、安全监督员等执行后，用符号"√"标记并进行签字确认，填写操作的起止时间。

（4）编制工作应由管理人员、技术人员和岗位操作人员共同参与，集体讨论。结合油库自身工艺、设备设施、操作、环境等条件统一编制，持续改进，不能照抄照搬。

（5）明确职责，按各自职责操作。

（6）树立按操作规程操作理念，增强员工的规程意识。加强员工培训，教育员工必须按规程进行操作，改变过去员工习惯性、传统做法，从开始强制执行阶段逐渐过渡到自觉执行阶段。

第五节　油库作业规程(操作卡)的发放及使用

油库作业规程正式发布后要印刷成正式文本，封面采用统一格式。油库作业规程以合订本、单行本、操作卡三种形式给出，单行本以活页形式按岗位分别装订，三种表现形式具有同等效力。油库作业规程合订本、单行本供操作人员学习和培训使用；操作卡在操作中使用，所有操作内容都以操作卡片的形式给出，操作人员严格按卡操作。

一、油库作业规程的发放

（1）油库作业规程合订本发放到油库相关管理部门；油库作业规程单行本要按其适用性发放到班组；操作卡在作业前发放到有关操作人员。

（2）油库作业规程中相关内容保管方式：

① 事故处理预案保存在红色文件夹内；

② 临时操作规定不设封面，存放在绿色文件夹内；

③ 单项操作规程放在不同的蓝色文件夹内。

二、操作卡的使用

（1）油库管理人员组成油库作业规程使用监督指导小组，油库主任为小组负责人。现场至少有一名监督指导小组成员担任监督指导责任人，随时处理执行中遇到的问题。

（2）油库作业规程由指定的管理人员组织执行。作业前，由其完成各岗位操作卡的审批手续，并将已审批的操作卡发放到有关操作人员手中，由操作人员具体执行。

（3）操作过程中，班（组）长、调度、安全监督员指挥操作人员严格按照操作卡执行操作，并同时记载所完成的操作，标记符号为"√"或签字。做到操作有监控，步步有确认。

（4）使用后的操作卡收回，按记录或"失效"文件处理。

（5）对于油库作业规程未包括的特殊情况，按照油库作业规程的总体要求，油库可以编制临时操作卡。临时操作卡由油库主任签字生效，班组执行。使用后的临时操作卡收回，按记录或"失效"文件处理。油库根据实际需求确定临时操作是否纳入正常操作规程的管理。

第三章　油库主要管理规则

第一节　区域管理规则

一、值班规则

（1）库领导值班。铁路罐车一次收发油料 5 个车以上时，应由仓库领导担任现场值班，组织指挥收发作业。库领导不在时，业务处长或政治处主任也可担任现场值班。

（2）干部值班。铁路罐车一次收发油料 4 个车以下时，由库领导指定业务处长、分库主任、保管队长、技术股长或其他业务干部担任现场值班。

（3）消防值班。收发轻油或在危险场所动火时，消防员和消防车应到现场值班；收发附属油料时，消防员携带消防器材到现场值班。

（4）技工值班。油料收发作业，电工、维修工必须到现场值班。

（5）技术区门卫值班室和变电所必须昼夜值班。

（6）各级、各类值班人员，在担任值班期间，均应坚守岗位，恪尽职守，严格执行交接班制度。

二、查库规则

油库各级、各类人员要定期查库。

（一）查库类型、时间

1. 日检查

油料保管员、司泵员每天查库一次。新建或大修油罐装油后第一周，每天查库二次(早晚)以上。新灌装的桶装油料，三天内每天查库二次(早晚)。

2. 周检查

分库主任、保管队长、油料供应站站长每周带领有关人员查库一次。油料装备保管员每周查库二次。

3. 月检查

油库领导每月和重大节日前带领有关人员查库一次；遇气候异常变化、地震等特殊情况，要增加查库次数。

4. 季节性查库

每年春、秋季节各检查一次静电、避雷、保护等接地电阻，做一次避雷、变电所等设备的耐压试验。入冬前要检查全部技术设备、设施以及保管的机泵防冻情况。

（二）查库内容

1. 日检查内容

（1）油料洞库：

① 检查洞内所有储输油、通风、照明、通信、防护（密闭）门等设备设施，罐、管、阀、法兰有无渗漏，灯具有无故障，静电跨条、接地线有无断裂，门和各种操作手柄开关是否灵活、严密、可靠，做到不漏项、无死角。

② 检查油罐正负压，超标时要检查管道式机械呼吸阀；检查和测试洞内油气浓度、温度、湿度和洞库渗漏、密闭情况。洞内不应有油气，当浓度达到爆炸下限 20% 时，要立即通风。

③ 罐前阀、测量孔是否关严、上锁，油气阀、U 形压力计阀、回空进气阀是否关严。

④ 消防器材是否齐全，环境卫生是否清洁，洞内排水设施是否良好。

（2）泵房：

① 泵、电机、风机、仪表是否灵活。设备各部螺丝是否紧固；油气管、阻火器有无堵塞；灯具、操作柱、电缆接线是否牢固、完好。

② 阀门、法兰、过滤器、真空和回油系统有无渗漏；接油盒、放空罐、真空泵储油（液）罐液面是否超高。

③ 油井、阀门是否关严上锁；静电跨条保护、防雷、防静电接地有无断裂、缺少。

④ 消防器材是否齐全，门窗有无损坏，油气浓度是否超标，卫生是否清洁。

（3）桶装库：

① 堆垛是否整齐、稳固，逐垛检查有无渗漏。

② 桶装油料检查工具有无损坏，物卡是否相符。

③ 库房有无渗漏，排水是否良好。

④ 消防器材是否齐全，门窗有无损坏，油气浓度是否超标，卫生是否清洁。

（4）器材库：

① 堆垛是否牢固，有无倾斜。

② 装备有无锈蚀、渗漏，橡胶制品有无老化变质，物卡是否相符。

③ 库房有无渗漏，排水是否良好。

④ 消防器材是否齐全。门窗有无损坏，卫生是否清洁。

注：a. 凡张挂安全日揭示牌的业务单位(洞库、库房、泵房等)每天检查完毕确认安全后，要翻转日期。

b. 地面罐区、半地下油罐和卧罐间的日检查，可参考洞库日检查的有关内容执行。

另外，地面罐要增加对拦油池防火堤、半地下罐和卧罐间要增加对排水系统的检查，雨后及时疏通。

2. 周检查内容

(1) 有重点的检查日检查内容。

(2) 检查保管员执行规章制度的情况。各种登记是否及时、齐全、清晰、准确。

(3) 检查上次周检查发现问题的处理情况。

(4) 检查技术设备的技术完好状况，机械设备试运转。

3. 月检查内容

(1) 有重点的检查日检查内容。

(2) 检查各类人员执行规章制度的情况。

(3) 检查上次检查发现问题的处理情况。

(4) 检查设备、设施使用、管理、维修情况和安全管理情况，以及库存油料、器材数质量情况等。

三、出入库规则

(1) 一切入库人员必须登记并要服从值班人员的检查，本库人员在非工作、非作业时间入库，必须出示本人证件并两人以上同行。

(2) 经批准雇请的临时工作人员入库时，须持本库签发的证件，非工作、非作业时间未经有关领导批准不得入库。

(3) 外来参观人员必须经上级主管业务部门批准，持完整的证件并由本库有关人员陪同，按批准项目进行参观。

(4) 严禁携带火种、易燃易爆、非防爆灯具等物品以及穿外露钉子的鞋入库。

(5) 凡进入库区的人员，必须严格遵守库内的规章制度和安全规则。进入油料储存区、收发现场的内燃车辆，排气管必须佩带防火罩，到指定地点后，立即熄火，并严禁维修车辆。

(6) 无证件或未经领导批准，任何人不得将库内物品带出、运走。

(7) 不得在库内游逛、绘画、摄影、打猎、放牧、打靶、无故鸣枪等。

四、进入油料洞库规则

（1）无关人员不准进入洞库，外来人员须经上级批准，由本库有关人员陪同方可进入。

（2）入库要两人以上，严格遵守进库登记和洞内的制度。

（3）严禁带火种、枪支弹药、易燃、易爆物品、非防爆灯具和内燃机具及穿外露钉子的鞋入库。

（4）进入轻油洞库不得穿化纤制品的服装，进洞前要手握导静电柱，消除人体静电。

（5）出入洞库都要锁好铁栅栏门。

五、机车入库规则

（1）入库蒸汽机车，烟囱应带防火网，关闭炉箱挡板和送风器，并不得在库内打开气门和清炉放水。内燃机车排气管要带防火罩。

（2）机车入库需经有关人员检查并陪同，入库后在指定地点停车，不得驶入正在装卸油料的作业地区，如需待装或待卸时，应将机车退出门外等候。

（3）机车入库后要缓行，避免急刹车，取送盛装轻质油料的车辆时（包括装过轻油的空车），应按规定加挂隔离车，不得采取顶车溜放作业。

（4）车站调车人员，夜间随机车进库作业时，不得在库内使用明火信号灯。

（5）机车司机和随车入库人员，除应遵守本规则外，还应遵守人员入库的规则。

六、库区管理规则

（1）进入库区的人员要严格遵守入库规则和库内各项安全制度。

（2）非工作人员未经允许，不得进入库房、罐区，不得动用设备。进入库区的车辆（火车、内燃车辆）应符合防火安全规定。

（3）库内严禁摄影、绘画、打猎、放牧、爆破和投物取闹。

（4）加强火源管理。库内严禁动火，油气场所确需动火，必须报上级业务主管部门批准，并采取可靠的安全措施，在库领导和消防人员的监护下由有关技术人员实施。

（5）严格用电管理。库内有油气爆炸危险的场所，禁止使用非防爆电器设备和不防爆的手电筒，油罐和有油气部位上空不得有任何电气线路跨越。电气设备的安装、检修、管理使用均应符合有关技术规定。

（6）及时清除库内油污和易燃物，坚持作业后清扫和每周清扫制度，保持现场清洁，设备、建筑周围不得有枯木朽株，做到 5m 以内无杂草。

（7）按规定对设备、建筑检查、维护、修理，其操作使用管理要按有关规定进行。

（8）施工、作业现场应有干部跟班，并有可靠的安全措施。各类人员应严格履行职责。

（9）库房、油罐和各项设施周围 10m 内不准种地、引水，50m 内不得种高杆农作物。

（10）各项设备、建筑按规定安装避雷装置，搞好防洪排水，防止遭受自然危害。注意防山火。

（11）库内的建设要有长远规划，行政生活、作业、储存区的划分要明显。道路能四季通行。搞好绿化伪装。

（12）提高警惕，严防敌特破坏。

（13）油库业务设施、设备的添建、拆除、更换必须报上级有关管理部门批准，方可实施。

第二节　油料收发保管规则

一、铁路收发作业规则

（一）准备

（1）接到来车通知，主管业务的领导应召集有关人员，明确交代任务，严密组织分工，指定现场值班员，确定收发作业的主要程序，提出注意事项。

（2）机车入库，应派出接车人员，按入库要求检查督促机车入库，并要缓行对准货位，除调车员外，机务人员不准离开机车。

（3）核对证件、运号、车号、车数、检查铅封，发现问题应查明原因，并会同铁路人员作出商务记录。一定要坚持先检查、测量、化验后作业的规定。发现油名不符，数量不清或质量不合格，无证件或证件有问题，无法卸油时，应立即上报听候处理。

（4）作业前由现场值班员动员，根据收发油料的品种、牌号确定收发油罐和作业流程，组织消防、警卫、通信、技工和巡线值班，卸油前先测量收油罐的油数，发油时，检查油罐车是否清洁，下卸装置和其他设备技术状况是否完好（必要时与铁路协商调换车辆），检查通信联络、静电接地、泵、管线、阀门、电气设备技术状况是否良好。按要求安好鹤管，盖好罐口，按确定的流程准确开启阀门，一切准备工作就绪并经现场值班员检查核对后，下达作业命令。

（5）一般情况下专用输、转设备不得互用，若用同一条管线输送不同品种、牌号油料时，应将管线内原有油料放净或清洗，防止混油，不得用两台泵同时向一条管线并联输油。未经上级业务部门批准，不得改变原定罐装油料的储存比例。

（二）作业

（1）作业中全体人员要严守岗位，精力集中，加强联系，遵守操作规程，严密监视各项设备的运行和油面升降情况，发现不正常现象，立即停泵和关闭阀门，查明原因，正确处理后，方可继续作业。连续作业，要严格执行交接班制度。现场值班员要掌握作业的全面情况，及时处理出现的问题。

（2）收发罐车油料，应有专人观察液面，开闭阀门，并注意协同。开始灌油的头 1min 和罐车装油到 3/4 容积以后应减慢灌油速度，防止产生静电。夏季油温高，产生气穴时，应采取措施或另定作业时间。不得进入罐车内掏取油料，确需掏取时，应戴可靠的防毒装具，并做好保护。接收罐车油料时，要卸净底油。

（3）发出罐车油料的装载高度，应根据沿途最高气温而定，以防溢油。

（4）装卸黏油时，应根据油料的品种、气温适当加温，加温前注意检查加温器，避免蒸汽侵入油内，停止送气后，必须将蒸汽、回水管内的凝结水放净，以防冻裂或冻堵。

（5）接收桶装油料，要慢开车门，防止油桶滚落伤人，卸桶时应放垫桶物，或用油桶叼运车卸车，不得直接抛掷。查清桶数，检(抽)查油料质量(抽查桶数不少于5%)，及时处理漏桶，按规定入库存放。发出桶装油料，应检查车辆技术状况，不宜用铁帮铁底棚车，若用时应采取措施。要按到站分别牢固堆放。轻质油料两层桶间应适当铺垫木板或树枝。

（6）接收油料装备要认真进行"一核对、四检查、试运转"，搞好验收，入库或存放在适当的场地，发现问题，及时查明原因，作好记录，妥善处理、上报。发出油料装备，要做到质量好、数量准、配件齐、包装好，并附有装箱清单和技术资料，切实做到"五不发"。搬动时要轻拿轻放，防止损坏。

（7）雷雨时禁止抽注易燃油料，并切断电源。

（8）认真执行"存新发旧""优质后用"的原则，严格执行"三清四无""六不发"等收发制度。作业中要注意安全，防止发生事故。

（三）结束

（1）作业结束，做好各项善后工作，关闭阀门，切断电源，按油料品种、牌号，使用回油罐。放空管线油料时，作业人员不得离开岗位，回油完毕要关闭阀门，操作井盖上锁。

（2）清整现场，填写作业记录，由现场值班员进行作业讲评。

（3）铅封车辆，通知车站及时调车，移交收发证件。

二、搬运机械使用管理规则

（1）搬运机械是代替人力劳动的机具，是仓库机械化作业的重要条件。加强对搬运机械的使用管理，是保证完成收发作业任务的关键。仓库应指定一名领导抓好仓库机械化工作。

（2）搬运机械要逐步按标准配齐。必须建有搬运机械库和修理、零配件、充电门等附属设施，确保搬运机械有良好的存放条件。

（3）仓库要成立机械作业班，专门负责驾驶操作和维护保养搬运机械。驾驶员（机械手）必须经过培训，经考试合格，领到驾驶（操作）证后方可上岗作业。

（4）要建立派车制度。凡使用起重汽车、半挂运输汽车、挖掘机、推土机、5t以上叉车等大型机械、车辆时，必须有仓库业务处的派车命令。3t以下叉车，可根据使用单位的要求，由机械作业班长派车。一切车辆、机械完成作业任务后，必须把当天作业情况登记清楚，主要包括作业时间、地点、作业量、耗油量以及发生的故障和问题等，作为年终评定驾驶员（机械手）成绩的主要依据。无派车命令或未经允许，驾驶员（机械手）不得私自动车。

（5）要建立保养日制度。每周要用一天时间，维修和保养车辆、机械，进行清洁、润滑、注油、调整和排除故障。确保机械的完好率在85%以上。

（6）要建立驾驶员（机械手）的定期考核制度。使机械班全体人员能熟练地掌握铁路棚、敞、平板车的装卸作业，库房、洞库和露天场地的堆码垛作业以及挖、堆、运输等作业。考核成绩作为驾驶员（机械手）晋升技术等级的依据。

（7）建立搬运机械修理点。修理点的技工要做到修理上门，定期到库、站巡回维修机械，保证机械的完好率。

（8）搬运机械的报废，必须达到规定的行驶里程或摩托小时，并经修理点技工鉴定，确认不能修复时，方可报废。因操作不当或车辆肇事，使机械损坏的，要按事故处理，追查有关人员责任后，再行报废。

三、半地下罐装油料收发保管规则

（1）按上级规定的储油比例储存油料，油罐换装油料和输、储不同品种油料设备的互用，应报上级业务部门批准。

（2）严格遵守入库规则，进入油罐单体须两人以上。

（3）收发作业前，打开单体采光孔通风，检查油罐、管线、阀门静电接地、透气阀，阻火器等设备的技术性能，备齐用具、消防器材，设置防爆电话，按确定的作业流程和现场值班员的作业命令开启阀门。

（4）作业中操作人员要严守岗位，遵守操作规程，收油时随时注意观察油面高度，搞好通信联络，转罐时注意协同，注意透气阀、阻火器是否畅通。每个油罐应留有适当的安全容量，做好油料保管的"七不"工作，要防止中毒、损坏设备，发现问题及时报告处理。

（5）黏稠油料的加温，只有在罐内油面高出加温器50cm以上时才能进行(卧式油罐，油面应高出加温器15cm以上)，其加温程度应视具体情况而定，在加温过程中，适时检查油温，观察冷凝水中有无油珠(检查加温器的严密性)，加温完毕，放净冷凝水。

（6）作业结束，回空管线内油料(注意透气阀的启闭)，关闭阀门，清整作业现场，填写作业记录，小结讲评作业情况，测量罐内油料(待油面静置30min后)。

（7）除留有正常收发油罐外，要实行密封储油，减少油料损耗，储油罐内的正压不得超过1.961kPa(200mmH$_2$O)，负压不得超过0.294～0.49kPa（30～50mmH$_2$O），确保油罐安全。

（8）坚持日检查制度，并做详细记录。检查项目包括油罐单体的设备、设施的技术状况，有无异常、渗油、漏气现象，新建或大修的油罐装油的第一周，每天检查三次，暴风雨(雪)天气变化，地震期应适当增加检查次数，并采取适当的防范措施，遇意外情况随时检查，发现问题及时报告处理。定期放出罐内的水分、杂质。

（9）坚持测量制度，每个油罐要有准确的容积表，发现误差超标或油罐大修后要对油罐重新检定和编表。每次收发油料前后必须测量；新建或大修经技术鉴定合格的油罐装油十天内，每天测量二次(早晚各一次)；收发罐，平时每月二十五日前测量一次；密封储油的钢质离壁油罐每半年测量一次(可结合采样化验进行)，每次测量后，都要填写测量证明书。发现渗漏或液面有异常变化，应增加测量次数，尽快查明原因，及时报告处理。测量工具必须准确，定期送上级油料技术监督部门检定，精心使用妥善保管。

（10）坚持油料化验制度，按规定项目和期限进行化验，若发现油料变质、降质或指标卡边，这应及时提出处理意见。

（11）每个单体均应设立揭示板和检查、测量、温湿度登记簿。建立账卡，准确记载，每月核对一次，每年清(整)库一次，做到账、物、卡相符。

（12）油罐腾空应视情况洗刷内部，检查或涂补防腐涂料层，要严密组织，遵守油罐洗刷、检查、涂防腐涂料的安全规定，设备维修、保养应遵守有关的安全规定。

（13）严禁在单体内使用非防爆灯具和非防爆电气设备，各单体应根据需要设避雷装置。若采用机动泵作业，要选择适当场地，留有安全距离。不得在单体附近进行放炮作业。

（14）适时对设备进行普查、鉴定、维护、保养，使之经常处于良好的技术状态，固定设备的拆除、更换、增添以及罐内加水垫等均须报上级业务部门批准。

（15）每个单体的测量孔、采光孔、下部操作间的门都应上锁。清除油罐（堡）周围 5m 内的杂草、易燃物。注意防洪排水，特别要注意防山火，搞好绿化伪装和复土回填，摸索半地下罐防潮、防腐的规律。

（16）雷雨时严禁收发燃料油，并严封孔盖。雷雨季节不准将已腾空的油罐敞口自然通风，防止遭受雷击等危害。

（17）油罐要有专职保管人员，库领导和有关业务部门要定期检查收发、保管、安全管理工作。

（18）经常进行清扫，清除易燃物。检查更换消防器材，确保整洁和安全。

（19）未经上级业务部门批准，不得动用库存油料。

四、洞库罐装油料收发保管规则

（1）按上级规定的储油比例储存油料，油罐换装油料和输、储不同品种油料设备的互用，应报上级业务部门批准。

（2）收发作业前，检查油罐、管线、阀门等设备和透气、通风、电气等系统的技术状况，备齐用具和消防器材，设置防爆电话，照现场值班员的作业命令，按确定的作业流程开启阀门。

（3）作业中操作人员要严守岗位，遵守操作规程，收油时随时注意观察油面高度，搞好通信联络，转罐时注意协同，每个油罐应留有适当的安全容量，严密观察油气压力的变化，注意油气管路阀门的开启和阻火器、管道式机械透气阀是否畅通。根据需要适时通风排除洞内油气。防止跑油、溢油、混油、中毒、损坏设备。发现问题及时报告处理。

（4）黏稠油料的加温，只有在罐内油面高出加温器 50cm 以上时才能进行（卧式油罐，油面应高出加温器 15cm），其加温程度视具体情况而定，在加温过程中，适时检查油温，观察冷凝水中有无油珠（检查加温器的严密性）。加温完毕，放净冷凝水。

（5）作业结束，回空管线内油料（注意机械透气阀的启闭），关闭阀门，清整作业现场，填写作业记录，小结讲评作业情况，测量罐内油料（待油面静置30min 后），当罐内油气压力稳定后，关闭油气管线阀门，防止油罐被吸瘪、翘起。冬季接收低温油料，当罐外壁冰霜融化时，要采取措施防止水进入罐底。

（6）除留有正常收发油罐外，要实行密封储油，以延缓油料质量变化，减少油料损耗，储油罐内的正压不得超过 1.961kPa（200mmH$_2$O），负压不得超过 0.294~0.588kPa（30~60mmH$_2$O），确保油罐安全。

（7）坚持日检查制度，并做详细记录。检查项目包括油罐单体的设备、设施的技术状况，有无异常、渗油、漏气现象，新建或大修的油罐装油的第一周，每天检查三次，地震、暴雨期，应适当增加检查次数，并采取适当的防范措施，遇意外情况随时检查，发现问题及时报告处理。定期放出罐内的水份、杂质。

（8）坚持测量制度，每个油罐要有准确的容积表，发现误差超标或油罐大修后要对油罐重新检定和编表。在测量油料时，先打开油气阀门再打开测量孔，以防罐内正压大发生喷油（气）现象，同时注意通风。每次收发油料前后必须测量；新建或大修经技术鉴定合格的油罐装油一周内，每天至少测量二次（早晚各一次）；收发罐，平时每月二十五日前测量一次；密封储油的钢质离壁油罐每半年测量一次（可结合采样化验进行），每次测量后，都要填写测量证明书。发现渗漏或液面有异常变化，应增加测量次数，尽快查明原因，及时报告处理。测量工具必须准确，定期检定，精心使用妥善保管。

（9）坚持油料化验制度，按规定项目和期限进行化验。掌握储油规律，延缓油料质量的变化，严格执行"存新发旧""优质后用"的原则。若发现油料变质、降质或指标卡边，应及时提出处理意见。

（10）每条洞库和油罐单体均应设立揭示板和检查、测量、温湿度登记簿和湿度曲线表。建立账卡，准确记载，每月核对一次，每年清（整）库一次，做到账、物、卡相符。

（11）油罐腾空后要及时清理或洗刷内部，视情况补涂防腐层，作业时要严密组织，严格遵守油罐清洗、通风、除锈、涂装作业安全规程。洞内设备维修、保养应遵守有关的安全规则。

（12）严禁在洞内使用非防爆电气和内燃机械设备，不准带电修理电气设备。

（13）适时对设备进行普查，鉴定、维护、保养，使之经常处于良好的技术状态。固定设备的拆除、更换、增添以及油罐内加水垫等均须上报业务部门批准。

（14）搞好排水、堵（补）漏、通风、密闭、吸湿工作，把相对湿度控制在 40%~85% 之内，并按规定登记、统计、报表。

（15）洞库要设专职保管人员，保管队（油料分库）至少每周检查一次，库领导至少每月查库一次，主要检查收发、保管、岗位练兵、设备、消防、安全管理和库容、卫生工作等。

（16）洞内应每月清扫擦拭一次，每半年大扫除一次，清除非保管的易燃物。

检查更换消防器材，确保整洁和安全。

（17）未经上级业务部门批准，不得动用库存油料。

五、卧罐间油料收发保管规则

（1）按上级规定的储油比例储存油料，输、储油设备不得互用，确需互用，应经上级业务部门批准。

（2）进入卧罐间作业需两人以上（进入轻油卧罐间的人员不得穿化纤工作服，并要消除人体静电），作业前开门窗通风，备齐工具、消防器材，设置防爆电话，检查设备技术状况，测量罐内的油料。

（3）根据现场值班员的指示，按作业流程开启阀门，作业中要保持通信联络畅通，注意检查设备的技术状况。收油时，油罐要留有适当的安全容量，转罐时要注意协同动作。发出的润滑油加温完毕后，要放净冷凝水。

（4）作业中操作人员不得擅离岗位，严格遵守安全管理规定，防止发生事故。

（5）作业结束，放空管线内油料，注意进气阀的启闭，关闭阀门（注意油气管阀门的启闭），检查、擦拭保养设备，清整作业现场，填写作业记录，待油面稳定 5~15min 后，测量罐内油料，关窗锁门。

（6）坚持日检查登记制度，坚持油料测量、化验制度。每个油罐，装油十天内，每天至少检查测量二次（早晚各一次），每月二十五日前测量一次，并填写测量证明书，发现问题随时检查、测量。做好油料保管的"七不"工作。

（7）定期维护保养设备，做到无锈蚀、无渗漏、无故障、无损坏，保持室内整洁，做到地面无油迹，室内无油气。

（8）油罐腾空洗修、换装应报上级业务部门同意，严格遵守有关的操作规定。油气场所动火，须经上级业务部门批准，采取可靠的安全措施，在库领导、消防人员的监护下由技术人员实施。

（9）暴风雨后，及时检查建筑、设备情况，遇有震情，应采取必要的预防措施。

六、罐装油料测量规则

（1）油罐要有根据其实际尺寸按照国家有关规程编制的容积表。用于收发计量的油罐（特别是外贸交接罐），需经国家大容器计量检定站检定，并持有不超过使用期的油罐检定证书和整套容积表。

（2）从事油罐测量工作的人员，需经国家技术监督局大容器计量检定站考核合格，持有《计量员证书》的人员，方可担任专职计量员工作。中间计量和月末库存计量可以在专职计量员的监视下，由无证保管人员操作，但监视人员应对测量结果负责。

（3）用于油品计量的温度计、密度计、量油尺应符合国家标准要求，并持有不超过使用期的检定证书。

（4）在油罐测量口上，应设置有下尺位置的有色金属计量口，并有检定单位标注的总高。测量口附近应设导静电的专用接地端子，以便与测温盒和采样器上的导静电绳相连接。

（5）油罐计量操作要严格按国家技术监督局颁发的 JJF 1014—1989《罐内液体石油产品计量技术规范》执行。并按照测量油位高度、水位高度、罐内油温、产品取样、密度测定、标准体积计算、标准密度换算、油品商业质量计算的程序进行。计量准确度不得超过：立式油罐±0.35%、卧式油罐±0.7%、铁路罐车±0.7%、汽车罐车±0.5%。

（6）收发计量：每次收发油作业前后都要测量。连续收发作业，要适时增加检测次数。配有铁路罐车专用计算器的单位，应以计算器算出的数据为准。

（7）检查测量：100m³ 以上油罐，储存甲、乙类油品的贴壁油罐每周二次，离壁离顶油罐每周一次；储存丙类油品的油罐，每月二次；100m³（含）以下油罐，每月测量一次。新建和大修油罐，装油后的第一周内，每天至少测量二次。使用自动(半自动)测量仪表时，隔日检查一次。每次测量要认真做好记录，并与上次核对。发现液面有不正常变化，要增加测量次数，查明原因，及时报告处理。

（8）库存计量：每月二十五日要逐罐进行测量，详细计算罐内存油数量，多出或短少要查明原因，如实报告。

七、库房桶装油料收发保管规则

（1）要有专职人员负责库房桶装油料的保管。

（2）接收桶装油料时，要核对证件，验收数质量，入库前要按桶数的5%抽查外观和底部水分杂质，发现问题要作出记录进行处理，必要时报告上级。擦净桶身，按规定的入库顺序入库。

（3）桶装油料入库应区分品种、牌号、批次，分类立式摆放，底部垫木方，每两个桶并拢成一行，行的方向要与窗口光线平行，大桶盖向外，两层堆垛时，底层桶大口要留在上层两个桶之间，行间和库房内四周应留检查和搬运通道，配有油桶叨运车的油库，搬运通道要适当加宽，堆垛要整齐、平稳，设置堆垛卡片。

（4）坚持日检查制度。入库一周内每天检查三次(早、中、晚各一次)，每季进行一次底部抽查，每年进行一次外观检查，按规定取样化验，发现渗漏及时倒桶，重新称量，更正标记，若质量发生变化，及时报告，提出处理意见。

（5）认真执行"存新发旧""优质后用"的规定，严格执行"三清四无""六不发"等制度，严格收发手续，及时记载账目，做到账、物、卡相符。不得私自动用储存的油料。

"三清四无"是数量清、质量清、品种牌号清，无变质、无水杂、无乳化、无混装（上级规定可以混装的除外）。"六不发"是质量不合格不发、数量不准确不发、容器不清洁不发、油桶有渗漏不发、标记不清楚不发、手续不齐全不发。

（6）保管有毒油料，要采取防毒措施。要保持搬运器材、机械和电器设备技术性能完好，保持库内整洁，做到无油气、无油迹，适时通风，保持适宜温湿度（洞库相对湿度要保持在40%～85%之间）。

八、露天桶装油料收发保管规则

（1）要有专职人员负责露天桶装油料的保管。

（2）接收桶装油料，核对证件，验收质量数量，按品种、牌号、批次、质量分类，单层桶要斜立垫木方堆放，大小桶盖在同一水平线上（与垫桶木方平行），防止雨水浸入，双层堆放时，两行并拢成垛，大桶盖向外，底垫木方，两层之间垫木板，垛（行）间留检查通道，堆垛整齐、平稳，设置堆垛卡片，要加遮盖物，防止风吹日晒，垛位四周应挖排水沟。

（3）新油入库要逐桶进行外观检查和底部抽查（不少于5%），倒换渗漏桶，擦净桶身，搬运、堆放时注意安全，不得直接向地面抛掷，不得用铁器敲击油桶。

（4）坚持日检查制度。新接收和新灌桶一周内，炎热季节每天检查三次（早、中、晚各一次），每季进行底部抽查，每半年外观检查一次，按规定取样化验，发现渗漏及时换桶，并应重新检斤，更正标记，若质量发生变化，及时报告，提出处理意见。

（5）认真执行"三清四无""六不发"等制度，严格收发手续，及时记载账目，做到账、物、卡相符。不得私自动用储存的油料。

（6）回收的用过油料，要按品种分别堆放，妥善保存，以便更生再用。

（7）保持场内无油气、无油迹，清除距桶垛5m内的杂草、易燃物，配备必要的消防器材。

（8）润滑脂类、变压器油不得露天存放。

九、桶装油料入库顺序规则

凡接收或灌装的桶装油料入库时应遵守如下顺序：

（1）防冻液、制动液（含配制防冻液、制动液的原料油）。

（2）润滑油（稠化机油、有添加剂的润滑油、变压器油，应优先入库）。

（3）润滑脂（贵重的小包装润滑脂应优先入库）。

（4）航空汽油、航空煤油。

（5）柴油。

（6）车用汽油。

（7）用过的润滑油（脂）、洗涤油。

十、露天空桶保管规则

（1）露天存放的空桶，应有专人负责保管。

（2）存放场地应选择荫蔽、干燥，地面坚实平坦，四周构筑排水沟，且不易被洪水冲击，又便于搬运的地方。

（3）按规格、质量等级（新品、堪用、待洗修、报废），分类摆放，桶盖要严密，卧式堆放六至七层为宜，底层垫木方，两端设三角木，堆垛要牢固整齐，防止滚动，上部要加遮盖，桶垛之间留有检查搬运通道（不小于 1m）。

（4）未电泳的油桶若长期存放，桶内应做防锈处理（喷煤油或放缓蚀剂）；装过油的桶要除净桶内残油，长期存放时，须经洗修。

（5）搬运时要轻搬轻放，不得直接抛掷，要注意安全。

（6）认真执行"存新发旧"的原则，严格收发手续制度。库存油桶仓库无权私自动用或外借。

（7）油桶的账目、卡片要及时记载核对。保持账、物、卡相符，认真填报表，及时上报。对不宜继续保管，需要转级、报废的油桶，要及时统计上报。

（8）适时检查、倒垛，根据情况进行内部洗刷、电泳、外部除锈刷漆。雨雪后，及时排水扫雪，保持油桶清洁，延长储存时间。

十一、油料装备、器材保管规则

（1）装备器材入库要坚持"一核对、四检查、试运转"的验收制度，发现问题，应作出记录，查明原因，填写验收报告单，报上级业务部门。

（2）创造条件，尽量做到器材上架、油桶入库、油罐入棚。作业中轻拿轻放，注意安全。

（3）装备器材要按品种、规格、质量（新品、堪用、待修、报废），分别入库，配套储存，堆放要整齐稳固。库房内四周和各类器材之间，要留有间隔和检查通道，并设置堆垛卡片。

（4）各类容器口盖要严密，内部没电泳的容器视情况放入气相缓蚀剂，并定期检查、除锈刷漆。露天存放时，场地要坚实、平坦，四周要构筑排水沟，底部垫有枕木，上面加有遮盖，并要根据实际情况，适时检查倒垛，防止锈蚀。

（5）根据各种器材的不同性质，妥善保管，金属制品要适时涂油、涂漆或密封保管，防止锈蚀；橡胶制品要堆放平直，不宜过高，防止弯曲、挤压变形，每年翻垛和散撒滑石粉一次；电气器材应放在垫木或架上，防止受潮；仪器、仪表应严密包装，采取防潮防震措施；各种机泵每年应启封发动一次，然后封存保管。

（6）对保管的容器、器材要勤检查、勤维护保养、勤整理，发现问题及时处理。防止锈蚀、霉烂、老化变质、虫蛀、鼠咬、丢失、损坏，保持性能良好，能随时使用。

（7）发出器材，必须数量准确，性能良好，成套器材要带齐配件，妥善包装，并附有装箱清单和技术资料。要贯彻"存新发旧、优质后用"的原则，做到五不发，即质量不合格不发、配套不齐不发、包装不好不发、技术文件不全不发、机泵运转不正常不发。要妥善保管用过的包装品，以便再用。

（8）保持库内整洁，清除杂物，设置消防器材，保持适宜的温湿度。

十二、卧式金属油罐保管规则

（1）卧式金属油罐应有专人负责保管，存放场地应选择地势高，不易被洪水冲击，地面坚实平坦，便于搬运的地方，并在周围挖筑排水沟。

（2）油罐按容积、质量分别堆放（垛），底部垫木方，孔盖要拧紧，罐口向上摆放一致，垛行之间留出检查通道。顶部应根据实际情况加设遮盖物。

（3）搬运时要防止碰掉油漆和损坏油罐。适时清除场地杂草。

（4）定期检查，适时除锈、涂漆和进行内壁防腐处理。

（5）贯彻"存新发旧"的原则，收发后及时记载账、卡，经常保持账、物、卡相符。

（6）仓库无权动用或外借储存的油罐。

第三节　业务场所管理规则

一、泵房管理规则

（1）泵房所有设备要由专职司泵人员操作、使用、管理。

（2）非操作人员、非检修工不经准许不得进入泵房。经准许进入者不得随意操作设备。

（3）泵房内应张挂司泵员职责、油泵操作规程、泵房管理规则、阀门操作图。所有管线、阀门、放空罐、真空罐均应根据输转的油料的工艺流程，按规定涂刷明显的区分颜色，标明序号，以防错开错用。

（4）坚持日检查制度，主要检查泵、电机、阀门、过滤器、真空和回空系统有无渗漏，各部螺丝是否紧固，转动是否灵活，接线是否牢固完好，泵房有无下沉、裂缝、漏雨等异常现象，发现问题，及时报告，正确处理。

（5）定期维护保养设备，做到泵、阀门、过滤器无渗漏，定期测试电机的绝缘性能，更换盘根和清洗过滤器，确保设备处于良好技术状态。长期不用的离心泵要定期进行无负荷运转 1～3s。

（6）建立设备技术档案，坚持检修和作业记录的登记与填写。设备拆卸检修时须经领导批准由技术人员实施。固定设备的拆除、更换，应报上级业务部门，批准后实施。

（7）泵房内外应经常清扫，保持整洁，做到室内地面无油迹、无杂物、无积水；设备无灰尘、无油污、无脱漆，泵房周围无杂草、垃圾。

（8）泵房内外须备有消防器材和灭火沙，人离泵房应注意闭灯关好门窗和回油罐测量孔等，确保安全。

（9）适时通风，排除油气，保持干燥，搞好泵房外排水，防止遭受洪水的危害。

（10）各种工具要保持完好整洁有序，建立登记卡片，使用铁质工具要严防撞击。

二、放空罐区管理规则

（1）放空罐必须专人管理，专罐专用。如改装不同牌号油料时须经库领导批准，并清洗干净。

（2）放空罐尽量少存油料，存油时不得超过安全高度。

（3）向罐内放空时应有专人看管，注意观察和测量，掌握油面上升情况，控制好放空罐的阀门，防止溢油。

（4）加强放空罐的测量、化验工作。作业前后必须测量，不经常使用的罐，至少每月测量一次，并填写测量记录。放空罐油料注入大罐或发出使用前，必须坚持事前检查化验，以防发生事故。

（5）放空罐视情况每年清洗一次。

（6）管线回空后应注意关好阀门和测量孔。

三、发油廊（灌桶间）管理规则

（1）发油亭要建立发油日值班制度，要有一名干部带队，若干名保管员负责发油工作，并佩戴工作证。灌装油料的车辆多时，还应增设车辆调整哨。

（2）发油亭应设发油区和等候区两部分，相距应在50m以上。灌油车辆先在等候区按次序排队，当发油区的车辆灌装完毕，腾出车位后，等候区的车辆方可进入发油区。

（3）进入发油区的车辆，严禁携带易燃、易爆物品，排气管要带好防火罩，驶入指定车位前先熄火，滑行到位。灌装完毕后，应先滑行，离开灌装车位25m后，再启动发动机。对无坡度的发油亭地坪，应用手摇柄起动车辆，通常不使用起动机。

（4）车辆在灌油前，交付领油凭证，接好静电接地线。装油鹤管要插到罐车底部10cm处，并接地。罐口盖好石棉被。灌油流速开始时要慢，油面浸没鹤管端部后可提高到4m/s，罐车灌满前流速减慢，直至达到规定装油量后关闭阀门，防止静电灾害发生。

（5）灌桶的车辆，灌装前应先将油桶、加油枪接好静电接地线。采用磅秤计量时，磅秤也应接地。灌油流速不宜过快，以每只200L桶不小于1min为宜。灌满的油桶要注意观察发现漏桶要及时倒桶，以防静电、火灾事故发生。

（6）发油装置的流量表，每半年要用标准容器进行在线检定。发现计量精度超标时，要报告上级油料技术监督站派员前来复测。确认流量表超标，即应校正和维修。经修理不能恢复到出厂精度的流量表即应报废。

（7）发油亭要配备灭火机、石棉被、消防沙箱、消防水桶等灭火器材，并要安装消防报警按钮。灭火器材要定期检查、维护、补充压力，更换过期的药品，使其经常处于良好技术状态。

（8）发油日结束时，要清扫现场，关严所有阀门(无胀油管的油罐或高架罐，进出油阀门不能关严)。泼洒在地面上的油料要用沙子吸敷后清理到安全地带。测量油罐或高架罐的油位，计算发出油量，与发油凭证和流量表读数核对，检查有无差错，发现问题要及时查找原因。

四、资料室管理规则

（1）资料室设专人负责管理。

（2）资料室要符合安全、保密要求，有防火防盗措施。

（3）各种资料按规定登记、编目、分类存放、顺序编号，方便查阅。

（4）借阅资料要有批准手续，按期归还。

（5）各种资料要妥善保管，定期清点、查对，防止丢失、损坏、霉烂、虫蛀、鼠咬。

（6）销毁过期资料有审批手续和目录登记。

（7）未经上级批准，不准拍照、录像。

（8）定期保养、清点资料室各种设施、设备，防止损坏、丢失。

五、自控室管理规则

（1）自控室要配置在油库行政生活区办公楼内（或附近）和通信联络方便的位置。

（2）禁止无关人员进入，参观者需经批准并由自控室人员陪同方可进入。

（3）自控室要符合安全、保密要求，有防火、防盗、防窃听措施。

（4）经常保持自控室设备、计算机、仪器仪表处于良好技术状态，及时维修保养；设施完好无损，室内清洁整齐。

（5）索取技术资料或打印文件，要经批准并有登记手续。

（6）各种技术资料要妥善保管、定期清点、查对，防止丢失、损坏、霉烂、虫蛀、鼠咬。

（7）自控室要有防雷、防静电措施，室内无人时，要切断电源。

六、洞库防潮规则

（1）油罐单体和巷道应分别设置温湿度计。每条洞库要有温湿度登记本、查算表、湿度曲线表，并及时准确地记载测得的数值。

（2）洞内相对湿度要控制在 40%～85% 之内，延缓设备锈蚀和油料质量变化。

（3）切实搞好排水补（堵）漏。采取有效的排补方法，把渗漏水引至排水沟内。根据实际情况将油罐单体、巷道抹（贴）好防潮层，涂刷防潮涂料。防潮施工要采取可靠措施，确保施工和洞库的安全。

（4）在洞外绝对湿度小于洞内绝对湿度时，适时进行通风降湿，在需要排除洞内油蒸气时及时通风。根据实际情况尽可能采取自然通风，必要时进行机械通风。通风中洞内相对湿度不得低于 40%，温度不得低于 4℃。努力寻找夏季能通风的时机，充分利用干燥季节通风，排除油蒸气时要尽量减少对洞内降湿的影响。

（5）要适时严格密闭。密闭期间要控制人员的进出。作业时要采取有力措施，尽量减少湿空气进入洞内。

（6）根据洞内温度，及时投入吸湿剂降湿，采用氯化钙吸湿时，防止沾染设备和坑道。及时处理吸湿后的溶液。要努力做到不用吸湿剂，湿度也能达到要求。

（7）防潮工作中，认真执行操作规程和安全管理规则，防止发生事故。

（8）不断摸索、总结、报告防潮工作经验，按规定及时填写各种登记、报表。

第四节　油库电气管理规则

一、油库电气设备管理规则

（1）油库电气设备的使用、操作、检查、维修、管理，应由专职人员负责，其检修必须由专门技工负责，不准非管人员操作、拆装电气设备。油库电工必须经考核取得电业部门的合格证书后方准录用。

（2）建立健全并严格遵守设备技术操作、电气设备、消防、安全管理及各项值班制度，认真执行岗位责任制，按规定记载设备运行（转）、检修、试验、事故等项记录。设备不得带故障作业，不准违章作业。

（3）油库一切电气设备必须符合有关的技术标准、规定、规程，并按有关规定进行检查、保养、维护、修理、测试，确保其技术性能良好，安全可靠，运转（行）正常。

（4）凡油气场所安装、使用的电气、通信设备（含手电筒和临时接用的设备），必须符合防爆等级及有关的技术安全管理要求，防爆电气、通信设备的操纵、检修、管理应按有关技术规定进行，未经允许不得随意拆装，要确保防爆装置技术性能良好。

（5）油库电气设备的扩、添、改建及固定电气设备的拆除、更换、大修，应按规定报上级有关业务部门审批后，按照建筑、安装程序和有关技术规定进行，安装和修复的设备必须经验收合格方准投用。油库自身技术力量解决不了的问题，应报上级有关部门解决。

（6）油库不得将专用电气设备外借或自行处理，换建下来的设备应由上级统一安排使用。未经上级有关部门批准，不准任何单位在油库专用电气线路上作临时或永久性接线。

（7）按规定对电气设备定期进行技术检定，建立设备技术档案、普查清册，做到适时准确地记载。

（8）搞好维修所需设备、器材、工具的筹措、使用、管理。要节约用电。有计划地采用新设备、新技术，不断改进电气设备，提高油库电力保障和自动控制能力。

（9）油库所用的各种电气工具及消防器材技术性能要良好，安全可靠。认真做好安全用电工作，防止发生事故。

二、变电所管理规则

（1）由专人值班，无关人员不得进入，室内不得存放易燃、易爆及无关物品和工具等。

（2）设备在运行中操作人员要严守岗位，监视仪表变化和设备运行情况，发现问题妥善处理。

（3）停、送电要有专人监护并通知用电单位。停电作业要穿好绝缘鞋，带好绝缘手套，检查停电工具，先低压后高压，并用试电笔测试。注意临时短路接地线的装卸。停电检查、保养、维护设备要设有停电安全牌，采取必要的安全措施。

（4）遇暴风雨要切断电源，送电前应检查设备、建筑技术状况，确认无误，方可送电。

（5）按设备的操作规程、技术规定检查、维护、修理变电设备，保持其良好的技术状态。

（6）通常不得带电作业，雷雨天禁止进行野外作业，登高作业超过 3m 时不得单人操作。

（7）严格遵守操作规程和有关的安全制度，注意安全，防止发生事故。

（8）建立设备档案。爱护工具、器材。保持室内整洁，认真填写值班(作业)记录。

三、发电间管理规则

（1）各种设备应有专人负责，严格管理，定期检修，做到储气瓶的气压和电瓶的蓄电充足，机械性能良好，保证起得动。

（2）发电用油应存放在安全地点。配电设备、线路要排列整齐，绝缘良好（接地电阻不超过 4Ω）。非管理人员不许乱动设备和开关。

（3）作业人员必须严守岗位，遵守操作规程，保证安全供电。

（4）加强各种工具、仪表的管理，正确使用，建立账卡，人员变动时应办理移交手续，防止丢失、损坏和挪用。

（5）经常保持室内外清洁卫生，工具和物品摆放要整齐。

四、配电间管理规则

（1）配电间要由专人(电工)负责操作、维护、管理。

（2）无关人员不得进入，屋内不得存放易爆、易燃物品，泵房内的电气仪表观察窗要严格密封。

（3）收发油料作业，电工要到现场值班，严闭门窗，检查设备技术状况，根据现场值班员指示，接通电源，送电顺序是：总开关，分开关，补偿器开关，自动或手动手柄开关。停电与送电顺序相反，检查仪表指示值是否符合要求，当电压超过额定数值的±5%时，不得送电启泵。

（4）电气设备运行时，值班人员要严守岗位，认真观察和检查设备运行情况，并与司泵员经常联系，发现问题及时报告，果断正确处理。需停止作业，应先停泵，再切断电源，严禁带负荷拉闸。

（5）作业完毕，切断电源，填写作业记录，锁门。

（6）定期检查、维护、测试设备、校正仪表，确保良好的技术状态，并将检查维护情况填入设备档案。

（7）操作人员要严格遵守操作规程和有关的技术规程及安全规定，防止发生事故。

（8）保持室内整洁，并要经常进行通风。

第五节　辅助设备管理规则

一、油库检修所管理规则

（1）加强领导，搞好业务建设，不断提高维修能力。

（2）坚持四固定（定人员、定设备、定任务、定制度），检修所的一切机械设备都要指定专人操作和管理。

（3）严格劳动纪律，认真履行职责，严格执行操作规程和安全规定，防止发生事故。

（4）认真保管使用的机具，按规定定期维护保养机具、设备，使之经常保持良好的技术状况。固定机械、机床的大修、更新、增添须按有关规定进行。

（5）根据维修任务，及时做出物资请领计划。

（6）维修器材和机具要入库建账专人保管，严格出入库手续。

（7）搞好分工协作。修旧利废，节约原材料。不断改革机具，减轻劳动强度，提高维修质量。

（8）凡维修、加工与油库业务无关的机件均计费收款，不准做私活。

（9）认真填写工作记录、表报，保持所内整洁。

二、锅炉房管理规则

（1）锅炉房设备应有专人操作管理，定期检查保养（每年至少检查一次），做到安全阀、压力表、注水器、三通、阀门灵活畅通，安全可靠。

（2）各种工具要建立账卡，人员变动应办理移交手续，严防丢失、损坏和挪用。

（3）司炉时应严守操作规程，禁止盲目蛮干，防止发生事故。

（4）做好防潮、防锈工作。经常保持炉堂清洁干燥，潮湿季节要放吸湿剂，防止锅炉锈蚀。

（5）锅炉和输气管路采取保温措施，提高锅炉使用效率，注意节约燃料。

（6）作业完毕，清理炉渣，打扫现场，保持室内外清洁卫生。

三、洗桶厂（间）管理规则

（1）应有专职干部负责，加强业务建设，搞好计划生产，不断改进管理方法，按计划和上级下达的指标，多快好省地完成油桶洗修和电泳任务。

（2）对上交的待洗修桶，要认真清点数量，严格检查人为损坏和缺盖情况，做好记录。必要时填表报本库业务部门记账并通知交桶单位限期按价交款。

（3）验收后待洗修桶，要按油桶规格、装油种类、分别整齐、稳固的堆垛存放，有条件者底部可垫上木方。

（4）全体人员要遵守劳动纪律，严格执行各项规章制度，配备必要的消防器材，设安全值班员，确保安全生产。

（5）作业前要检查设备，各道工序应有专人负责，层层把关，不合格不交下道工序，确保洗修桶质量，合格率要达到95%，成品桶要达到"三平一圆"（桶底、顶、口平，桶身圆）。

（6）加强设备管理，实行四固定(定人员、定制度、定任务、定保养)，开展优秀设备评比活动。认真贯彻日擦拭、周保养、月（节假日前）检查、季评比、年鉴定，发现问题及时报告、维修，使设备经常处于良好的技术状态。

（7）按规定筹措申请所需设备和原材料。认真搞好成本核算，要专料专用，努力降低工时和原材料消耗，做到优质、高产、安全、低耗。

（8）严格各项登记制度，如日产量、出勤率、材料消耗、事故及事故苗头等。按规定上报业务报表。

（9）妥善处理和净化污水，注意环境保护，防止污染水系和农田。

（10）开展技术革新，改进设备和操作方法，减轻劳动强度，改善工作条件，提高工作效率。

（11）工作完毕，清理现场，归放工具，保持室内外整洁。

四、洗桶厂（间）化学药品管理规则

（1）平平加的保管温度不得高于30℃。

（2）乌洛托品、亚硝酸钠要保管在密封容器中。

（3）盐酸应密封保管，防止漏气或进入水分。

五、油料更生厂（间）管理规则

（1）油料更生、掺配厂应有专职干部负责，要加强领导和业务建设，操作人员应明确分工，实行岗位责任制，建立健全各项规章制度，严格劳动纪律，按计划和上级下达的任务，搞好更生、掺配工作。

（2）加强设备管理，做到定期检查、维护、保养，使其经常处于完好的技术状态。

（3）更生厂应配备必要的消防器材，操作人员要认真执行操作规程和有关的安全规定，按确定的工艺流程搞好用过油料更生和油料掺配，确保安全生产。

（4）不断研究改进更生和掺配的工艺方法，提高产品质量，使之达到更生油料暂行规定，力争达到新油指标，掺配油料的质量要精益求精。

（5）更生、掺配厂的原料、材料、配件必须指定专人管理，节约使用，做好登记统计工作，切实搞好成本核算，降低生产成本。

（6）搞好用过油料验收、分类，按规定进行堆垛和保管。更生、掺配成品要及时入账。不经上级业务部门批准，不得私自动用用过的油料和成品油料。

（7）认真填写作业记录，按规定上报各种业务报表，及时申请和筹措所需设备、材料。

（8）加强作业现场管理，无关人员不得进入更生、掺配间。各种物品堆放要整齐，保持室内外整洁。

（9）下班时要切断电源、水源、熄灭火源，关闭门窗。若连续加温应轮流值班。

六、油库气象站管理规则

（1）要有专人负责气象站的管理工作。未经允许，无关人员不得进入观测场地。

（2）气象站的场地、建筑、设施要符合建站的要求，并按规定进行检查、维护修理。

（3）设置必需的气象仪器，做到安装正确，认真操作使用，定期维护、检定，凡不能自行维修的仪器，不得随意拆卸，应送有关部门修理。未经领导批准，不得挪用站内仪器。

（4）每天进行三次气象观测，观测的时间力求全年一致，每次观测后，认真填写观测记录。经常保持与当地气象（台）站的联系。按时填写气象揭示板，每天都要发布天气预报。逐步掌握本库范围气象变化的规律，以使正确指导洞库通风防潮和做好气象预报的工作。

（5）本站人员要严格遵守气象工作的有关规定、操作规程，防止发生事故。

（6）认真填写各种报表，按要求及时上报，根据规定申请、筹措仪器和器材。

（7）爱护仪器，保持站内整洁，做好积累和保存气象资料的工作。

第六节　安全消防管理规则

一、油库消防规则

（1）油库管理安全第一，要贯彻"以防为主、防消结合"的方针。经常开展三预活动(事故的预想、预查、预防)，依靠和发动群众做好消防工作。

（2）建立健全消防组织，经常进行安全教育，制订消防预案，划分消防区域，明确警报信号，健全消防值班制度，加强消防训练，定期进行消防演练。

（3）全库人员要严格遵守油库管理制度、技术操作规程、防火安全规定。

（4）严格执行《油库安全用火管理规定》，凡油料储存、收发区及输、储油等设备、设施的动火，必须呈报上级业务部门批准，采取可靠的安全措施，在库领导和消防人员监督下实施。

（5）警卫人员要认真履行职责，严禁任何人穿外露钉子的鞋和携带火种，易燃易爆、非防爆灯具等物品入库，严格监督库内人员遵守规章制度，遇有违章者应立即劝阻。

（6）消防人员要认真履行职责，按规定参加消防值班。消防器材要齐全，摆放位置要适当，并要适时维修、保养、补充和更换药液，使之经常处于良好的技术状态。定期检查、发动消防车，要保证能随时出车。

（7）及时处理泼洒的油料，适时排除作业地点油气，清除非保管易燃物，清除距库房、电网、油堡、收发作业区5m内的杂草。

（8）严格用电管理。电气设备的安装、使用、管理、维护及防爆等级应符合有关的技术规定，并做好防雷、防静电的工作。

（9）油库各项建(构)筑物应符合防火安全距离及耐火等级的规定。库区内道路要保持四季畅通，要有足够的灭火水源。

（10）搞好设备维修时的消防工作。

（11）库领导要定期和在节日前检查油库消防安全工作落实情况，发现问题及时处理。

（12）发生火警，组织扑救，减少损失，总结经验教训，改进工作。

二、现场动火安全规则

（1）油库危险场所动火，应严格执行《油库安全用火管理规定》，一级动火要上报《油库区动火作业申请报告》，写明动火部位、原因，制定施工技术方案和采取的安全防范措施，经上级主管业务部门批复后，方可进行动火作业。

（2）动火作业现场，要有领导干部值班。储油罐动火，库领导值班；管线、泵房、阀门操作井动火，技术股（检修所）领导值班。值班干部要逐条检查动火作业报告中提出的安全防范措施是否真正落实；施工、消防、救护、检测等人员以及消防、救护车辆、灭火、救护器材等是否到位。确认无误后方可开始作业。

（3）动火前要切断与动火点相连接的其他设备，储油罐动火要切断通往相邻储油罐的输油管线；管线、泵房、阀门操作井动火要切断与相邻设备（油罐、阀门操作井等）所有管线。切断后的管线端头处必须用盲板堵死，使动火点成为一个孤立的设备。

（4）油罐动火前，必须清洗干净，排除油气。按油库油罐清洗、除锈、涂装作业安全相关规程测试可燃气体的浓度在爆炸下限的4%以下，并填写《动火作业票》，附可燃气体测定记录表，经库领导批准后方可动火。测试时间超过30min还未动火的，必须重新测试，直至符合要求后方可动火。动火期间测试人员不得离岗，以便随时检测。

（5）管线、阀门操作井、泵房动火前，应将管线（管组）内的油料放净，用水冲洗管内壁，消除油气。用手锯割开管线或卸下阀门、法兰盘后，测试管内可燃气体浓度应在爆炸下限4%以下时，方可动火。土埋管线锈穿，需局部换管时，挖开后应清除带油的土壤。若跑油量大，无法清除全部带油土壤时，可在土壤表面喷洒泡沫灭火剂。遇特殊情况，管线放空油料后不能用水冲洗时，可用滑脂密封将要焊接的管线端部，防止管内油气外泄，滑脂柱塞的厚度不少于20cm，并要伸进管口40cm，避免焊接时融化。

（6）消防、救护、测试等人员，在动火前和焊接过程中，都应处于一级战备状态，所携带的消防、救护器材，必须事先经过检验，确认是完好的。除施工人员外，其余人员要与动火点保持一定的安全距离。动火作业结束后，方可解除战备状态，并对设备维修部位进行技术检查，合格后清理施工现场，填写和上报竣工验收报表。

三、充气房管理规则

（1）充气房必须建在空气清净、干燥、无污染的地区，每立方米空气中的一氧化碳含量不超过 5.5mg、二氧化碳含量不超过 900mg、油不超过 0.5mg、水不超过 50mg。环境温度不低于 0℃。建在寒区的充气房要安装暖气，并配有冷却水源。

（2）充气设备必须经常保持清洁、干净。充气泵外壳绝不允许有油污或从机体密封环和密封罩处往外渗漏。

（3）充气房内严禁吸烟，工作人员必须穿没有油污的洁净衣服，工作前要仔细地用肥皂洗手。

（4）所有使用的工具必须清除油垢，再用棉纱彻底擦干净。

（5）电动机接线牢固、良好并设专用接地线。动力配电箱应设空气断路器保护。

（6）充气要登记，并仔细检查空气瓶体和开关是否良好，发现问题及时维修。充完气待瓶体冷却后要复测压力，凡压力达不到 30MPa 的空气瓶要补足。

（7）充气工作结束后应切断电源，关闭气瓶开关，放出气水分离器中的冷凝水，打扫室内卫生，关严充气房门、上锁。

（8）充气设备、空气瓶要登记入册，建立档案资料。设备在使用中要定期检查，紧固充气泵的各部螺栓，消除密封部位的渗漏油现象，补充润滑油箱中的油料，确保充气设备经常处于良好技术状态。

（9）充气房要指定专人负责，并经过培训，遵守操作规程，保证充气设备安全运行。

四、空气呼吸器使用保管规则

（一）使用

（1）在每次使用后一个月的间隔时间内，应对空气呼吸器进行一次全面检查。

（2）空气呼吸器的高压、中压压缩空气不宜直接吹在人的身体上，尤其不能吹在人的头部，以防造成伤害。

（3）正压式消防空气呼吸器不宜用做潜水呼吸器。

（4）在拆除阀门或其他零件及拨开快速接头时，不宜在存有压力气体的条件下进行，应在压力气体释放后进行。

（5）在用压缩空气清除空气呼吸器上的灰尘、粉屑时，要注意防护操作人的手、脸及眼睛，最好能戴上防护眼镜及保护手套。

（6）空气呼吸器用的压力表应每年校正检查一次。

（7）空气瓶在使用时不能超过额定工作压力。

（8）不宜将公称工作压力为 30MPa 的宽气瓶，接在最高输入压力为 20MPa

的减压器上。

（9）不能将正压型空气供给阀和带有负压型呼气阀的全面罩连接在一起使用；也不能将负压型空气供给阀和带有正压型呼气阀的全面罩连接在一起使用。

（10）具有二段减压的空气呼吸器零部件，不能用在只有一次减压的空气呼吸器上。

（11）无论直观检查结果如何，已达到使用年限的零部件必须按期更换。

（12）未经佩戴训练的人员，不能佩戴空气呼吸器进入灾区。

（13）空气呼吸器用的空气瓶严禁充填氧气供佩戴人员使用，以免因空气瓶内存在的油迹遇高压氧后发生爆炸。空气瓶也不能用来充填其他气体、液体。

（14）空气呼吸器的密封件和少数零件在装配时允许涂少量硅脂，但不能先涂油及油脂。且应该用肥皂粉及软刷清洗背带、腰带，不要使用去污物或酸碱溶液清洗背带、腰带。

（二）保管

（1）空气呼吸器及其零件应避免日光直接照射，以免橡胶件老化。

（2）空气呼吸器与人体呼吸器官发生直接关系，因此要求时刻保持清洁，应将它放在清洁的地方，以免损害身体健康。

（3）空气呼吸器严禁沾污油脂。

（4）保管室内的温度应保持在5~30℃之间，相对湿度40%~80%，空气呼吸器距离取暖设备不小1.5m，空气中不应含有腐蚀性的酸碱性气体或盐雾。

（5）橡胶件制品长期不使用，应涂上一层滑石粉，使用前用清水洗净，以延长使用寿命。

（6）为防止疾病的传染，空气呼吸器最好专人使用、专人检查和保管。

五、油库防雷及防静电灾害规则

（一）防雷

（1）储存轻油，顶板厚度大于或等于4mm的地面钢质油罐或覆土厚度在0.5m以上的半地下油罐，均不装设避雷针（线），但必须作防雷接地，并与油罐防静电接地同时考虑，接地点不少于两处，接地点沿油罐周长的间距，不宜大于30m，接地电阻值不得大于10Ω。

（2）浮顶（内浮顶）金属罐可不装设避雷针，但应将浮顶与罐体用两根以上截面积不小于25mm²的测线跨接，通过罐体接地，其接地点和接地电阻值不大于10Ω。

（3）半地下油罐的罐体及罐室金属构件以及呼吸阀、阻火器、内部关闭间手柄、采光孔、量油孔等金属件，应作电气连接并接地，不能多罐共用一个接地网，必须每罐单设两处防雷接地，接地电阻不大于10Ω。

（4）洞库油罐的阻火器和钢质透气管线露出洞外部分，要作防雷接地，接地电阻值不大于10Ω。轻油洞房还应采取下列防止高电位引入洞内的措施：

① 进入洞内的金属管线，从洞口算起，当其洞外长度大于（含）50m，可不设接地装置；当其洞外部分埋地或埋地长度小于50m时，应在洞外作两处接地，接地点间距不应大于100m，每处接地电阻不宜大于20Ω。

② 进入洞内的输油、呼吸管线在洞内防护门前增设一道耐高压、绝缘法兰或绝缘短管。

③ 电力、通信线路应采用铠装电缆埋地引入洞内。由架空线路转换为电缆埋地引入洞内时，其转换处至洞口的距离不应小于50m。电缆与架空线路的连接处，应装设低压避雷器。避雷器、电缆外皮和瓷瓶铁脚应做电气连接并接地，接地电阻不大于10Ω。

④ 电力电缆引入洞内时，在洞口配电门要安装四联开关，做到切断相线的同时切断零线。注意把洞口重复接地接在开关接线的靠洞库一侧，防止开关断开时洞内零线接地也同时断开。

（5）地处雷区的铁路收发作业区应设置避雷针及接地装置，其接地体与其他接地体的距离不小于3m。

（6）地面钢质油罐上的温度、液位等测量装置应采用铠装电缆或钢管配线，电缆外皮或配线钢管与罐体应作电气连接。铠装电缆埋地长度不应小于50m。

（7）所有避雷接地的连接宜采用焊接连接，埋地敷设。接地引下线室内选用25mm×4mm扁钢或16mm圆钢，室外选用40mm×4mm扁钢或16mm圆钢制作。接地体选用DN50钢管或L50mm×50mm×5mm角钢制作。接地扁（圆）钢在与接地极连接前要设置一个能断开的测试点，测试点需用两个M10以上镀锌螺栓坚固，并配弹簧垫圈。测试点上不刷防腐沥青，去锈、涂高级导电膏，保证导电良好。测点要与设备、设施有15m以上的安全距离。

（二）防静电放电

（1）铁路作业区的钢轨、集油管、鹤管、输油管、抽真空管、栈桥及钢质扶手，必须有可靠的静电接地装置。静电接地的接地极应设在铁路栈桥两端。铁路栈桥长度大于60m的，在栈桥中部作一段静电接地连接线。

（2）容量大于50m³的储罐，其静电接地点不少于两处，且间距不大于30m；5000m³油罐应设3处以上。地面、半地下油罐的接地体要对称设置，洞库油罐可与接地干线连接，但都应连接成环形闭合回路。输油管、透气管、排污水（油）管和金属通风管在转弯、分岔处及每50m均应有静电接地线与接地干线连接，两根以上并行的管线要跨接，上述管线上的闸阀及法兰上应对称安装两个静电跨条，其接触电阻不应大于 0.03Ω。

（3）油罐测量口必须采用制式量油帽。凡储存轻质油品的油罐量油帽测量孔必须装有用铜（铝）质材料制作的测量护板，测量口附近设静电接地端子。

（4）灌桶间磅秤、灌桶嘴，发油亭地衡、灌油鹤管、加油枪、管线等均应设置静电接地装置。对移动设备（油罐汽车、油桶等）可采用鳄式夹钳、专用连接夹头等与静电接地干线相连。一般选用截面积不小于 4mm² 铜芯软绞线作接地线用。

（5）静电接地干线和接地体所用镀锌材料与防雷引下线、接地体相同。一般应做到：

① 接地体安装焊接牢固，位置正确，设置测试断开点及测试箱。

② 接地电阻不大于 100Ω。

③ 接地引线安装应平直、牢靠，不应有高低起伏和弯曲，沿建筑物和构筑物（洞库引道侧墙等）的距离一致，跨越伸缩缝和沉降缝的地方有补偿措施。

④ 静电测试点位置设置正确，有测试箱、标志和编号。

⑤ 人体消静电装置（柱）安装位置正确、固定牢固。

（6）收发油料时防静电放电的方法：

① 汽车、铁路油罐车装油，须分别将鹤管（或胶管）插到接近罐车底部 10~20cm 处，以减少油料与空气及容器底、壁的冲击与摩擦。

② 首次向新罐或刚清洗过的油罐装油时，适当减慢装油速度；当油面高于进出油管时，再加快输油速度。

③ 装卸或输转油料时，不准在油管出口上安装绸、毡过滤装置。

④ 在气温较高、空气干燥时，向罐车等装油，开始几分钟与装到容器容积的 3/4 后应适当减慢装油速度，并应特别注意接地设备的检查，必要时可在作业场地和静电接地体四周浇水。在油罐等容器的油料表面，不应浮有任何杂质。

⑤ 油罐汽车在卸油前或装油后应接地静置 3min，方可卸油或拆除接地线。

⑥ 雷雨时，不得进行露天轻油抽注、测量及采样。

（三）防雷及防静电装置的检查与养护

（1）油罐、管路、泵房及变配电室的防雷、防静电装置，每年应在雷雨季节45 天前进行一次检查测试。

（2）油罐、管路、栈桥、鹤管、泵房等设备及油料仓库、高大建筑物的防雷击、防雷电副作用装置和单独导除静电装置的每一接地电阻值，应符合前述的要求。检查测试应两人实施，不得在雷雨天和雨后潮湿度大时进行。详细记录测得的结果，并填入档案，对不合格和有缺陷的应在雷雨季节前加以修复。

（3）各种输油胶管的导电连接缠线，每次使用时都应检查。

（4）各种设备维修后都要按规定修复接地，并测试电阻值。

（5）油罐汽车导电拖地线（链条），出车前应进行检查。

（6）收发作业前必须检查导除静电装置的连接情况。

六、清洗油罐安全规则

（1）油库应视油罐技术状况，有计划地进行腾空洗修。

（2）洗修油罐必须加强组织领导，进行安全教育，制订安全措施，作业人员要严格遵守操作规程和安全规定。

（3）油罐腾空前，放出罐内水分、杂质，以免影响发出或到装油料的质量。

（4）放出罐内底油，并视油料质量，确定存放、发出或更生。

（5）清除罐底残油和杂质，若需人员进罐掏取时，要按规定采取绝对可靠措施，并由干部带队分班作业，进入罐内持续工作和出罐休息时间，应视情况事先做出规定，每次进罐作业一般不超过15min，妥善处理掏取的残油。

（6）油罐腾空后，应将油罐所有孔盖敞开，加强自然或机械通风，排除油蒸气，未达规定浓度时，不得进罐作业。

（7）遇雷雨，地面和半地下油罐不得敞开孔盖，防止遭受雷击。

（8）油罐排除油气后，组织有关人员检查油罐技术状况（防腐情况、锈蚀程度、有无渗漏）视实际情况制订油罐洗修方案、技术措施。

（9）洗刷油罐可用消防带、自动洗罐器喷水或化学洗涤液冲洗数次，使用临时机械动力应符合防爆、防火安全要求，操作人员应穿戴防护用具（不透水工作服或耐油胶靴、防毒面具、手套等），不得单人进罐操作。

（10）洗罐污水，不得就地泼洒，应放入专设或临时设置的污水坑内，严禁污染水系、农田，清除的杂质选地深埋。

（11）油罐除锈可采用喷砂、化学、机械或人工方法进行，除锈人员应穿戴防护装具，对雇请人员要严格履行审批手续，进行保密、安全教育，并严格控制活动范围。除锈质量要达到规定的要求。

（12）油罐防腐应采用耐油、耐水效果较好的涂料（目前油罐外壁涂刷船底漆，内壁涂刷防静电弹性聚氨基甲酸酯涂料）。

（13）油罐涂漆应在干燥季节进行，否则应采取可靠的措施，并按有关的技术规定检查、验收质量，凡不符合要求者一律返工处理。

（14）参加油罐洗刷、除锈、涂漆人员下班后，应在指定地点更换衣服、消毒、洗澡。

（15）现场要有医务人员值班，并应备有消毒、洗涤液。

（16）油罐修理特别是油罐的试漏、动火修补，应按有关技术、安全规定进行。凡需动火的处理项目应报上级业务部门批准，并采取绝对可靠的安全技术措施，在库领导、消防人员监护下由技术工人实施。油罐修理后，要按规定检查、试验、作出记录，验收合格再进行其他项目施工。

（17）洗修油罐严禁使用非防爆电气设备，临时接用的电气设备必须符合有关技术规定。

（18）电气设备试验、检查、维修、故障排除均应在禁区外或按有关技术规定进行。

（19）作业中，设置消防员，配置消防设备和器材，安全有保障时方可作业。

（20）登高作业，必须安全可靠，系好安全绳，安全绳应作荷载试验（荷载重量为 2250N，恒载 5min）。

（21）使用工具严禁投掷、碰撞，防止产生火花。

（22）油罐洗修后，进行全面验收，使之达到投用要求。

七、设备除锈刷漆安全规则

（1）油罐外壁除锈刷漆（以下简称除锈刷漆），应视油罐的锈蚀程度，确定局部或全部除锈刷漆，施工一般应在干燥季节通风良好的情况下进行。

（2）全部除锈刷漆的汽油罐，最好结合油罐腾空洗修时进行。

（3）除锈刷漆时要加强组织领导，制定切实可行的技术安全措施。

（4）严格检查和检修油罐、阀门，封死测量孔等孔口，确保不渗油、不漏气；洞库应严格密闭不施工单体的密闭门，进行充分通风后，经可燃气体测定仪测定，确认无爆炸危险时，方可开工。

（5）施工时应派消防人员值班，设置消防器材，适时通风，不得投掷工具，防止产生火花。

（6）除锈、清除漆膜可用合金钢刀头制作的铲刀，禁止用重器敲打铲刀；除轻锈和擦光，可用水砂纸或油砂纸（普通砂纸沾低黏度滑油）摩擦。

（7）除锈中发现油罐渗漏油，应立即停止施工，采取措施进行补漏，并报告上级业务部门，补好后重复本规则第 4 条的程序，再行施工。

（8）洞库和半地下罐外壁应刷船底漆（两道底漆，两道面漆）；地面罐刷一道红丹底漆，两道银粉面漆。刷漆时要横竖交叉，反复刷均匀，防止皱褶或流淌。

（9）除锈刷漆的施工程序可视实际情况酌定，但除锈后必须经有关领导检查合格才能进行刷漆。

（10）登高作业必须架设安全可靠的脚手架，作业人员必须系好经过荷载试验的安全绳（荷载重量为 2205N，恒载 5min）。

（11）雇请人员施工时，要履行严格的审批手续，进行保密和安全教育，严格控制活动范围。

（12）刷漆结束，要认真清理现场，彻底清除一切杂物和非保管的易燃品，由库领导组织有关人员进行验收，质量不符合要求的要返工处理。

八、应急抢修设备、器材保管规则

（1）应急抢修设备、器材要存放在专门的库房内。若存放在通用物资库房时，必须与其他物资隔开，单独存放。

（2）应急抢修设备、器材每年要维护保养一次，进行技术检查和防锈、清洁、润滑。发现故障要及时修复，使其经常处于良好技术状态。

（3）每年要组织一次应急抢修设备、器材的使用操作训练，使有关业务干部、专业兵和工人能熟练掌握操作技术和使用方法。

（4）不得随意动用应急抢修设备、器材。遇紧急情况需经库领导批准，方可动用。用后要维护保养，送回原处存放。有故障时必须立即修复。

（5）应急抢修设备、器材要单独建立账、卡，技术资料要入档保管，并要定期核对，做到账、物、卡相符。

九、其他安全规则

（1）电器用具应接好地线，防止潮湿。
（2）当电器用具发生故障时，应停电检修。
（3）盛有油料和易燃品的容器或倾注易燃品时，应远离明火。
（4）加热或蒸馏液体时，应用电热板、水浴、沙浴或油浴。
（5）室内不得放置多余的易燃品，油布禁止放在暖气上。
（6）全室人员应熟悉各种消防器材的性能和油料、电气等火灾的扑灭方法。

第七节　油料化验室管理规则

一、化验室基本管理规则

（1）化验结果是判断油料质量的主要依据。化验人员必须严格按照《石油和石油产品试验方法》和《油料技术工作规则》的规定进行操作。

（2）操作前，必须了解操作原理，熟悉操作步骤，弄清注意事项，认真检查仪器、试剂，切实排好准备工作。

（3）操作时，要穿工作服，集中精力，严格控制试验条件，不准擅离职守。台面不准放无关物品。对异常现象要认真观察、分析，查找原因，发现故障及时排除。

（4）填写原始记录和化验单，要字迹清楚，取值准确，结论明确。

（5）计量仪器、标准溶液必须定期检定、标定。

（6）仪器、设备要按化验项目分类定位存放，妥善保管，严禁挪作他用。整套精密仪器，应设罩盖严。

（7）节约油样、试剂，注意回收利用。

（8）室内经常保持整洁，严禁饮食、吸烟、嬉笑打闹。

（9）操作后整理清洗仪器，切断水、电、气源，熄灭火种，关闭门窗。

二、化验室安全规则

（1）化验室全体人员必须提高警惕，认真做好安全工作。

（2）外来人员未经允许，不得进入操作间。

（3）防火：

① 室内不准存放大量易燃品，在用易燃品和油料要远离火源，密闭存放于阴凉处。

② 沾有易燃品的仪器禁止放入烘箱。

③ 加热或蒸馏易燃品时，必须在水浴、沙浴或电热板上进行，加入量不能超过烧瓶的三分之二。

④ 沾有易燃品的废纸、棉纱、布等要放入带盖的废物桶内，及时处理。

⑤ 操作间严禁吸烟，要经常通风，防止易燃气体聚集。

⑥ 灭火器材要人人会用，定期检查，经常保持良好状态。

⑦ 发生火警，立即切断电源，一面报告，一面抢救。

（4）防触电：

① 电气设备的绝缘性能应良好，装好地线，用前检查，发现漏电，断电修复。

② 仪器开关应接在火线上。

③ 根据线路负荷选用保险丝，不得随意加大，更不准用其他金属丝代替。

④ 使用新电器时，应先弄清使用方法和注意事项。

⑤ 发现有人触电，应立即切断电源进行抢救。

⑥ 电器设备着火时，应先断电，然后用二氧化碳灭火机或干粉灭火机灭火，切忌用水或泡沫灭火机。

（5）防中毒：

① 有毒、易挥发和冒烟的试验应在通风橱内进行。

② 剧毒化学试剂要放入柜内加锁专人保管。

③ 洒落的强酸、强碱应视情况立即用水或其他方法清除。洒落的水银应立即收集，并在洒落处用硫磺粉处理。

④ 吸取油样、试剂要用橡皮球和移液管、胶管或玻璃管，不准用嘴吸。

⑤ 禁止在操作间饮食和存放仪器，每次试验完毕，必须洗手。

（6）高压气瓶（氧气、二氧化碳等），应牢固地放于阴凉处，搬运时勿碰撞。氧气瓶附近不准放易燃品。出气口、减压阀及所用工具不准与油类接触，如发现油迹，及时用有机溶剂清洗。瓶内气体不要用完，要保留几个残压。

（7）夏季使用氨水，应先冷却后开盖。

三、天平使用规则

（1）天平室要避免阳光直射和震动，经常保持干燥、整洁。

（2）天平安置应避开热源，调整好后，不准随便拆卸、移动，必须移动时，应将横梁取下。

（3）天平要经常保持清洁、水平和性能良好，秤盘上应配较轻、等重的表面皿或其薄片。

（4）称量前，要调整零点，发现故障应由专人调修。

（5）称量时，被称物的温度应与室温一致；要关闭玻璃门；被称物与较大砝码要置秤盘中央；开启制动器动作要轻缓平稳。

（6）取放物品或加减砝码，必须先关闭制动器，然后按先大后小顺序用镊子夹取。

（7）未知重量的物品应先用托盘天平粗称后，再用分析天平称量。被称物的重量不能超过天平允许负荷。

（8）对易吸湿、易挥发和有腐蚀性的物质，必须装在密闭容器内称量。同一试验必须一台天平、砝码。

（9）称量结束，关闭制动器，放好砝码，检查零点，盖好罩，切断电源。

（10）天平内的干燥剂要勤查勤换。砝码要按期检定，不常用的砝码应放在干燥器内。

四、化学试剂管理规则

（1）化学试剂要有专人管理，负责采购、保管、记账等工作，库房要保持阴凉、干燥、整洁、通风。

（2）化学试剂应标明名称、浓度、分子式和纯度等级，按特性分类存放。

（3）互相接触能引起燃烧、爆炸的化学试剂（如高锰酸钾与甘油、氯酸钾与硫磺等），不能存放在一起。

（4）易挥发、易燃试剂（如乙醚、石油醚、丙酮、氨水、乙醇等）必须密封存放在阴凉处，尽可能放入地下室。

（5）怕光的试剂（如硝酸银、磺化钾、丹宁等）要装在棕色瓶内，密封存放在暗处。

（6）剧毒化学试剂要放入柜内，加锁专人保管。

（7）易吸水（如氯化钙、氢氧化钠等）、易失水（如硼砂等）试剂，必须密封存放。

（8）选购化学试剂应按实际需要确定纯度等级和数量，防止积压浪费。

五、仪器管理规则

（1）仪器应有专人负责收、发、保管，库房要整齐、干燥、通风。

（2）仪器堆放要上轻下重，分类配套，标记清楚，取用方便。

（3）各种仪器应按要求定期检查、保养，说明书要保存好。计量标准仪器的检定证书要和仪器一起妥善保管，低温温度计应放在阴凉处或冰箱内。

（4）小件贵重仪器要专柜加锁，注意保管。

（5）建立仪器收支账目，定期清理，及时补充。

第四章　油库日常作业程序

根据油库铁路、水路、管路、公路来(发)油的4类形式，再加上油罐可能发生的火灾，油库日常主要作业有收发(6小类15种)、检修(2小类8种)、消防(3种)，共计3大类8小类26种，见图4-1。

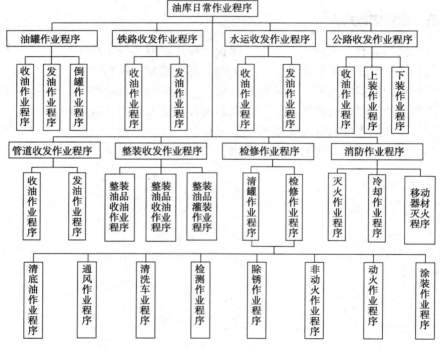

图4-1　油库日常作业程序

第一节　铁路油罐车收发油作业程序

一、铁路收油作业程序

(一) 收油准备

1. 下达任务

(1) 接到业务部门下达的收油计划后，作业人员拟定收油方案，经油库主任批准后执行。

（2）接到正式通知后，油库主任应根据收油方案，明确作业任务。

（3）由调度室根据收油方案，下达铁路卸车通知单和铁路收油操作卡，通知相关班组对入库槽车进行计量化验，其他班组做好作业准备。

2. 接车

（1）机车进入库区前，按机车入库规则进行检查，符合规定后方可入库。

（2）机车进入作业区后，卸油员配合调车员将罐车调到指定位置，待车辆停稳后，操作人员索取证件，检查铅封，核对合格证、车数、车号。

3. 数质量验收

（1）化验员按照通知要求，待罐车静置 15min 后，逐车检查油品外观、水分杂质情况，并按规定取样化验，检查和化验结果应当在规定的时间内书面报告调度室。如有质量问题，应查明原因，报告有关部门进行处理。

（2）计量员按照铁路收油操作卡要求，待罐车静置 15min 油面稳定后，逐车测量油高、油温、密度，计算核对收油数量，并填写铁路罐车收发油品计量单。如来油数量超过允许误差范围，应及时报告处理。

（3）计量员按照操作卡要求，测量卸入油罐和回空罐（或零位罐）的油高，核对空容量，并上报调度室和相关部门；保管员应测量油罐车油高、油温，并将测量结果填入有关记录。

4. 作业前检查

（1）班组长对作业人员的劳动保护和安全防护情况进行检查。

（2）作业人员检查通信设备，保证各场所通信畅通。

（3）检查接收油品的品种、牌号，掌握接收油罐和零位罐内的安全容量。

（4）检查供水、供电系统情况，作业流程应开启正确。

（5）检查消防人员、车辆和消防器材到位情况。

（6）确保卸油鹤管已插入油罐车底部，罐口用石棉被围盖，静电接地连接可靠。

（7）确保接收油罐的附件运行正常。

（8）启用新管道、新油罐或经检修后的管道、油罐收油前，要经过试运行和严格的质量检查。

（9）确认铁路收油操作卡与作业工艺符合。

5. 下达收油指令

班组长现场检查各岗位准备工作是否完成。特别应注意油品化验是否合格；量油完毕，收油数量核实，空容量应符合作业要求；阀门应打开无误，并与工艺流程核对；各岗位准备工作全部完成，核对无误后，下达收油命令。

（二）收油作业实施

1. 开泵收油

（1）准备就绪，经检查无误后，由班组长下达启泵卸油命令。

（2）各岗位应严格执行操作规程，密切注意泵、电动机、仪表的工作情况。

（3）各岗位按照操作卡要求，认真对操作过程进行确认。

2. 检查及情况处理

（1）操作人员应随时掌握槽车液面下降情况，巡检人员对作业工艺相关设备进行重点巡查，发现问题立即报告，及时处理，必要时停泵关阀进行检查。

（2）油罐车转换操作：当一组油罐车油品快抽尽时，适当关小栈桥控制阀门，根据完成一辆开启一辆的原则，进行罐车转换，作业中应防止鹤管进气。

（3）接收油罐转换操作：当接收油罐油品装至接近安全高度时，打开下一接收油罐的罐前阀门，按先开后关的原则进行倒罐。

（4）收油作业中遇雷雨、风暴天气时，必须停止作业，盖严罐口，关闭相关阀门，断开相关设备电源。

（5）连续作业时，各班组应组织好各岗位交接班。一般不得中途停止作业，因特殊情况中途停止作业时，必须关闭接收油罐和泵的进出阀门，断开电源，盖好罐盖，并对主管线卸压。

（6）因故中途暂时停泵时，必须关闭相关阀门，防止因位差或虹吸作用造成事故。

（7）各班组指挥人员临时离开岗位时，应指定临时替代人员指挥作业。

（三）收油结束

（1）当作业即将结束时，班组长下达准备停泵命令。操作人员接到准备停泵命令后，按泵的操作规程停泵，班组长通知罐区操作人员关闭罐前阀门。

（2）罐车底油抽扫工作可分散进行或最后集中进行，真空罐内的油品应及时抽空。

（3）放空作业管线时，应按照吸入管线、输油管线、泵房管组顺序依次进行放空。

（4）收油罐待到规定的静置时间后，计量员按规定进行计量，核算收油数量。

（5）操作人员填写记录。

（6）现场操作人员清理作业现场。

（7）通知调度室卸车完毕。

（8）当机车进库挂车时，按机车入库的规定进行检查，并监督机车入库挂车。

二、铁路发油作业程序

按照发油计划、凭证或指示，及时申请铁路油罐车，按照"存新发旧""优质后用"的原则，严格做到质量合格、数量准确。

（一）发油准备

1. 下达任务

（1）接到业务部门下达的发油计划后，数质量管理员拟定发油方案，经批准后执行。

（2）业务部门业务员根据铁路运输计划，按规定办理请车手续。

（3）数质量管理人员书面通知调度室发油罐罐号。

（4）接到正式通知后，根据收油方案，明确相关班组作业任务。

（5）由调度室根据发油方案，书面通知相关班组对发油罐进行前尺计量，其他班组做好作业准备。

（6）调度室根据计量结果，下达铁路装车通知单和铁路发油操作卡，由现场负责人组织实施作业。

2. 接车

（1）机车进入库区前，按机车入库规则进行检查，符合规定后方可入库。

（2）机车进入作业区时，操作人员协助调车人员将罐车调到指定位置，清点车数，登记车号，并逐一检查油罐车内部清洁情况，填写检查登记，做好装车记录。

3. 作业前的检查

（1）班组长对操作人员的劳动保护和安全防护情况进行检查。

（2）操作人员检查通信设备，保证各场所通信畅通。

（3）检查所发油品的品种、牌号，掌握发油罐和零位罐内的安全容量。

（4）检查供水、供电系统情况，确保作业流程开启正确。

（5）检查消防人员、车辆和消防器材到位情况。

（6）确保鹤管已插入油罐车底部，罐口用石棉被围盖，静电接地连接可靠。

（7）确保发油罐的附件运行正常。

（8）确认操作卡与作业工艺符合。

4. 下达发油指令

班组长现场检查各岗位准备工作是否完成，应特别注意油品是否化验合格；量油完毕，核实发油数量；正确打开阀门，并与工艺流程核对；各岗位准备工作全部完成，核对无误后，下达发油命令。

（二）发油作业实施

接到发油指令后，按下达的铁路装车通知单和铁路发油操作卡进行作业。

1. 发油

（1）准备就绪，经检查无误后，由班组长下达启泵装油命令。

（2）装卸操作人员应严格执行操作规程，密切注意泵、电动机仪表的工作情况。

（3）各岗位按照操作卡要求，认真对操作过程进行确认。

2. 检查及情况处理

（1）巡检人员对作业工艺相关设备进行重点巡查，发现问题立即报告，及时处理，必要时停泵关阀进行检查。

（2）指定专人观察油罐车液面上升情况，如发现油面不上升或有异常现象时，立即报告，及时处理。

（3）油罐车转换操作，当一个油罐车油品装至安全高度时，关闭鹤管阀门，随即打开下一个油罐车的鹤管阀门。

（4）发油罐转换操作，当发油罐油量不足时，按先开后关的原则进行倒罐。

（5）输油作业中遇雷雨、风暴天气时，必须停止作业，并应盖严罐口，关闭相关阀门，断开设备电源开关。

（6）连续作业时，各班组应组织好各岗位交接班。一般不得中途停止作业，特殊情况中途停止作业时，必须关闭发油罐和泵的进出阀门，断开电源开关，盖好罐盖，并对主管线卸压。

（7）各班组指挥人员临时离开岗位时，应临时指定替代人员指挥作业。

（三）发油作业结束

（1）当最后一节油罐车油品即将装至安全高度时，班组长下达准备停发油品的命令；当装至安全高度时，操作人员应立即停泵，同时关闭栈桥控制阀门，立即通知关闭工艺相关阀门。

（2）放空发油管线时，应按照吸入管路、输油管线、泵房管组顺序，依次进行。

（3）计量员按规定逐车、逐罐测量油品的油高、水高、油温以及取样测密度，填写铁路罐车收发油品计量单，并报调度室和相关部门。

（4）操作人员收回鹤管，盖上油罐车盖板并拧紧螺栓，对罐车实施铅封。

（5）发油罐静置达到规定的时间后，计量员按规定进行计量，核算发油数量。

（6）现场操作人员清理作业现场。

（7）操作人员填写记录。

（8）通知调度室装车完毕。

（9）当机车进库挂车时，按机车入库的规定进行检查，并监督机车入库挂车。

三、铁路收发油作业安全事项

（1）在装卸油前，必须先检查罐车内部，不应有杂物。

（2）铁路罐车装油时，鹤管应深入到罐的底部。不同管径鹤管的最大安全流速和安全高度见表4-1。

表4-1　不同管径鹤管的最大安全流速和安全高度

鹤管直径（mm）		100	110	120	130	150	180	200
顶部装油	最大安全流速（m/s）	7.0	7.0	6.6	6.1	5.3	4.4	4.0
	安全高度（mm）	200	240	270	290	335	400	450
底部装油	最大安全流速（m/s）	5.7	5.7	5.4	5.0	4.3	3.6	3.2
	安全高度（mm）	260	195	200	240	275	330	370

（3）装油完毕，应静置不少于2min后，方可进行采样、测温、检尺等作业。

（4）铁路装卸车作业区的钢轨、集油管、鹤管、抽真空管、栈桥及扶手，均应做跨接并接地；长度大于60m的铁路栈桥，应在两端和中部做接地极。

（5）当卸油真空胶管吸油口安装有金属短管或吸油盒时，应在短管和法兰处实行跨接。

（6）在装卸油作业过程中，不准在作业场所进行与装卸油无关的、可能产生静电危害的其他作业。

（7）油库专用铁路线与电气化铁路接轨或有电气信号系统时，应符合下列规定：

① 在油库专用铁路线上，应设置两组绝缘轨缝及相应的回流开关装置。

② 在每个绝缘轨缝的入库端，应设一组向电气化铁路所在方位延伸的接地装置，接地电阻不应大于10Ω。

③ 进入油库的专用电气化铁路线高压电接触网应设两组隔离开关。第一组应设在与专用铁路线起始点15m以内，第二组应设在专用铁路线进入铁路罐车装卸线前，且与第一个鹤管的距离不应小于30m。隔离开关的入库端应装设避雷器保护。专用线的高压接触网终端距第一个装卸油鹤管，不应小于15m。

④ 铁路装卸油设施中，钢轨、输油管、鹤管、钢栈桥等应作三处以上等电位跨接并接地，其接地电阻不应大于10Ω，跨接线的截面面积不应小于48mm²。

第二节 水路收发油作业程序

一、水路收油作业程序

（一）收油作业准备

（1）接到业务部门下达的到港计划后，数质量管理人员拟定收油方案，经批准后执行。

（2）接到正式通知后，根据收油方案，明确作业任务。

（3）由调度室根据收油方案，书面通知相关班组对到港油品进行计量化验，其他班组做好作业准备。

（4）调度室根据计量、化验结果，下达水路收油作业通知单和水路收油操作卡，由现场负责人组织实施作业。

（5）接船。根据航运部门的通知，操作人员协助油船做好停靠码头、对准泊位的工作，然后上船索取证件，核对化验单、运号、船号等。根据规定，油船停靠码头时，无关船舶一律离开。

（6）质量验收。化验员按规定，逐舱检查油品外观、水分杂质情况，取样进行接收化验；检查和化验结果应当在规定的时间内报告调度室。如发现油品质量问题，油库应当查明原因，并及时处理和上报。

（7）作业前的检查：

① 班组长对操作人员的劳动保护和安全防护情况进行检查。

② 操作人员检查通信设备，保证各场所通信畅通。

③ 检查所收油品的品种、牌号，掌握接收油罐和零位罐内的安全容量。

④ 检查供水、供电系统情况，作业流程开启正确。

⑤ 检查消防人员、车辆和消防器材到位情况。

⑥ 连接码头至油船的输油胶管应放置顺畅，留足长度；在通过船舷处搭有跳板或用绳索吊起，以免船体波动造成软管磨损和拉断，同时接好静电接地线。若是输油臂，应转动灵活。

⑦ 接收油罐及其附件运行正常。

⑧ 启用新管道、新油罐或经检修后的管道、油罐进行收油前，要经过试运行和严格的质量检查。

⑨ 确认操作卡与作业工艺符合。

（二）收油作业实施

1. 下达收油指令

班组长现场检查各岗位准备工作是否完成，特别应注意油品的化验结果；收油罐应量油完毕，收油前核实数量，收油罐空容量应符合作业要求；阀门打开无误，并与工艺流程核对；各岗位准备工作全部完成并核对无误后，下达收油命令。

2. 开泵输油

（1）接到班组长的收油通知，相关岗位准备就绪，并经检查无误。

（2）油船与油库相互确认后，油船开泵输油。

3. 输油中检查

（1）巡检人员对作业工艺相关设备进行重点巡查，发现问题立即报告，及时处理，必要时停止作业进行检查。

（2）要求船方指定专人观察油舱液面下降情况，如发现油面不下降，或有异常现象时，立即报告，及时处理。

（3）操作人员应坚守岗位，加强联系，与油船密切配合。油库油泵与油船油泵串联工作时，司泵员应当经常观察油泵压力、真空表指示和运转情况，控制仪表指示范围与油船油泵应一致。

（4）卸油作业中遇大风（以地方港口部门规定的安全风级为准）、大浪和（或）雷雨天气时，油库应要求船方停止作业。

（5）卸油作业中一般不得中途停止作业，如遇特殊情况中途停止作业时，必须关闭接收油罐和泵的进出阀门，收回输油臂或胶管，并对主管线卸压。

（6）各班组指挥人员临时离开岗位时，应临时指定替代人员指挥作业。

（三）收油作业结束

（1）当作业即将结束时，班组长下达准备停泵命令；操作人员接到准备停泵命令后，关停油泵，关闭相关阀门，班组长通知罐区操作人员关闭罐前阀门。

（2）油舱底油抽扫工作可分散进行或最后集中进行，真空罐内的油品应及时抽空。

（3）放空管线时，应按照吸入管线、输油管线、泵房管组顺序，依次进行。

（4）收油罐静置达到规定的时间后，计量员按规定进行计量，核算收油数量，操作人员填写记录。

（5）现场操作人员清理作业现场。

（6）通知调度室卸船完毕，调度室通知调走空油船。

二、水路发油作业程序

（一）水路发油作业准备

（1）业务部门应开出发油凭证，油船停靠码头前应做好各项准备工作。

（2）油库领导根据发出油料的品名和数量，召集有关部门人员研究确定作业方案，下达水路发油作业通知单和水路发油操作卡，由现场班组长负责组织实施作业。

（3）接到油船停靠码头的通知后，码头上的无关船舶应一律离开；相关人员协助油船靠好码头，对准泊位。

（4）安全员上船检查油船设备安全性能是否符合所运油料防爆等级要求，认真填写船岸检查表；不符合时，拒绝装油，并及时报告上级主管部门。

（5）按油船洗刷标准及验收方法，对油舱洁净情况进行检查；如不合格，可拒绝装油。

（6）油船同时装运两种以上不同牌号的油料时，要求船方对隔舱进行认真检查，防止串油。

（7）当油船性能与设备符合，所运油料防爆等级和油舱经检验符合要求后，即可会同船方商定作业方案和装油时间。

（8）作业前的检查：

① 根据操作卡中的要求，对发油罐进行数质量检验。

② 计量发油罐内的存油数量，检查罐底油料质量，及时排出水分、杂质，不得将水分、杂质发出。

③ 检查通信联络，布置消防和警戒。

④ 根据操作卡中的作业流程，检查所用输油管线、阀门有无渗漏，以防串油。

⑤ 检查电气设备是否准备就绪，静电接地是否良好。

⑥ 发出油料需启动油泵加压时，按照油泵启动前的准备工作认真进行操作和检查，确认无误方可使用。

⑦ 连接码头至油船的软管应放置顺畅，留足长度，在通过船舷处应搭设跳板或用绳索吊起，不得放在栏杆上，以免因船体上下波动磨损或拉断软管；接好静电接地线，同时输油臂应转动灵活、无滴漏。

（二）发油作业实施

1. 下达发油指令

班组长现场检查各岗位准备工作是否完成，应特别注意油品化验结果；发油前进行数量核实，确保发油罐内剩余油量符合作业要求；阀门打开无误，并与工艺流程核对；各岗位准备工作全部完成，并核对无误后，下达发油命令。

2. 开泵发油

（1）接到班组长发油通知后，相关人员、设备准备就绪，经检查无误。

（2）进行油船与油库相符确认后，开泵发油。

（3）先将放空罐内同品种、同牌号油品泵送到油船内；操作员打开发油罐罐前阀门，自流给油船发油，如需使用油泵，司泵工应按照操作规程启动油泵。码头值班员及时观察并报告油到油船的起始时间，由现场巡检人员进行核对，检查中途是否发生跑油或故障。

3. 检查及应急处理

（1）巡检人员对作业工艺相关设备进行重点巡查，如发现问题立即报告，及时处理，必要时停止作业进行检查。

（2）要求船方指定专人观察油舱液面上升情况，如发现油面不上升或有异常现象时，立即报告，及时处理。

（3）操作人员应坚守岗位，加强联系，与油船密切配合。

（4）发油作业中遇大风（以地方港口部门规定的安全风级为准）、大浪和（或）雷雨天气时，油库应要求船方停止作业。

（5）发油中一般不得中途停止作业，如遇特殊情况中途停止作业时，必须关闭接发油罐和泵的进出阀门，断开油泵电动机电源，收回输油臂或胶管，并对主管线卸压。

（三）发油作业结束

（1）停发及放空管线。达到发油量时，码头值班员通知司泵工立即停泵，现场班组长随即通知操作员关闭发油罐的罐前阀门，放空管线。

（2）化验员逐舱检查油品外观和底部水分杂质情况，按规定采取油样留存备查，并按要求出具随船油品化验单。

（3）发油罐达到规定的静置时间后，计量员测量发油罐、放空罐的油高、油温，计算核对发油数量，填写水路收发油品计量登记表。

（4）码头操作人员撤收码头至油船的软管和输油臂，密封软管管口并放回原处。

（5）现场班组长核对运输、统计、化验和保管4个方面报告的完成情况，发现问题及时处理。

（6）将业务部门开出的发油凭证、国内水运证明以及化验室出具的化验单、水路收发油品计量登记表送交船方随船带走。

（7）现场操作人员清理作业现场。

（8）通知调度室装船完毕，调度室办理发油手续并通知调走油船。

三、水路收发油作业安全事项

（1）装卸油品时，码头上的所有金属构件、输油管线以及有关设备之间，应作可靠的电气连接并与钢质码头跨接接地；码头引桥、更船之间应有两处电气连接。

（2）码头、更船和油轮之间不做电气连接，应在管线上设绝缘法兰，各自独立接地，防止岸上杂散电流串入油船。

（3）油轮（驳）卸油前和卸油后均应静置下述规定时间后，方可进行检尺、测温、取样、拆除接地线等作业，即 5000m³ 以下油轮（驳）静置时间不得少于 10min；5000m³ 以上油轮（驳）静置时间不得少于 30min。

（4）禁止采用软管从舱口直接灌装易燃油品，不准使用空气将管中剩油驱入油舱。

（5）装油初始速率不宜大于 1m/s，浸没入口管后，可提高流速，但 100mm 管径不宜大于 9m/s，150mm 管径不宜大于 7m/s。

（6）卸油结束后，应及时排净管线内的余油。

（7）油舱内存有油气时，装压载水应采取与装油时相同的防静电措施。

第三节　管路收发油作业程序

一、管路收油作业程序

（一）收油作业准备

（1）油库接到分输站输油指令后，应及时与分输站取得联系，核实输油指令，安排计量员做好收油罐前尺计量和查抄分输站流量计起数，并将相关数据反馈到调度室，调度室及时向值班负责人报告相关数据和情况。

（2）调度室根据确认的输油时间、参数，计量员反馈的数据和油罐动态等情况，向各作业班组下达管道收油作业通知单和管道收油操作卡。

（3）收油操作人员根据分输时间预先开启总阀至收油罐管线的相关阀门（开启前须先关闭相关旁通阀门），经确认后将工艺准备情况报告中控室，中控室及时通报分输站。

（二）收油作业实施

1. 下达收油指令

班组长现场检查各岗位准备工作是否完成，确认油品化验结果，核实收油前数量、各阀门开关状态、各岗位准备工作完成情况，确认无误后，下达收油命令。

2. 收油作业实施

（1）调度室接到分输站开始输油的通知后，及时报告值班负责人，值班负责人通知各岗位人员按操作规程作业。

（2）在输油过程中，值班员对进库总阀室进行监控，观察压力表、流量计是否正常，随时与油库调度室保持联系，定时向调度室报告输油参数（压力、流量）。

（3）发现超压、泄漏等情况及时通知调度室，调度室立即报告分输站，按分输站反馈意见做好应急处理。

（4）化验员按规定进行采样化验，若油品质量指标异常，应立即上报油库领导，由相关人员与分输站取得联系，并采取相应措施。

（5）油库操作人员对阀门的开启状况、油罐的进油情况进行全过程监控；油库巡检员定时对分支及库内输油管线进行巡检，发现异常情况及时报告中控室，按预案做好应急处理；各岗位人员按要求做好相关记录。

（6）若同一条管线输送不同品种油品时，需采用油顶油顺序输送。在输油过程中，须注意及时切换输入油罐，计量员应提前报告现场负责人，现场负责人根据输油计划、工艺流程等下达油罐切换指令，通知调度室及现场操作人员，操作人员按指令先开启拟输入罐阀门，再关闭现输入罐阀门。

（三）收油作业结束

（1）调度室接到分输站停输指令后，通知操作人员停止作业；操作人员先关闭进库总阀，再关闭相关阀，做好各作业设备（施）复位，填写相关记录。

（2）油库计量员应在输油作业停止前预先到达分输站，停止输油时应会同分输站、发货方计量员现场查抄分输站流量计止数，核算本批次输油数量，由三方计量员签字确认后办理数量交接手续。

（3）计量员按规程对输入罐进行后尺计量，核算出本批次实收数量，与分输站输油数量核对，计算本次输油损耗量，如输油损耗量超差时，应查明原因，按油品损耗管理相关规定办理索赔手续，并将索赔手续上报主管部门。

二、管路发油作业程序

（一）发油作业准备

（1）油库接到输油指令后，应及时与收货方取得联系，核实输油指令，安排计量员做好发油罐前尺计量和查抄发货方流量计起数，并将相关数据反馈到调度室，调度室及时向值班负责人报告相关数据和情况。

（2）调度根据确认的输油时间、参数，计量员反馈的数据和油罐动态等情况，向各作业班组下达管道发油作业通知单和管道发油操作卡。

（3）发油操作人员根据分输时间预先开启总阀至发油罐管线的相关阀门（开启前须先关闭相关旁通阀门），经确认后将工艺准备情况报告调度室，调度室及时通报收货方。

（二）发油作业实施

（1）下达发油指令。班组长现场检查各岗位准备工作是否完成，确认油品化验合格；量油完毕，核实发油数量；确保阀门打开无误，并与工艺流程核对；各岗位准备工作全部完成，核对无误后，下达发油命令。

（2）班组长通知各岗位人员按操作卡进行作业。

① 在输油过程中，值班员对进库总阀室进行监控，观察压力表、流量计是否正常，随时与油库调度室保持联系，定时向调度室报告输油参数（压力、流量），发现超压、泄漏等情况及时通知调度室，调度室立即通知收货方，按收货方反馈意见做好应急处理。

② 化验员按规定采样、化验，若油品质量指标出现异常，通过调度室立即与收货方取得联系，协商采取相应措施（或停输）。

③ 油库操作人员对阀门的开启状况、油罐的进油情况进行全过程监控；油库巡员定时对分支及库内输油管线进行巡检，发现异常情况，及时报告调度室，按预案做好应急处理；各岗位人员按要求做好相关记录。

④ 若同一条管线输送不同品种油品时，需采用油顶油顺序输送；在输油过程中，须注意及时切换输入油罐。

⑤ 油罐切换时，计量员应提前报告班长，班长根据输油计划、工艺流程等下达油罐切换指令，操作人员按指令先开启待输出罐，再关闭现输出罐阀门。

（三）发油作业结束

（1）调度室接到收油方停输指令后，通知操作人员停止作业；操作人员先关闭相关阀门，再关闭出库总阀门，做好各作业设备（施）复位，填写相关记录。

（2）收货方油库计量员应在输油作业停止前预先到达发货方油库，停止输油时应会同收货方计量员现场查抄发货流量计止数，核算本批次输油数量，由三方计量员签字确认后办理数量交接手续。

（3）计量员按规程对输出罐进行后尺计量，核算出本批次实收数量，与收货方输油数量核对，计算本次输油损耗量，如输油损耗量超差时，应查明原因，按油品损耗管理相关规定办理索赔手续，并将索赔手续上报主管部门。

第四节 公路收发油作业程序

一、公路收油作业程序

（一）公路收油作业准备

（1）根据公路收油操作卡，计量员对收油罐进行前尺计量，逐车进行罐底试水；储运人员开启发油罐阀门，发油员检查发油设备（施）是否完好，相关操作人员开通发油工艺。

（2）化验员按规定取样化验。

（3）各岗位按公路收油操作卡进行操作确认。

（二）公路收油作业实施

（1）卸车前必须确认车辆停稳、防溜措施有效、防静电装置连接正确，确认管线、阀门、储罐开启正确，然后方可开始作业。

（2）开始作业前必须核实油品牌号，并确认隔离阀门开启正确。

（3）确认胶管连接正确、严密。

（4）开启进口阀，打开排气阀排气灌泵后，方可启泵卸车。

（5）作业时应按机泵操作规程进行操作，在机泵运行过程中注意观察真空表和压力表的读数，正确调节出口调节阀开度，使机泵平稳运行。

（6）单车卸完后，须确认进口阀关闭、胶管断开、静电接地装置断离后方可放行车辆。

（三）公路收油作业结束

（1）关闭收油工艺，切断电源；核对当日收油情况；清理票据，核算全天收油数量无误后，填报收油日报表。

（2）关闭收油罐阀门。

（3）计量员对收油罐进行收油后计量，分品种计算油罐实际收油量，并与当日收油量核对无误后，填报油罐账表，如出现油罐实收数量与收油数量超耗，须查明原因。

二、公路上装发油作业程序

（一）公路发油准备

（1）根据公路发油通知单和公路发油操作卡，计量员对当日发油罐进行前尺计量；储运人员开启发油罐阀门；发油员检查发油设备（施）是否完好，相关操作人员开通发油工艺。

（2）发油员核准流量计起数与发油台账起数是否相符。

（3）各岗位按操作确认卡进行操作确认。

（二）公路发油作业实施

（1）提油车辆到达油库大门，门卫按《出入库管理规定》检查登记后，放行入库，并引导车辆到达指定货位停放熄火。

（2）发油员验票，核对品名、规格与发油货位是否相符，确认车辆接地线完好并接地，防火罩有效，卸油阀关闭，打开汽车油罐灌装口盖，插入鹤管（距罐底不得大于200mm），启动发油按钮（手动发油时缓慢开启发油阀门，控制流速）。

（3）灌装完毕后，发油员应按拔鹤管、收扶梯、取静电接地夹的顺序进行设备（施）复位，并填写发油合账和随车运单。

（4）门卫核对随车运单无误后，放行提油车辆出库。

（三）公路发油作业结束

（1）发油员关闭发油工艺，切断电源；核对当日发油记录、流量表付出数；整理票据，核算全天发油数量无误后，填报发油日报表。如发油票据数与流量表不符时，须查明原因。

（2）储运操作人员关闭发油罐工艺。

（3）计量员对当日发油罐进行发油后的计量，分品种计算油罐实际发出量，并与当日发油量核对无误后，填报账表，如出现油罐实际发出数与发油数超差，须查明原因。

三、公路下装发油作业程序

（一）发油作业准备

（1）根据公路发油通知单和公路发油操作卡，计量员对当日发油罐进行前尺计量；储运人员开启发油罐阀门；发油员检查发油设备（施）是否完好，相关操作人员开通发油工艺。

（2）发油员核准流量计起数与发油台账起数是否相符。

（3）各岗位按操作确认卡进行操作确认。

（二）发油作业实施

（1）提油车辆到达油库大门，门卫按《出入库管理规定》检查登记后，放行入库，并引导车辆到达指定货位停放熄火。

（2）发油员验票，核对品名、规格与发油货位是否相符，确认车辆接地线完好并接地，防火罩有效，卸油阀关闭，打开汽车油罐灌装口盖，插入鹤管（距罐底不得大于200mm），启动发油按钮（手动发油时缓慢开启发油阀门，控制流速）。

（3）连接防静电溢油装置：将防静电溢油接头连接到罐车的防静电溢出接口上，确认连接是否有效。防溢油监测控制仪和静电监测控制仪均显示为绿灯，连接有效；任何一个控制仪显示为红灯，连接无效。

（4）上罐检查：上罐打开油罐车计量口盖，检查罐内有无余油、明水杂质或其他异物。如罐内洁净，关闭计量口盖并进行施封；如不洁净，则应进行相关处理，达到灌装要求。

（5）连接油气回收装置：打开罐车油气回收管口盖，将油气回收管接口连接到罐车的油气回收管接口上，气阀自动打开，确认连接良好。

（6）连接输油臂：打开灌油口盖，将输油臂快速接口从停靠装置上取下，转动输油臂，一手握住接口推动把手，一手握住接口开关把手，对准油罐车相应接口进行连接，并转动活接头，使其连接牢固，再打开快速接口阀门。

（7）油品罐装：按油料灌装单内容在发油控制器上输入装载号、车位、密码、输油臂号、灌装车仓号并确认，显示油品发油数量与灌装单一致后，按确认键，油料开始灌装。灌油中随时观察发油控制器显示情况，油泵、压力表、流量表的运行情况和连接口有无渗漏，发现异常立即按"停止"按钮停止罐装，等待现场管理员处理。

（三）发油作业结束

（1）灌装完毕：油料灌装结束，关闭输油臂快速接口阀门，核对流量表止数和显示器发油数量，与提货人共同确认发油数量。

（2）输油臂快速接口复位：确认罐内油品静止 2min 后，回转输油臂快速接口活接头，一手握住接口推动把手，一手握住接口开关把手，取回快速接口，回转输油臂，将快速接口复位到停靠装置上，并盖上口盖。

（3）油气回收接口复位：打开油气回收管快速连接卡，将油气回收管从罐车油气排放接口取下并复位，气阀自动复位，盖上油气管口盖。

（4）罐车施封：确认油罐车进出油口阀关闭严密并进行施封，对铅封号进行登记；关闭油罐车灌油箱门，关闭油罐仓气动阀门。

（5）防静电溢油接口复位：将防静电溢油接口从罐车接口向左转动取下并复位，防静电监测控制仪和防溢油监测控制仪显示器均显示为红灯，确认发油系统重新进入待机状态。

（6）关闭发油相关阀门，切断电源，核对当日发油记录和流量表付出数。

（7）储运作业人员关闭发油罐阀门。

（8）计量员对当日发油罐进行发油后的计量，分品种计算油罐实际发出量，并与当日发油量核对无误后，填报账表，如出现油罐实际发出数与发油数超差，须查明原因。

四、公路收发油操作安全事项

（1）汽车油罐车装卸设施包括鹤管、输油管线、金属装油台等，它们之间应作可靠的电气连接并接地。

（2）装卸油场地的地衡、鹤管、加油枪、管线等均应跨接并设置静电接地装置，接地电阻值不大于100Ω。

（3）汽车油罐车付油场地应用截面积不小于4mm²铜芯软绞线一端连接能破漆的鳄鱼式夹钳、专用连接夹头等，以便与装卸油罐车车作连接，另一端应连接接地装置。

（4）用于运输成品油的汽车油罐车应使用橡胶拖地带，禁止使用金属拖地链。

（5）汽车罐车的油罐内应装有挡板，禁止使用无挡板的汽车罐车装运易燃油品。

（6）油罐与车体之间的电阻不得大于10Ω，金属管路中任意两点间或油罐内部导电部件上以及拖地胶带末端的导电通路电阻值不大于5Ω。

（7）采用底部进油的汽车罐车，其进油口处应设置导流板。

（8）汽车罐车装油时，不同直径鹤管的最大安全流速和安全高度应符合表4-2规定。

表4-2　汽车罐车最大安全装油流速和安全高度

鹤管直径（mm）		80	90	100	110	120	150
顶部装油	最大安全流速（m/s）	6.2	5.5	5.0	4.5	4.2	3.3
	安全高度（mm）	110	125	140	155	170	210
底部装油	最大安全流速（m/s）	5.1	4.5	4.1	3.7	3.4	2.7
	安全高度（mm）	90	100	115	125	140	170

（9）静电接地线与汽车罐车的连接，应符合下列要求：

① 连接应紧密可靠，不准采用缠绕连接。

② 在打开罐盖之前进行连接。

③ 要接在罐车的专用接地端子板等处，不准接在装卸油口1.5m以内。

④ 在关上罐盖之后拆除连接。

（10）作业前，操作人员应认真检查作业设施是否符合规定；放掉罐内垫水或存水，清除罐内杂物。

（11）在作业过程中，要严格按照有关操作规程，进行轻质油品装卸作业；严禁不稳油2min以上即进行检尺测温、取样，或将其他物体插入罐内。

（12）罐车采用顶部装油时，装油鹤管应深入到罐底部，距罐底的距离不应大于200mm；严禁喷溅式装轻质油。

（13）原装有高挥发性油品的油罐（含罐车）换装低挥发性油品时，要检测罐内油气浓度。当油气浓度超过爆炸下限的25%时，应进行通风排气或清洗处理。

（14）在进行易燃油品装卸作业过程中，未经批准不得进行有可能产生静电引燃火花的现场试验或测试。

（15）严禁在作业场所擦拭车辆、物品或地面等，进行有可能产生静电危害的各种临时性作业。

第五节　油罐收发及倒罐作业程序

一、油罐收油作业程序

（一）收油作业准备

（1）接到收油通知单和收油操作卡后，检查收油罐的消防设施、静电接地是否正常。

（2）计量员计量收油罐，并核对收油罐液位仪显示数据，确定收油罐空容量，合理安排收油罐。

（3）巡查收油管线、阀门有无泄漏，检查油罐附件工作是否正常，浮顶油罐要检查浮盘有无损坏。

（4）根据收油操作卡关闭与流程无关的阀门，关闭收油罐膨胀阀。

（二）收油作业实施

（1）核对收油操作卡，确定流程无误，打开收油罐进口阀门。开阀时注意听收油罐和管道内有无异常声音，如发现管线、阀门泄漏应立即停止收油作业，关闭阀门，采取处置措施。

（2）联系收油作业现场，通知流程开通。

（3）通过现场联系和液位仪观察确认收油开始，巡检收油罐，确认收油作业正常。

（4）收油作业中，通过现场巡检和液位仪显示，监控收油情况。

（三）收油作业结束

（1）接到收油结束通知后，观察液位仪和现场作业情况，确定收油完毕。

（2）关闭收油阀门，打开膨胀阀。

（3）收油罐收油以后，稳油时间应达到规定方可进行计量验收，核对液位仪数据，填写记录。

二、油罐发油作业程序

（一）发油作业准备

（1）接到发油通知单和发油操作卡后，检查发油罐的消防设施、静电接地是否正常。

（2）计量员计量发油罐，并核对发油罐液位仪显示数据，确定发油罐空容量，合理安排发油罐。

（3）巡查发油管线、阀门有无泄漏，检查油罐附件工作是否正常，浮顶油罐要检查浮盘。

（二）发油作业实施

（1）核对收油操作卡，确认流程无误，打开发油罐出口阀，并注意听收油罐和管道内有无异常声音，如发现管线、阀门泄漏应立即停止发油作业，关闭阀门，采取处置措施。

（2）联系发油作业现场，通知流程开通。

（3）通过现场联系和液位仪监测确认发油开始，巡检发油罐确认发油正常。

（4）通过现场巡检和液位仪显示，监控收油情况。

（三）发油作业结束

（1）接到发油结束通知后，观察液位仪，确定发油完毕。

（2）关闭发油阀门，打开膨胀阀。

（3）达到规定稳油时间后，进行计量验收，核对液位仪数据，填写记录。

三、倒罐作业程序

（一）倒罐作业准备

（1）根据倒罐作业要求制定作业方案，明确各班组作业任务。

（2）调度室根据作业方案，下达倒罐通知单和倒罐操作卡，并组织实施作业。

（3）班组长对作业人员的劳动保护和安全防护情况进行检查。

（4）作业人员检查通信设备，保证各场所通信畅通。

（5）核对收发油罐的安全容量。计量人员测量需倒罐的油罐，准确掌握输入罐安全容量，并对计量结果进行记录。

（6）检查供水、供电系统情况，作业流程开启正确。

（7）检查消防人员、车辆和消防器材到位情况。

（8）转出罐和转入罐的附件应运行正常。

（9）启用新管道、新油罐或经检修后的管道、油罐输转前，要经过试运行。

（10）确认倒罐操作卡与作业工艺相符。

（二）倒罐作业实施

（1）经检查无误后，按下达的倒罐通知单和倒罐操作卡开始作业。

（2）操作人员应严格执行操作规程，密切注意泵、电动机、仪表的工作情况。

（3）各岗位按照倒罐操作卡要求，认真对操作过程进行确认。

（4）在输入罐液面快达到安全高度时，负责观察的操作人员应及时报告现场负责人，准备停泵。如采用自流倒罐，罐内应留出管线放空的容量。

（5）接到停泵指令后，操作工应立即停泵，各岗位操作人员关闭作业流程。

（三）倒罐作业结束

（1）待输转罐达到规定的稳油时间后，计量员按规定测量转入罐和转出罐，并核对输转数量。

（2）操作人员填写记录。

（3）各岗位作业人员清理现场。

（4）通知调度室作业完毕。

四、油罐收发油作业安全事项

（一）油罐收油操作注意事项

（1）油罐收油前应对油罐及其附属设备进行检查，确认无误后方可收油。

（2）根据油罐内油品的油高，计算该油罐的空容量及该批次进出油的数量。

（3）初始进油速度要控制在 1m/s 以内，进油过程中，操作人员通过液位仪监视进油情况，并且观察罐内压力情况，储油高度要严格控制在安全高度之内。

（4）及时巡检，随时观测储油罐液位变化，以掌握收油情况和设备运行情况；收油进程中不能脱岗，防止跑、冒油事故的发生。

（5）收油完毕，及时关闭有关管线上的阀门，收回号牌并上锁。打开膨胀管或旁通管上的截止阀。

（6）收油完毕，在达到规定的稳油时间后方可对收油罐进行计量，计算收罐油量，做好台账，记录有关情况。

（二）油罐发油操作安全事项

（1）作业前应检查呼吸管路是否正常，检查机械呼吸阀是否灵活，洞库油罐应及时打开油气管阀门和单向进气阀，避免因油面下降过快时，罐内真空度超过允许值而发生油罐吸瘪事故。

（2）选择最佳工艺，正确操作。发油工需按流程要求，对号挂牌，核对罐号、阀门号，确认无误后方可开启发油罐及流程上的有关阀门。

（3）及时巡检，随时观测液位变化，以掌握发油情况和设备运行情况。

（4）发油临近结束时，罐区各岗位之间要密切配合，防止泵抽空；油罐油位应保持规定的最低安全高度。

（5）发油完毕，关闭发油罐和流程上有关的阀门，打开膨胀管阀门，然后收回现场和流程图上的号牌，放回指定地点。计量员做好发油后的计量工作，填写记录和台账。

（三）浮顶油罐作业安全事项

浮顶油罐的安全操作除了要满足一般油罐的要求外，在操作上还应注意以下几点。

（1）作业期间，浮盘运行不允许超过限高液位，也不宜低于限低液位。浮盘超过高液位运行时，会顶住消防泡沫发生器、直梯等器件，造成卡盘，如继续进油，则会造成事故；浮盘小于低液位时，自动呼吸阀自动打开，会在浮盘上部形成油气积聚，易造成爆炸事故，且由于油料进罐时形成的涡流，也会导致卡盘事故。

（2）浮顶罐的输转流量应与浮盘的允许升降速度相适应（升降速度一般不应超过 3.5m/h）。

（3）浮盘高度在低于 1.8m 时，油罐的进出油管内油品流速应限制在 1m/s 以下，保证浮盘升降平稳。

（4）浮盘起浮后，18h 内不允许人工计量和采样，因静电荷在积聚，人工计量和采样会有放电的危险。

（5）调节浮顶支撑高度时，必须将浮顶自动通气阀的阀杆连同所有浮顶支柱一起调节，不允许有遗漏。

（6）对于浮顶油罐，由于低温使排水管出口处有结冰的可能，应在出口处采取保温或伴热措施，并应在降温前将排水管中的积水放净。

（7）在油罐正常操作情况下排水管应保持关闭状态时，出水阀应在浮顶积水达到 75mm 之前打开。

（四）卧式油罐操作安全事项

（1）新建或修复后的油罐，要经装水试压和严密性试验检查合格之后才能进行收油作业；在装油后的第一周，每天应至少检查三次。

（2）对于埋地卧式油罐，在装油后的第一周应每天测量三次油高，并检查周围环境，查看各种附件。

（3）对于油面高度不正常下降（或上升）时，应迅速查明原因，及时处理。

（4）在收发油作业前，要对油罐及其附属设备进行必要的检查。作业过程中，要安排专人负责油罐的检查工作，监视油面上升或下降，及时掌握进油情况。当发现情况不正常时，应迅速查明原因，采取应对措施，消除故障，必要时应停泵关阀，待排除故障后再继续作业。

（5）对于放空的卧式油罐，收发油作业前必须测量罐内的油面高度，计算出罐中存油量，确定需要从该罐排空的油料数量，以免作业完成放空管线油料时造成溢油事故。

（6）对于呼吸阀工作不可靠的卧式油罐，收发油过程中应打开测量孔，以保证油罐安全。

第六节　整装油品收发灌装作业程序

一、整装油品收油作业程序

（一）准备工作

（1）核对交运单、货票、油品质量化验证明等一切交接数据是否齐全相符，车、船铅封是否完整。

（2）卸收时，严禁从车、船上向地面直掉，如沿坡滚下，亦不得前后相撞，应选择最小落差处并在落地点上加设衬垫，防止摔破、碰破油桶。

（3）依据发货单，会同承运方核对油品品名、规格，点清件数，如发现短件、渗漏以及车、船体和铅封不完整等情况，应按水、陆运输货运规章向承运方索取货运记录或其他普通记录，以便办理索赔。

（4）多品种混合装载，桶面标记不清难以区分品名的，应用玻璃管抽检核实，必要时可进行化验鉴定。

（5）按照交货方提供的质量证明，对各品种逐个进行采样化验核查油品质量，同时抽查桶底层有无水分杂质。对桶内有水分杂质者，用玻璃管整理抽除。根据品种抽查的数量，当在抽查中发现含水分杂质桶数比率较大时，应逐桶用玻璃管抽检并整理（表4-3）。

表4-3　按验收桶数确定抽查桶数

验收桶数	<100	100~200	200~400	400~600	600~1000
抽查桶数	<10	10~15	20~30	31~40	41~50

（6）校正磅秤，按整理后的净油逐一过磅检斤，同时验明油桶等级。填具磅码单和包装验收单，连同化验单一起作为收货凭证，填制油品入库验收单登记保管账，并按规定处理损、溢。

（7）按不同品种、规格分别堆码，并记入分库（垛）储存卡片。

（二）卸车作业

（1）准备就绪，现场负责人下达卸车命令。

（2）人力卸车：听从指挥，注意安全，防止拥挤、抢卸。卸上层油桶时，先搭好跳板或摆正轮胎，稳搬轻放，不得直接抛掷。

（3）叉车卸车：使用油桶叉车时，要严格执行操作规程，注意安全，叉起和降落油桶时，其四周和下方严禁站人；操作要轻、准，叉运油桶要稳固；发生故障果断处理。

（4）卸下油桶应分品种、牌号摆放整齐。

（5）如有渗漏桶应及时进行倒桶。

（三）卸收结束

（1）卸收完毕后，清理车厢，撤收跳板，关好门窗，填写记录。

（2）运输业务人员通知车站挂车。

二、整装油品发油作业程序

（一）准备工作

（1）根据发货计划凭证发货。系统内调拨凭起运通知单，用户凭提货单自提。

（2）发出的桶（听）装油品，必须保证质量合格、数量准确。

（3）用户自提油品，应当场向提货人就油品数量、质量、件数、包装情况交付清楚，并由提货人在提单上签收。

（4）大批量装车、装船，应在事先把油品集中到待装货位；边灌边装船的大批量油品，必须事先准备好足量的空桶（听）备用；装入车船前，必须进行下列检查：

① 核对承运部门调来的车、船种类是否符合所要装运油品的要求；

② 核对油品名称、件数是否与起运单据上相符；

③ 油桶有没有渗漏，桶盖是否都已上紧；

④ 标记是否清晰。

（5）听装油品装入车、船前，必须作好外部的捆扎保护。

（6）配车地点设标牌，写清到站、收货单位、油名、桶数，根据标牌数量，将油桶摆放整齐。

（7）检查核对化验数据，保管人员核对无误后签字，并报告业务部门。

（8）准备、检查装运工具。若使用油桶叉车，驾驶员应按油桶叉车操作规程进行全面检查。

（9）搭好站台与车门的连接板。

（10）消防器材放到适当位置。

（二）发油作业

（1）准备就绪，现场负责人下达装车命令。

（2）装车顺序：先装车厢两头，后装中间；先装黏油，后装轻油；先装大桶，后装小桶；稳搬轻垛，堆垛要稳固。

（3）人力装车：听从指挥，注意安全，防止拥挤、抢装。装上层油桶时，先搭好跳板，稳搬轻垛。

（4）叉车装车：使用叉车时，要严格执行操作规程，注意安全；叉起和降落油桶时，其四周和下方严禁站人；操作要轻、准，叉运油桶要稳固；发生故障，果断处理。

（5）装车堆垛时，分品种、牌号摆放整齐。

（三）发油结束

（1）装车装船，必须符合铁路、航运、交通部门有关装载技术规定，并与承运方进行交接。装车、船完毕，应对车、船施以铅封。

（2）装车完毕，应清点数量，检查有无渗漏。

（3）发运完毕，应随即复核堆垛结存数量是否正确。分别将实发品名、数量、件数、包装（油桶）级别等填具交运、结算凭证随同质量证明（化验单）交有关部门办理结算手续。同时在堆垛卡片上增填付出量、核减结存量，并登记保管入账。

三、整装油品灌装操作程序

（一）准备工作

（1）检查灌装所用的空桶，必须符合油品量的要求。

（2）检查所用的灌装设备工具，按油的类别分组，专组专用，分组存放，妥善遮盖，防止沙尘侵附。

（二）灌装操作

（1）使用电动灌装设备进行灌装，使用前应检查电气连接是否良好，导电接地装置是否有效；拖在地面上的导线还要防止人、车践踏滚压。

（2）流量表或称量衡应准确，到位即停；有条件时实行安全连锁，无条件时可安装转芯阀。

（3）灌装轻油时，除油品数量极少时以外，灌装应在室外进行；易凝柴油在寒冷地区应单独建造灌装间。

（4）黏油加温按操作温度进行，一般高出凝点 5～15℃，严禁加热到油品的闪点温度。

（5）灌装间在设计时要求通风条件良好，换气次数一般不少于 10 次/h，黏油灌装间不应少于 6~8 次/h，确保空气中的油气浓度不高于 300mg/m³。

（6）灌装罐需要安装高低位报警装置，防止油品跑、冒事故发生。灌装罐的呼吸阀（特别是轻油）经过阻火器后通到室外，其位置要求高出屋檐。

（7）油桶的安全灌装限量按规定执行，一般要留出 5%~7% 的剩余空间，避免胀坏油桶。

（8）灌装间的操作台、滑道、传送带或其他运输设备要牢固可靠。

（9）灌装管道必须严格按品种划分，不能共用的管道必须专管专用，对含铅、含硫油品更应注意。

（10）禁止用转子泵灌装轻质油品以及变压器油、电容器油和色度要求较高的润滑油。

（11）禁止在大风沙天气和雨、雪天气时进行露天灌装作业。

（三）灌装结束

（1）灌装完毕，清点数量，检查有无渗漏。

（2）灌装完毕，应随即复核堆垛结存数量是否正确。分别将实发品名、数量、件数、包装（油桶）级别等填具交运，结算凭证随同质量证明（化验单）交有关部门办理结算手续，并登记保管入账。

第七节　设备维护检修作业程序

一、清罐作业程序

清罐作业是一项多种作业的综合性作业，必须遵循"清除底油→通风换气→清洗→除锈→检测→局部修理→涂装作业"的程序进行。

（1）清除底油作业程序：准备工作→清除底油实施→清油结束。

（2）通风换气作业程序：准备工作→通风换气实施→安全事项。

（3）清洗作业程序：准备工作→清洗实施→擦干→清洗结束。

（4）除锈作业程序：准备工作→除锈实施→安全事项。

（5）检测作业程序：准备工作→检测实施→检测结束。

（6）局部修理作业程序：准备工作→修理实施→修理结束。

（7）涂装作业作业程序：准备工作→涂装实施→涂装结束。

二、设备检修作业程序

设备检修是油库经常性工作之一。当发现油库设施设备发生故障时，应立即进行检修。对于能拆卸下来的设备，一般应拆卸下来移至安全区域进行检修；无法拆卸时，应做好现场安全防护措施后，再进行检修。

第八节　消防系统作业程序

一、消防冷却水系统作业程序

（一）出水准备

（1）接到出水指令。

（2）开启蓄水池管线进水阀门，开启清水管线出水阀门。

（3）铺设消防水带，连接消防水枪。

（二）出水作业

（1）启动消防泵，随时观察仪表、泵的运行状况，发现异常现象立即停泵。

（2）调整柴油机转速，使额定工作压力达到要求。

（3）缓慢开启出水管线阀门，分离自吸泵开关。

（4）开启消火栓出水阀门，消防水通过消防水枪和固定消防水炮压力喷射到罐顶，达到灭火作用。

（三）出水结束

（1）关闭泵出水阀门，停泵，关闭进水阀门。

（2）排空管线内明水杂质，盘卷消防带归位，清理现场。

（3）对缺少消防水的蓄水池进行补水。

二、泡沫灭火系统作业程序

（一）准备工作

（1）接到操作指令。

（2）开启蓄水池进口阀门、水泵入口阀门。

（3）有效连接消防泡沫枪。

（二）出泡沫操作

（1）启动水泵，达到工作压力后，打开泡沫罐入口阀门；将负压空气泡沫比例混合器的指针旋转到所需要的泡沫量指数上（按泡沫供给强度确定），确认混合器泡沫自动地按比例与水混合，形成泡沫混合液。

（2）确认泡沫罐内泡沫混合液达到工作压力。

（3）打开泡沫管线出口阀门，由管路输送到泡沫产生器，吸入空气，形成空气泡沫达到灭火作用，或由管路输送至消火栓连接的泡沫枪喷射起火罐达到灭火目的。

（三）出泡沫结束

（1）确认现场作业完毕，关停消防泡沫泵；应关闭吸液管阀门，开启其余阀门。

（2）启动清水泵，对整个系统进行冲洗。

（3）清理现场，在 24h 内将消耗的泡沫液补充完毕，并使系统重新处于完好状态。

第五章　油库作业操作卡和应用

1950 年至 1965 年期间，不少油库作业操作时实行"挂牌制"，直到现在在一些危险作业仍然实行"挂牌制"，"油库作业操作卡片"是"挂牌制"的继承与发展，也是精细化管理中"细化、量化、流程化、标准化、衔接化"的体现。

操作卡是确保油库安全生产平稳，规范操作人员操作行为的基本指导记录文件。通过使用操作卡，分清作业流程中各岗位操作人员的工作责任，以达到作业的目的。操作中，关联岗位操作人员之间配合达成默契，有计划、有预见性的合理分工，提高工作效率和安全性。

第一节　油库作业操作卡的作用与构成

操作卡是操作规程的具体执行形式，是由指定的管理人员组织执行并完成审批手续，具体操作人员操作时，必须严格按步骤进行作业的岗位操作卡片。

一、操作卡的作用

操作卡来源于操作规程，是按岗位对作业操作规程的分解，由指定的管理人员组织执行并完成审批手续，具体岗位操作人员按操作卡安排作业步骤，直至在相关作业岗位的协同作业下顺利完成全部作业过程的指导和检查依据。

操作卡是指导岗位操作人员完成作业顺序，执行操作规程的作业文件，是油库生产作业、监督检查的执行标准，是实现生产受控管理的必备手段，是"精、准、细、严"的体现。

二、操作卡的构成

操作卡由操作卡名称、作业安排表、操作内容、签发及执行人签字栏四部分构成，其中操作卡名称和作业安排表中包含了作业和岗位的内容，操作内容部分与操作规程一样有严格统一的编写格式。

用操作性质代号说明动作的性质，分别用"（　）"表示状态确认，"［　］"表示操作过程确认，"＜＞"表示安全事项确认。

用操作者代号表明操作者的岗位名称用"P"表示，班长或复核人用"M"表示，将代号填入上述操作性质代号中，两者组合使用。即用（P）、［P］、＜P＞，分别表示操作者对状态、操作过程、安全的确认，用（M）、［M］、＜M＞，分别表示班长或复核人对状态、操作过程、安全的确认，完成操作用"$\boxed{\checkmark}$"表示确认。

第二节　油库作业操作卡的管理

一、操作卡的编制

操作卡来源于操作工艺、作业程序、操作指南和操作规程，按操作岗位分解到具体操作人员。操作卡由油库操作规程编写组负责编写。

二、操作卡的签发

油库管理人员组成的"操作规程使用监督指导小组"负责制定操作卡，由小组负责人批准；操作卡的制定必须依据操作规程；修订操作规程时必须修订操作卡；操作卡由"操作规程使用监督指导小组"负责人的授权人签发。

三、操作卡的执行

操作卡由指定的业务管理人员签发，在执行具体作业前，按作业工艺交具体操作人员，具体执行人按卡操作，无卡不操作。

收发油作业操作卡和倒罐操作卡按作业批次下发和执行，一个收油或倒罐批次按岗位下发一套操作卡。

付油作业操作卡按时间段下发和执行，一个时间段按岗位下发一套操作卡。

操作卡的执行和检查以相应步骤完成后在右侧"□"中划"√"为依据，全部作业完成后由具体执行人签字方为有效。

四、操作卡的使用与回收

操作卡规定了操作人员必须严格按照指定的操作路线执行指定的操作。如在操作过程中出现事故，现场负责人可以指挥当前的操作返到一个稳定的作业状态；对一些特殊问题，现场负责人可以根据具体情况组织调整操作，在操作完成后必须在操作卡上记录特殊情况或异常问题，并说明原因；操作完成后，操作人员必须将操作卡交回签发人，签发人检查操作卡完成情况，整理特殊情况与出现的异常问题，以备下次制定签发操作卡或修改操作卡时参考；使用后的操作卡收回，按记录或"失效"文件处理；操作卡按要求分别以活页形式放置在操作室的资料柜中，并注明名称加以区分。

五、操作卡的变更

操作卡随操作规程内容变更而变更。对于操作规程未包括的特殊情况，按照操作规程的总体要求，油库可以编制临时操作卡。临时操作卡由油库主任签字生效，班组执行。使用后的临时操作卡收回，按记录或"失效"文件处理。油库根据实际需求确定临时操作是否纳入正常操作规程的管理。

第三节　铁路油罐车收油作业操作卡

油库各项作业活动都可编制操作卡以实施操作与监控。一般编制操作卡时，应根据作业流程与工艺流程方案进行，现以铁路油罐车收油作业为例说明操作卡的编制。

一、铁路收油作业流程图

图 5-1 是铁路油罐车收油作业流程。

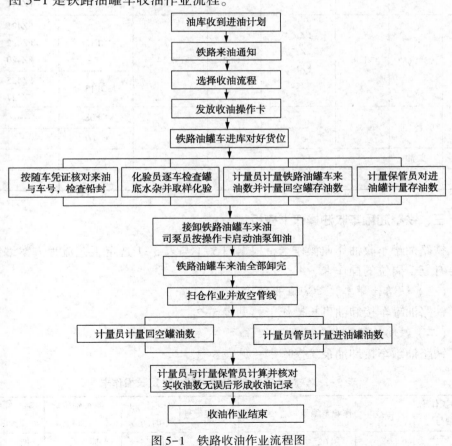

图 5-1　铁路收油作业流程图

二、铁路油罐车接卸工艺流程方案选择

油库按照工艺管道与设备设施、油罐的关系编制工艺流程方案，并将工艺流程所涉及管道、设备设施、油罐的编号统计于一定的表格中，供编制操作卡时使用，表 5-1 为某油库铁路油罐车接卸油工艺流程选择表。

表 5-1 铁路油罐车接卸油工艺流程选择表

序号	接卸油品	选用油泵	泵站工艺阀门	选用管线	管线工艺阀门	选用收油罐	收油罐阀门
1	90#汽油	BL06	FZ137 FZ142 FZ143 FZ145	LQ01	FZ016	GF10	FZ411 FZ412
						GF11	FZ414 FZ415 FZ417
2	93#汽油	BL06	FZ134 FZ137 FZ142 FZ143	LQ02	FZ014	GF12	FZ421 FZ422 FZ420
						GF13	FZ425 FZ427
3	97#汽油	……	……	……	……	GF08	……
						GF09	
4	柴油	……	……	……	……	……	……
……							

三、铁路油罐车收油操作卡模板

铁路油罐车收油作业操作卡，根据图 5-1 与表 5-1 选定工艺流程方案编制，主要有五个岗位的操作卡。

（一）铁路油罐车接卸油班长操作卡

铁路油罐车接卸油班长操作卡，见表 5-2。

（二）铁路油罐车接卸油泵工操作卡

铁路油罐车接卸油泵工操作卡，见表 5-3。

表 5-2 铁路油罐车接卸油(93#汽油)班长操作卡

接卸操作卡编号	车数	作业泵编号	管线编号	收油罐编号	计划接卸时间	罐车到位时间	罐车卸完时间
3-	车	BL02#	LQ02#	GF12#	时 分	时 分	时 分

续表

作业阶段	操作内容	操作性质代号	岗位确认
接卸前准备	确认接收商品收货通知单	（M）	□
	确认调运计划符合接卸条件	（M）	□
	确认接到铁路通知	（M）	□
	通知接卸人员准备卸车	[M]	□
	确认佩戴防静电服装、安全防护用品	<P>	□
	确认采用防爆照明灯具、防爆工具	<P>	□
	确认消防器材齐全	<P>	□
	确认通信畅通	（P）	□
	导除人体静电	[P]	□
	确认通知质检、计量人员抽样验收	（M）	□
计质量验收	接油品质检合格通知单	[M]	□
	确认被抽检罐车收油量符合接卸规定	（M）	□
	填写接卸管输作业联系记录	[M]	□
卸车作业	确认泵工接卸准备完毕	（M）	□
	确认卸油工接卸准备完毕	（M）	□
	确认储油区计量保管员收油罐准备完毕	（M）	□
	下达作业指令	[M]	□
	通知电工配电	[M]	□
	通知储油区接卸情况正常	[M]	□
接卸结束	通知储油区计量保管员接卸作业完毕	[M]	□
	通知业务运输员办理返车手续	[M]	□
	填写接卸作业记录	[M]	□

作业中特殊情况与异常问题记录：

签发人		签发时间	年　月　日　时　分
执行人		完成时间	年　月　日　时　分

表 5-3　铁路油罐车接卸油（93#汽油）泵工操作卡

接卸操作卡编号	车数	作业泵编号	管线编号	收油罐编号	计划接卸时间	罐车到位时间	罐车卸完时间
3-	车	BL02#	LQ02#	GF12#	时分	时分	时分
作业阶段	操作内容					操作性质代号	岗位确认
接卸前准备	导除人体静电					[P]	□
	确认油泵联轴器防护罩完好					（P）	□
	确认润滑					（P）	□
	确认接地极完好					（P）	□
	确认送电					（P）	□

续表

作业阶段	操作内容	操作性质代号	岗位确认
卸车作业	启动泵房通风设备	[P]	□
	打开阀井出口阀门（FZ014#）	[P]	□
	打开泵房出口阀门（FX135#）	[P]	□
	打开泵房集油管进口阀门（FZ143#）	[P]	□
	打开（BL05#）油泵进口阀门（FZ138#）	[P]	□
	打开（BL05#）油泵出口阀门（FZ133#）	[P]	□
	打开（BL05#）油泵排气阀（FZ151#）灌泵排气	[P]	□
	确认油泵内充满油品	(P)	□
	关闭排气阀（FZ151#）	[P]	□
	按下启动按钮启动（BL05#）油泵	[P]	□
	确认压力表示值在4~5MPa以内	(P)	□
	确认真空表示值小于−200kPa	(P)	□
	确认油泵运转正常	(P)	□
	提示：如果出现异常泄漏、振动异常、异味、异常声响、火花、烟气、电流持续超高等情况立即停泵		
接卸结束	确认接卸完毕具备停泵条件	(P)	□
	关闭油泵出口阀门（FZ133#）	[P]	□
	停泵	[P]	□
	关闭油泵进口阀门（FZ138#）	[P]	□
	关闭泵房出口阀门（FZ135#）	[P]	□
	关闭泵房集油管进口阀门（FZ143#）	[P]	□
	关闭阀井出口阀门（FZ014#）	[P]	□
	清理作业现场	[P]	□
	填写设备运行记录	[P]	□
扫舱准备	确认BZ01扫舱泵盘车正常	(P)	□
	确认扫舱泵联轴器防护罩完好	(P)	□
	确认BZ01扫舱泵接地地极紧固	(P)	□
	确认防爆接线装置无松动	(P)	□
	确认水（油）箱未混其他油品	(P)	□
	确认注水（油）箱注满水（油）	(P)	□
	确认真空罐（GW01#）内空容量	(P)	□
	打开卸油栈桥进油阀门（FZ 222#）	[P]	□
	打开真空罐（GW01#）进油阀门（FZ009#）	[P]	□
	关闭真空罐呼吸阀门（FZ007#）	[P]	□

续表

作业阶段	操作内容	操作性质代号	岗位确认
	打开循环水阀门(FZ103#)	[P]	☐
	打开水封管阀门(FZ101#)	[P]	☐
	按下按钮启动真空泵	[P]	☐
	确认真空罐达到正常作业真空度 400~600kPa	(P)	☐
	打开排吸入阀门(FZ102#)	[P]	☐
	调节循环水量保持适度	[P]	☐
	控制工作真空负荷在 600kPa 以下	[P]	☐
	提示:如果出现下列情况立即停泵:异常泄漏、振动异常、异味、异常声响、火花、烟气、电流持续超高		
扫舱作业	确认(GW01#)真空罐收油正常	(P)	☐
	确认(GW01#)真空罐油位在规定高度内	(P)	☐
	关闭真空泵排吸入阀门(FZ102#)	[P]	☐
	关闭真空泵	[P]	☐
	缓慢打开真空罐呼吸阀门(FZ007#)	[P]	☐
	打开真空罐带油阀门(FZ006#)	[P]	☐
	打开卸油泵房带油阀门(FZ139#)	[P]	☐
	启动(BL05#)离心泵,泵进收油罐	[P]	☐
	确认真空罐内油品带净	(P)	☐
	关停(BL05#)离心泵	[P]	☐
	关闭卸油泵房带油阀门(FZ 139#)	[P]	☐
	关闭真空罐带油阀门(FZ006#)	[P]	☐
	打开呼吸阀(FZ007#)	[P]	☐
	提示:根据现场接卸情况,接卸与扫舱作业应循环交替进行。再次启动真空泵后,按上述过程循环作业,逐车清净罐底油		
扫舱结束	关闭真空泵排吸入阀(FZ102#)	[P]	☐
	按下关停按钮停泵	[P]	☐
	关闭真空罐进油阀门(FZ009#)	[P]	☐
	关闭卸油栈桥进油阀门(FZ222#)	[P]	☐
	切断电源	[P]	☐

作业中特殊情况与异常问题记录:

签发人		签发时间		年 月 日 时 分
执行人		完成时间		年 月 日 时 分

（三）铁路油罐车接卸油接卸工操作卡

铁路油罐车接卸油接卸工操作卡，见表5-4。

表5-4　铁路油罐车接卸油(93#汽油)接卸工操作卡

接卸操作卡编号	车数	作业泵编号	管线编号	收油罐编号	计划接卸时间	罐车到位时间	罐车卸完时间
3-	车	BL02#	LQ02#	GF12#	时分	时分	时分
作业阶段	操作内容					操作性质代号	岗位确认
接卸前准备	导除人体静电					[P]	☐
	确认罐车对位					(P)	☐
	确认罐车安装铁鞋上锁					(P)	☐
	核对车号、表号					[P]	☐
	确认罐车车体状况完好					(P)	☐
	放下扶梯					[P]	☐
	确认安全带连接有效					<P>	☐
	确认罐车铅封状况完好					(P)	☐
	挂铁路罐车油品货位显示牌					[P]	☐
计质量验收	打开抽检罐车罐盖					[P]	☐
	提示：同品种罐车，两条专用线停满时，打开专一线的1、7、13货位，专二线的3、8货位；一条专用线停满时，打开首、中、尾车。其他方式进车时，抽检3~4车，首车必开						
	打开全部罐车罐盖					[P]	☐
卸车作业	确认鹤管静电接地连接合格					<P>	☐
	降下鹤管插入罐车底部					[P]	☐
	关闭鹤管排气阀					[P]	☐
	打开一组接卸罐车鹤位管路阀门					[P]	☐
	（一次）(FZ248#、FZ242#、FZ238#、FZ234#)；						
	（二次）(FZ230#、FZ226#、FZ221#、FZZ18#)；						
	（三次）(FZ215#、FZ212#、FZ209#、FZ206#、FZ203#)						
	提示：同品种罐车根据到车数不同按每3~5车为一组，根据罐车接卸完成情况依次进行调整，对每一组鹤管、阀门进行切换						
	启动对应潜油泵					[P]	☐
	调整潜油泵调压阀					[P]	☐
	调整压力值在2~4MPa以内					[P]	☐
	打开鹤管球阀					[P]	☐
	（一次）(FQ254#、FQ258#、FQ262#、FQ266#)；						
	（二次）(FQ270#、FQ274#、FQ278#、FQ280#)；						
	（三次）(FQ282#、FQ284#、FQ286#、FQ288#、FQ290#)						

续表

作业阶段	操作内容	操作性质代号	岗位确认
卸车作业	流动巡检接卸作业情况，防止跑、冒、漏油事故	<P>	□
	确认罐车内油面下降正常	(P)	□
	确认接卸罐车具备切换条件	(P)	□
	打开下一组待卸罐车鹤位管路阀门	[P]	□
	确认接卸罐车潜油泵抽空	(P)	□
	关闭对应潜油泵调压阀	[P]	□
	关闭鹤管球阀	[P]	□
	（一次）（FQ254#、FQ258#、FQ262#、FQ266#）；		
	（二次）（FQ270#、FQ274#、FQ278#、FQ280#）；		
	（三次）（FQ282#、FQ284#、FQ286#、FQ288#、FQ290#）		
	关停对应潜油泵	[P]	□
	关闭管路阀门	[P]	□
	（一次）（FZ248#、FZ242#、FZ238#、FZ234#）；		
	（二次）（FZ230#、FZ226#、FZ221#、FZ218#）；		
	（三次）（FZ215#、FZ212#、FZ209#、FZ206#、FZ203#）		
	打开鹤管排气阀排净管内余油	[P]	□
	提起鹤管复位	[P]	□
	提示：在一组罐车卸净前5min内，打开下一组罐车鹤位对应管路阀门，并按照先开后关的原则进行。接卸一组罐车抽净时，关闭潜油泵，启动下一组潜油泵进行接卸，最后一辆罐车抽净时，关闭潜油泵，启动下一组潜油泵进行接卸后，执行扫仓操作		
	连接扫仓胶管进行扫仓作业	[P]	□
扫舱准备	确认扫仓胶管连接完好	(P)	□
	（FQ253#）、（FQ257#）、（FQ261#）、（FQ265#）		
	（FQ269#）、（FQ273#）、（FQ277#）、（FQ279#）		
	（FQ281#）、（FQ283#）、（FQ285#）、（FQ287#）、（FQ289#）		
	确认具备扫舱条件	□	(M)
扫舱作业	打开扫舱胶管球阀	[P]	□
	（FQ253#）、（FQ257#）、（FQ261#）、（RQ265#）		
	（FQ269#）、（FQ273#）、（FQ277#）、（FQ279#）		
	（FQ281#）、（FQ283#）、（FQ285#）、（FQ287#）、（FQ289#）		
	清净罐底余油	[P]	□
扫舱结束	关闭扫舱球阀	[P]	□
	（FQ253#）、（FQ257#）、（FQ261#）、（FQ265#）		
	（FQ269#）、（FQ273#）、（FQ277#）、（FQ279#）		
	（FQ281#）、（FQ283#）、（FQ285#）、（FQ287#）、（FQ289#）		

续表

作业阶段	操作内容	操作性质代号	岗位确认
扫舱结束	通知班长清舱完毕	[P]	□
	整理清舱设备	[P]	□
	盖严罐盖	[P]	□
	收回栈桥扶梯	[P]	□
	清理作业现场	[P]	□
接卸结束	配合铁路打开铁鞋挂车出库	[P]	□
	收回铁路罐车油品货位显示标牌	[P]	□

作业中特殊情况与异常问题记录：

签发人		签发时间	年　月　日　时　分
执行人		完成时间	年　月　日　时　分

（四）铁路油罐车接卸油计量保管员操作卡

铁路油罐车接卸油计量保管员操作卡，见表5-5。

表5-5　铁路油罐车接卸油（93#汽油）计量保管员操作卡

接卸操作卡编号	车数	管线编号	收油罐编号	收油罐空容量（t）	收油开始时间	收油结束时间
3-	车	LQ02#	GF12#		时分	时分

作业阶段	操作内容	操作性质代号	岗位确认
收油罐操作	导除人体静电	[P]	□
	检查管线（LQ02#）、阀门（FZ428#、FZ422#）	[P]	□
	检查油罐（GF12#）附件是否完好	[P]	□
	确认安全带连接有效	<P>	□
	计量收油罐（GF12#）	[P]	□
	核对液位仪相关数据	[P]	□
	确认收油罐（GF12#）安全空容量	(P)	□
	打开收油罐进油阀（EZ421#、EZ420#）	[P]	□
	确认卸、收油品规格相符	(P)	□
	通知班长收油罐（GF12#）流程开通	[P]	□
	确认收油罐（GF12#）入油正常	(P)	□
	检查管线、阀门无渗漏	[P]	□
	控制收油在安全高度内，掌握收油速度，防止冒罐	[P]	□
	向班长报告收油罐收油（GF12#）情况	[P]	□

续表

作业阶段	操作内容	操作性质代号	岗位确认
接卸结束	确认接卸作业完毕	（P）	□
	关闭收油罐进油阀门（FZ421#、FZ420#）	［P］	□
	确认安全带连接有效	<P>	□
	计量收油罐收（GF12#）油数据	［P］	□
	提示：收油罐动转前后计量操作顺序为油水总高、水高、油温、取样测密度；收油结束后，待收油罐达到稳油时间30min以上方可计量		
	□［P］——核对液位仪数据		
	□［P］——填写收油作业已录		

作业中特殊情况与异常问题记录：

签发人		签发时间		年　月　日　时　分
执行人		完成时间		年　月　日　时　分

（五）铁路油罐车接卸油计量员操作卡

铁路油罐车接卸油计量员操作卡，见表5-6。

表5-6　铁路油罐车接卸油（93#汽油）计量员操作卡

接卸操作卡编号	车数	作业泵编号	管线编号	收油罐编号	计划接卸时间	罐车到位时间	罐车卸完时间
3-	车	BL02#	LQ02#	GF12#	时分	时分	时分

作业阶段	操作内容	操作性质代号	岗位确认
接卸前准备	确认收到商品收货通知单	（P）	□
	准备检定合格、齐全有效的计量器具	［P］	□
	导除人体静电	［P］	□
	确认安全带连接有效	<P>	□
	核对车号、表号	［P］	□
	确认罐车铅封状况完好	（P）	□
	提示：罐车铅封如有损坏，应记录损坏情况、车号，收集损坏铅封。发现丢油现象，保留现场，立即上报		
计质量验收	打开罐车罐盖	［P］	□
	抽取规定质检油样	［P］	□
	提示：同品种罐车两条专用线停满时，抽检专一线的1、7、13货位，专二线的3、8货位；一条专用线停满时，打开首、中、尾车。其他方式进车时，抽检3~4车，首车必检。按照油水总高、水高、油温、取样测密度的测量顺序计量。质检不合格，禁止作业。计量超耗，停止作业，组织复测，做好索赔前准备工作		

续表

作业阶段	操作内容	操作性质代号	岗位确认
计质量验收	抽检计量	[P](M)	☐
	关闭罐盖	[P]	☐
	核算被抽检罐车原发、实收油品数量	[P]	☐
	填写铁路罐车收发油品计量单	[P]	☐
	计量全部入库罐车	[P]	☐
	填写铁路罐车收发油品计量单	[P]	☐
	验收卸后罐车车底是否卸净	[P]	☐
	关闭罐盖	[P]	☐

作业中特殊情况与异常问题记录：

签发人		签发时间	年　月　日　时　分
执行人		完成时间	年　月　日　时　分

第六章 油库主要设备操作规程

油库日常收发油作业所涉及的常用设备(装置、系统)大体可归纳为共 7 类 27 种,对于某确定的油库来说,这些设备(装置、系统)不一定全部都有,且品种规格差别较大,其操作规程也有差别。本章所述的操作规程只能是一种带有共性、普遍性的模式(示范样本),油库应结合具体设备的使用维护说明书加以具体化,特别应重视技术数据的量化。

一般来说,油库设备操作包括准备工作、启动运行、运行检查、停机结束、注意事项等五部分内容,也可说是五个步骤。

第一节 泵类设备操作规程

一、离心泵操作规程

(一)准备工作

(1)电压正常,波动值不超过额定电压(380V)的±5%;电气开关和设备接地线完好。

(2)各固定连接部位无松动。

(3)各润滑部位加注润滑剂。

(4)各指示仪表、安全保护装置及电控装置均灵敏、准确、可靠。

(5)盘车灵活、无异常现象。

(6)根据作业通知单选定工艺流程;根据流程开启吸入管和排出管路的有关阀门,关闭泵前排出阀。

(7)打开泵房门窗自然通风或启动机械通风。

(二)启动运行

(1)按规定灌泵。

(2)泵启动后待压力表指示正常读数时,再慢慢打开排出阀门。

(3)正常运行中,应通过调节泵出口阀门的开度,将泵调节到高效区工作,不应在性能曲线驼峰处运转;不应在额定流量的30%以下时运转。

(4)禁止使用吸入管阀门进行泵的流量调节。

(5)在装卸甲、乙类油品时,应严格执行 GB 13348—2009《液体石油产品静电安全规程》中关于控制流速和初速度的规定。

（6）运行中应检查的项目如下：

① 经常观察压力表、真空表中的读数是否正常；

② 经常查看电流表、电压表的读数是否正常；

③ 各固定连接部位不应有松动；

④ 转子及各运动部件运转应平稳，不得有异常声响和摩擦现象；

⑤ 附属系统的运转应正常，管道连接应牢固无渗漏；

⑥ 滑动轴承温度不大于65℃，滚动轴承温度不大于70℃；

⑦ 泵的安全保护和控制装置以及各部分仪表均应灵敏、正确、可靠；

⑧ 工作状态下，填料密封泄漏标准为轻质油不超过20滴/min，重质油不超过10滴/min。工作状态下，机械密封泄漏标准为轻质油不超过10滴/min，重质油不超过5滴/min。停止工作时，均应不渗不漏。

（三）停泵

（1）先缓慢关闭排出阀，后停泵。

（2）根据规定排空泵内和集油管、吸入管线内的油品，关闭所有阀门。

（3）检查设备技术状况，进行保养，整理工具，清扫泵房，关闭机械通风机。

（4）填写作业记录，切断电源，关窗锁门。

（四）安全注意事项

（1）严格遵守安全规定和交接班制度，未经许可严禁非司泵员操作设备，防止发生事故。

（2）保持泵房通信联络畅通。

（3）运转中严禁擦拭设备和各种工具等，物品不准放在泵和电动机上。

（4）发现异常现象和故障，立即报告班（组）长，经同意后采取相应措施；特殊情况应先采取相应措施后报告。

（5）遇停电，应切断电源；遇雷雨天气，暂停作业。

（6）自吸式离心油泵第一次启动前要灌泵，此后使用不必灌泵。

二、滑片泵操作规程

（一）准备工作

（1）新机组开机前泵体内应充入适量的介质油（使用所输送的介质，可从安全阀尾部螺孔加入），要求泵体内油量超过泵的轴心线，否则会损坏泵内的机械密封，正常使用的泵开启前不必加油。

（2）检查转向是否符合规定要求。

（3）检查润滑油，特别是长期停用后的泵，再次启动时，必须加注润滑油脂，每隔 30 天检查一次黄油杯中的油量，不足时须加满，并压入轴承中。用手转动联轴器，检查转动是否灵活，有无卡壳或其他异常情况，正常使用前，必须使联轴器转动灵活。

（4）检查泵进出口阀门开闭状况。对滑片泵来说，最好是在出口阀全开情况下启动，如果工艺流程不允许全开，则可慢慢调整至流程所规定的位置，然后将阀的开度进行标记。

（5）启动泵进行抽液前，必须将管道及泵体内的气体排出，否则会由于气塞现象影响抽液。

（二）启动运行

（1）按下滑片泵启动按钮。

（2）启动后应查看出口压力表所指示的表压，出口表压应在性能指标范围内，以达到高效运行的目的。

（3）通过听、看、闻检查泵组运行状况，不得有噪声和剧烈振动。

（4）连续运行时，要检查安装轴承的泵端盖温度是否正常，滑动轴承温度不大于 65℃，滚动轴承温度不大于 70℃。

（5）注意观察电动机功率表（或电流表），功率（或电流）过大应停机，查找原因。

（三）停泵

（1）先慢关排出阀，后停泵。

（2）根据规定回空泵内和集油管、吸入管线内的油品，关闭所有阀门。

（3）检查设备技术状况，进行擦拭保养，整理归放工具，清扫泵房，关闭机械通风机。

（4）填写作业记录，切断电源，关窗锁门。

（四）安全注意事项

（1）严格遵守安全规定和交接班制度，未经许可严禁非司泵员操作设备，防止发生事故。

（2）保持泵房与站台、罐区等作业地点通信联络畅通。

（3）运转中严禁擦拭设备和各种工具等，物品不准放在泵和电动机上。

（4）发现异常现象和故障，立即报告班（组）长，经同意后采取相应措施；特殊情况应先采取相应措施后报告。

（5）遇停电，应切断电源；遇雷雨天气，暂停作业。

三、水环式真空泵操作规程

（一）准备工作

（1）检查电压是否正常，波动应不超过额定电压（380V）的 ±5%；电气开关和设备接地线完好。

（2）检查泵各部件连接是否可靠。

（3）检查各部位润滑油(脂)是否足够。

（4）盘车应灵活。

（5）真空度调节阀应调整至合适的开度；打开供水阀向水箱灌水至溢水管溢水，关闭供水阀。

（二）启动运行

（1）打开吸入阀、排出阀、循环水阀、水封管阀后，启动真空泵。

（2）不允许在无水或少水的情况下启动。

（3）不允许在高真空(60kPa)的情况下直接启动。

（4）待真空罐达到正常作业需要的真空度后，可进行抽真空作业。

（5）当进行灌泵作业时，打开真空罐的抽气阀；当吸入管路和离心泵充满油品后，立即关闭抽气阀并停泵。在离心泵作业中，若因卸罐车油品不慎造成漏气而停止吸油时，可重复上述操作，重新引油。

（6）抽罐车底油作业：打开真空罐的抽油阀和抽底油系统的有关阀门，将罐车内底油抽入真空罐；当真空罐内的油面达到规定高度时，应关闭真空罐抽油阀和真空泵吸入阀，停泵；然后打开真空罐进气阀和放油阀，把油放入回油罐或随油泵工作时，由泵的吸入管抽走；关闭放油阀和进气阀门后，再依前述程序继续作业。

（三）运行中检查

（1）注意调节供水阀和循环水阀，使循环水量适度。

（2）应避免长时间在高负荷(大于60kPa)下运行。

（3）检查电流表、电压表的读数是否正常。

（4）真空度是否达到铭牌规定的80%以上，泵内流出水的温度应不超过40℃。

（5）运转时轴封渗漏应为5~10滴/min。

（6）轴承温度不应大于70℃。

（7）各连接部位应严密，无泄漏现象。

（8）运转中应无异常声响和振动。

（9）发生异常现象或故障，应报告班(组)长，并采取相应措施或停泵检查。

（10）运转中，严禁擦拭保养设备。

（四）停泵

（1）停泵时应先关吸入阀(抽真空作业时先关泵排出阀)，打开进空气的阀后方可停泵，然后放净真空罐内的油品。

（2）关闭所有阀门，冬季应放净循环水，检查、擦拭、保养设备，清理卫生，归放工具，填写作业记录，切断电源。

（五）安全注意事项

（1）严格遵守安全规定和交接班制度，未经许可严禁非司泵员操作设备，防止发生事故。

（2）保持泵房与站台、罐区等作业地点通信联络畅通。

（3）运转中严禁擦拭设备和各种工具等，物品不准放在泵和电动机上。

（4）发现异常现象和故障，立即报告班（组）长，经同意后采取相应措施；特殊情况应先采取相应措施后报告。

（5）遇停电，应切断电源；遇雷雨天气，暂停作业。

四、齿轮泵操作规程

（一）准备工作

（1）电压正常，波动应不超过额定电压（380V）的±5%；电气开关和设备接地线完好。

（2）各固定连接部位无松动。

（3）各润滑部位良好。

（4）各指示仪表、安全保护装置及电控装置均应灵敏、准确、可靠。

（5）盘车应灵活、无异常现象。

（6）根据作业通知单选定工艺流程；根据流程开启吸入管和排出管路的有关阀门，打开泵前排出阀。

（7）打开门窗自然通风或启动机械通风。

（8）根据操作卡选定的工艺流程，开启吸入阀排出阀、回流旁通阀以及吸入和排出管路上的有关阀门。

（二）启动运行

（1）泵体放空时，应充填引油后再启动泵，待运转正常后关闭回流（旁通）阀。

（2）严禁关闭排出阀门进行启动，严禁泵空转。

（3）流量调节一般应通过调节回流（旁通）阀的开度来实现。

（三）运行中检查

（1）经常观察压力表、真空表、电流表、电压表指示值是否正常（螺杆泵的真空度不得超过40kPa）。

（2）运转中应无异常声响和振动，各结合面应无泄漏。

（3）滑动轴承温度不大于65℃，滚动轴承温度不大于70℃。

（4）工作状态下，填料密封泄漏标准：轻质油不超过 20 滴/min；重质油不超过 10 滴/min。工作状态下，机械密封泄漏标准：轻质油不超过 10 滴/min；重质油不超过 5 滴/min。停止工作时，均应不渗不漏。

（5）发现异常现象和故障，应立即停泵检查并关闭排出阀和回流阀，查明原因。

（四）停泵

（1）作业结束后，先停泵，后关排出阀，严禁先关后停；回空泵内和管线的油品，关闭所有阀门。

（2）检查设备技术状况，并进行擦拭保养、整理归放工具、清扫泵房、关闭机械通风机。

（3）填写作业记录，切断电源，关窗锁门。

（五）安全注意事项

（1）严格遵守安全规定和交接班制度，未经许可严禁非司泵员操作设备，防止发生事故。

（2）保持泵房与站台、罐区等作业地点通信联络畅通。

（3）运转中严禁擦拭设备和各种工具等，物品不准放在泵和电动机上。

（4）发现异常现象和故障，立即报告班（组）长，经同意后采取相应措施；特殊情况应先采取相应措施后报告。

（5）遇停电，应切断电源；通雷雨天气，暂停作业。

五、螺杆泵操作规程

（一）准备工作

（1）电压正常，波动应不超过额定电压（380V）的 ±5%；电气开关和设备接地线完好。

（2）各固定连接部位应无松动。

（3）各润滑部位良好。

（4）各指示仪表、安全保护装置及电控装置均应灵敏、准确、可靠。

（5）盘车应灵活、无异常现象。

（6）根据作业通知单选定工艺流程；根据流程开启吸入管和排出管路的有关阀门，开启泵前排出阀。

（7）打开门窗自然通风或启动机械通风。

（8）根据操作卡选定的工艺流程，开启有关阀门。

（二）启动运行

（1）泵体放空时，应充填引油后再启动泵，待运转正常后关闭回流（旁通)阀。

(2) 严禁关闭排出阀门进行启动，严禁泵空转。

(3) 流量调节一般应通过调节回流(旁通)阀的开度来实现。

(三) 运行中检查

(1) 经常观察压力表、真空表、电流表、电压表指示值是否正常(螺杆泵的真空度不得超过 40kPa)。

(2) 运转中应无异常声响和振动，各结合面应无泄漏。

(3) 滑动轴承温度不大于 65℃，滚动轴承温度不大于 70℃。

(4) 工作状态下，填料密封泄漏标准：轻质油不超过 20 滴/min，重质油不超过 10 滴/min。工作状态下，机械密封泄漏标准：轻质油不超过 10 滴/min；重质油不超过 5 滴/min。停止工作时，均应不渗不漏。

(5) 发现异常现象和故障，应立即停泵检查并关闭排出阀和回流阀，查明原因。

(四) 停泵

(1) 作业结束后，先停泵，后关排出阀，严禁先关后停；回空泵内和管线的油品，关闭所有阀门。

(2) 检查设备技术状况，并进行擦拭保养、整理归放工具、清扫泵房、关闭机械通风机。

(3) 填写作业记录，切断电源，关窗锁门。

(五) 安全注意事项

(1) 严格遵守安全规定和交接班制度，未经许可严禁非司泵员操纵设备，防止发生事故。

(2) 保持泵房与站台、罐区等作业地点通信联络畅通。

(3) 运转中严禁擦拭设备和各种工具等，物品不准放在泵和电动机上。

(4) 发现异常现象和故障，立即报告班(组)长，经同意后采取相应措施；特殊情况应先采取相应措施后报告。

(5) 遇停电，应切断电源；遇雷雨天气，暂停作业。

六、液压潜油泵操作规程

(一) 准备工作

(1) 电压正常，波动不超过额定电压(380V)的±5%；电气开关和设备接地线完好。

(2) 各固定连接部位应无松动、叶轮转动灵活、泵腔内无工艺介质及杂质。

(3) 各润滑部位良好；确认油箱内液压油没有乳化、变质、浑浊现象；液压油箱过滤网清洁、无堵塞。

（4）各指示仪表、安全保护装置及电控装置均应灵敏、准确、可靠。

（5）检查调压阀，应完好无异常现象，油路管是否完好。

（6）根据作业通知单选定工艺流程。

（二）启动运行

（1）确认接卸鹤管准备就绪后，启动潜油泵液压电动机。

（2）调整潜油泵调压阀，控制压力表示值稳定在 2~4MPa 之间，确认罐车内液面下降正常。

（3）全开鹤管阀门。

（4）严禁关闭排出阀门时启动油泵。

（5）严禁油泵在无介质状态下运转。

（三）运行中检查

（1）经常观察压力表指示值是否正常。

（2）运转中应无异常声响和振动，各结合面应无泄漏。

（3）若发现流量不正常，则检查泵体吸入口是否阻塞，泵叶轮运转有无卡死现象，泵调压阀工作是否正常，泵油箱入口过滤器网是否堵塞。

（四）正常切换

（1）确认具备切换条件，接卸鹤管已准备就绪，启动切换潜油泵液压站电动机。

（2）调整潜油泵调压阀，控制压力表示值稳定在 2~4MPa 范围内。

（3）打开切换鹤管阀门，观察油泵油路有无渗漏。

（4）确认切换油泵运转正常。

（5）潜油泵切换时，在接卸运行中本着先开后关的原则，执行规程开泵关泵过程；切换过程要密切配合，协调一致尽量减小离心泵流量和压力的波动，如出现异常应停止切换。

（五）停泵

（1）关闭鹤管阀门后，再关闭调节阀。

（2）关闭液压站电动机。

（3）检查设备技术状况，并进行擦拭保养，整理归放工具。

（4）填写作业记录，切断电源，关窗锁门。

（六）安全注意事项

（1）严格遵守安全规定和交接班制度，未经许可严禁非司泵员操纵设备，防止发生事故。

（2）保持泵房与站台、罐区等作业地点通信联络畅通。

（3）运转中严禁擦拭设备和各种工具等，物品不准放在泵和电动机上。

（4）发现异常现象和故障，立即报告班(组)长，经同意后采取相应措施；特殊情况应先采取相应措施后报告。

（5）遇停电，应切断电源；通雷雨天气，暂停作业。

七、往复泵操作规程

（一）准备工作

（1）地脚螺栓、动力端、十字头连杆螺栓、轴承盖等各连接部位连接应坚固，不得松动。

（2）仪表应灵敏，超压保护装置等均应调整正确。

（3）电动往复泵应将24号气缸油装入注油器，液面高度达到2/3，并转动注油器，观察上油是否正常，油杯内加入足够的L—AN46全损耗系统用油。

（4）润滑、冷却、冲洗等系统良好有效。

（5）盘动曲轴应无卡阻现象。

（6）根据作业通知单选择工艺流程。按照工艺流程图开启进出油端的全部阀门，关闭与作业无关的阀门。

（7）开泵前，蒸汽往复泵应在蒸汽压力达到规定值时先对泵进行预热，并注意放净气缸内的冷凝水。

（二）启动运行

（1）电动往复泵启动电动机开泵。

（2）蒸汽往复泵打开蒸汽线上放空阀，排净冷凝水，打开换气阀门进行暖缸，打开防水阀门排净气缸内冷凝水；待冷凝水排净后，关闭气缸放水阀门，缓慢开启汽阀门，使泵逐渐达到正常冲程数。

（三）运行中检查

（1）吸液和排液压力应正常，泵的出口压力应无异常波动。

（2）运行中应无异常声动和振动。

（3）滑动轴承温度不大于65℃，滚动轴承温度不大于70℃。

（4）工作状态下，油品的泄漏量不应大于20滴/min；停止工作时，应不渗不漏。

（5）蒸汽往复泵的流量调节可通过调节蒸汽阀或出口管线旁路阀的开度实现。

（6）设备不得带故障运行，如发现异常声音或泄漏等，应立即停泵，查明原因。

（四）停泵

（1）关闭电动泵电动机；蒸汽泵应先关闭进口蒸汽阀，最好使泵活塞停在极端位置处（便于放净缸内的冷凝水），关闭泵的进气阀，再停阀，关闭排出阀。停泵前将回油罐内同牌号油品泵送至收油罐，回空油品，关闭所有阀门。

（2）打开气缸、疏水器，放尽冷凝水。

（3）检查设备技术状况，并进行擦拭保养、归放工具、清扫泵房，做到地面无油迹、室内无油气。

（4）填写作业记录，切断电源，关窗锁门。

（五）安全注意事项

（1）遵守操作规程和有关安全规定，严格交接班制度，防止发生事故。

（2）未经许可严禁非司泵员操作设备。

（3）保持泵房与站台、罐区等作业地点通信联络畅通。

第二节　电气设备操作规程

一、柴油发电机操作规程

（一）准备工作

（1）对长期不用的发电机，在运行前应测量以下绝缘电阻：

① 测量发电机定子绕组与机壳间、各相绕组间的绝缘电阻；

② 测量励磁绕组（发电机、励磁机）与机壳间的绝缘电阻；

③ 测量励磁机电枢绕组与机壳间和电刷架与机壳间（测量时电刷与滑环或换向器需离开）的绝缘电阻等；

④ 用500V兆欧表测量时，绝缘电阻均不应小于0.5MΩ。

（2）检查电刷是否齐全，刷握弹簧的压力是否均匀，滑环和换向器表面是否清洁，电刷与它们接触是否合适，各导线接头、接地线接触是否良好。

（3）检查各机械连接是否符合要求，联轴器、螺栓松紧是否适当。转车时，观察发电机转动是否自如，有无卡阻现象。

（4）检查发电机周围有无妨碍运行的杂物或易燃物品等。

（二）启动运行

（1）检查一切开关是否都在切断位置。

（2）励磁变阻器应调到最大电阻值。

（3）启动柴油机并逐渐加大油门，使发电机转速等于或接近同步转速。

（4）逐渐调小励磁变阻器的电阻值，使发电机交流电压升高至额定值。

（5）送电时，应先合隔离开关，再合主开关（自动空气开关或油开关）及分路开关。

（三）运行中检查

发电机投入运行后，操作人员应不断监视发电机运行情况，要注意监视以下几个方面。

（1）发电机输出电压：发电机输出电压可通过电压表进行监视，在整个运行过程中，应保证输出电压为400V。输出电压是随负载的增加而逐渐降低的，这时应调整励磁变阻器，保证输出电压为额定值。

（2）发电机交流频率：发电机交流频率可通过频率表进行监视，在整个过程中，应保证交流频率为50Hz。当频率表读数降低时，应先提高柴油机转速使频率达到额定值后，再将电压调整到额定值。

（3）发电机温度：发电机运行时的温度不应超过允许温度，如果温度过高，就会加速发电机绝缘材料的老化，从而缩短发电机的寿命，甚至引起发电机事故。应观察温度表，注意监视发电机温度。

（4）发电机轴承和电刷：发电机运行时，应经常使用听音棒（螺丝刀、小铁棍）聆听轴承有无异常声音。同时，还应经常从发电机端盖口中观察电刷与滑环和电刷与换向器之间接触是否良好，有无跳火现象。

（5）在紧急情况下，如需停车，可先拉开主开关，再操作其他开关和励磁变阻器。

（四）停机

（1）先拉开各分路开关，再拉开主开关，最后拉开隔离开关。

（2）励磁变阻器调到最大电阻值位置，以备下次启动调压用。

（3）慢慢降低柴油机转速并停机。

（4）清理现场，擦拭发电机，对发电机每一次运行都要认真做好记录。

二、电动机的操作规程

（一）准备工作

（1）检查铭牌数据（如电压、功率等）是否符合要求，定子绕组接线是否正确。

（2）检查零部件是否齐全，螺栓有无松动。

（3）检查轴承室是否需要加油或更换新润滑油。

（4）观察转动是否灵活，细听内部有无摩擦等响声。

（5）检查电源连线有无断线，连接处有无松动，连线是否正确。

（6）检查启动设备和熔断丝是否完好，熔断丝是否符合规定。

（7）测量各相绕组对地（外地）绝缘电阻和相同绝缘电阻是否符合要求。凡是额定电压为 500V 以下的电动机，用 500V 摇表测量，其绝缘电阻值不应低于 0.5MΩ，否则表明电动机的绝缘受潮，应进行干燥后才能使用。

（8）启动前，若电动机周围有人，操作人员应事先发出通知，引起在场人的注意，以免发生人身事故。

（二）启动运行

（1）使用闸刀开关时，合闸动作要迅速、果断。利用 Y-△ 启动器或补偿器启动时，要特别注意顺序，一定要先推到"启动"位置，当转子达到一定转速后，立即推到"运行"位置，操作手柄不能在启动位置停留时间太长。

（2）合闸后，若发现电动机不转、启动很慢或发出异常响声时，应立即断开电源，检查原因。待故障排除后，方能再次合闸启动。

（3）鼠笼式异步电动机的启动电流为额定电流的 4~7 倍，电动机不能在短时间内频繁启动，以免使启动设备和定子绕组过热。电动机在冷状态下，空载连续启动不应超过 3~5 次；在热状态下，不得连续启动超过 2 次。

（4）测量电源电压是否正常，检查被拖动的机械及传动装置是否正常。

（三）运行中的检查

1. 注意电动机的温升（或工作温度）的变化

（1）手测温法：把手放在电动机外壳上，如果感到烫的需要立即把手缩回，则表明电动机已经过热；如果没有烫得缩手的感觉，则表示没有过热。

（2）水滴测温法：在电动机外壳上滴几滴水，如果只看见热气但没有声音，则表示电动机没有过热；如果不但有热气，而且还可以听到"嘶嘶"的声音，则表明电动机已经过热。

（3）温度计测温法：将电动机的吊环螺栓取下，用锡箔纸把玻璃温度计的下部包严，塞到吊环螺孔内，锡箔纸的厚度应与螺孔四壁紧密接触，孔口最好用棉花堵严。等温度计的水银柱（或酒精柱）不再上升时，测得的温度即为机壳的温度。这个温度再加 10℃，就是定子绕组的实际温度。

电动机在运行中，如果发现温度超过了允许值，或者温度升得很快时，应认真检查原因，及时处理。如果在短时间内找不到原因，应停机进行检查。

2. 注意电动机的气味、振动和声音的变化

（1）气味的变化：电动机绕组温度过高时，通常会发出绝缘漆的气味或绝缘的焦糊味，因此，闻到绝缘漆气味或焦糊味时，应立即断开电源。

（2）振动和声音的变化：当电动机有故障时，就会产生振动并发出不正常的声音。如负载过重或发生两相运行时，电动机会发出沉闷的"嗡嗡"声；转子和定子铁芯摩擦时，会发出金属摩擦声和碰撞声；如果轴承有严重损坏时，会发出

"咕噜咕噜"的声音等。总之，电动机在运行中如发现有较大的振动或异常的声响时，应立即停机查明原因，及时处理，以免造成更大的事故。

3. 注意电源电压的变化

（1）电源电压的变化对电动机的影响较大。当电源电压过低时，会造成电动机启动困难或不能启动。

（2）在运行中会造成电动机过热现象，当电源电压过高时也会造成电动机过热现象。为了保证电动机不因电压过高或过低而受到影响，电动机端点上的电压变动范围应不超过额定电压的7%。如果线路电压超出了允许变动范围，应通知当地供电部门调整变压器的分接头。

4. 防止电动机两相运行

电动机发生两相运行时，虽能继续转动，但发出沉闷的"嗡嗡"声，转速降低，绕组急剧发热，应及时断开电源，防止烧毁绕组。

第三节 辅助设备操作规程

一、压缩机的操作规程

（一）准备工作

（1）检查机组各机件和安全装置是否良好，各部分连接有无松动，转动是否灵活，燃料油、润滑油和冷却水是否充足，空气滤清器是否清洁，电压是否正常。

（2）开启进气阀、排气阀和冷却水阀。当排出阀关闭和冷却水未进入缸套及冷却器内时（排出水口处连续向外流水时为正常），禁止开机。

（二）启动运行

（1）手动缓转数圈，按启动按钮启动电动空压机。

（2）启动柴油空压机：

① 打开油路开关，排除燃油管路内空气；

② 将油门操纵杆开到1/4～1/3位置，启动发动机，发动后先怠速运转4～5min，方可提高到额定转速。

（三）运行中检查

（1）观察机油压力表指示值是否正常，冷却水是否畅通，出水温度是否正常，储气罐压力是否超过规定要求。

（2）机组声音有无噪声和异常振动。

（3）检查轴承、机体和电动机的温度是否正常。用水冷却的部位和冷却水出水温度均不得超过规定要求。

（4）根据用气量多少，控制送气阀。

（5）在运转中禁止清洗空气滤清器、紧固螺栓和擦拭保养，严禁敲击储气罐和输气管。

（6）有下列情况之一时，应采取措施和停机检查：

① 压力表指示值超过允许数值，而安全阀尚未动作时；

② 冷却水中断或出水温度超过规定要求时；

③ 机组或管路漏气时；

④ 润滑中断或油压急速下降时；

⑤ 机组发生异常振动或响声以及其他有碍安全的故障时。

（四）停机

（1）关闭进气阀（有压力调节器时，将其转到空转位置），切除负荷，使机组空转几分钟停机。柴油机要关闭油路开关。

（2）关闭排出阀和冷却水阀，检查机组各部分机件有无损坏，连接有无松动，并擦拭保养。久停不用或冬季时，须将缸套、冷却器和一切管路内的水放净。

（五）安全注意事项

（1）压力表、安全阀和压力调节器等均应每年检查一次，不合格者不准使用。

（2）储气罐的内外要保持清洁，定期清除罐内油质等污物。根据工作情况，每 1~2 年做一次水压试验。

当工作压力 $p<0.49$MPa 时，试验压力 $p_s=0.15p$，且 $p_s \geq 0.196$MPa；当工作压力 $p>0.49$MPa 时，试验压力 $p_s=0.125P$，且 $p_s \geq 0.294$MPa。试验压力须保持 5min 再降到工作压力，检验其严密性。

（3）空气输送管中须定期（与储气罐时间同）进行水压试验，合格后方准使用（$p_s=0.15p$，且 $p_s \geq 0.196$MPa，p 为工作压力）。试验压力须保持 5min 再降到工作压力，检验其严密性。

（4）不准在储气罐附近进行烧焊及其他加热工作；修理储气罐和输气管路时，应在无气压情况下进行。

（5）绝对禁止用汽油或煤油洗刷曲轴箱、空气滤清器或其他与压缩空气接触的零部件。

二、通风机操作规程

（一）准备工作

（1）检查电压是否正常，当电压波动超过额定电压（380V）的±5%时，不准启动。

（2）盘动转子，不得有碰剐现象。

（3）各连接部位不得松动，静电接地技术状况良好。

（4）轴承的润滑正常。

（5）有冷却水系统的供水应正常。

（6）洞库通风时应根据流程，正确开启通风机、防护门、密闭门及罐室的通风蝶阀。

（二）启动运行

（1）关闭进气调节门。

（2）启动电动机，各部位应无异常现象和摩擦声响，方可进行运转。

（3）风机启动达到正常转速后，应首先在调节门开度为 0°～5°之间的小负荷运转，待轴承温升稳定后，逐渐开大调节门进行正常运行。

（三）运行中检查

（1）检查各种仪表示值是否正常。

（2）有无异常振动和噪声。

（3）滚动轴承温升不得超过环境温度 40℃，滑动轴承温度不得超过 65℃。

（4）发现异常噪声、温升等特殊情况时，应立即停机检查，排除故障。

（5）根据实际需要，通过操纵调节门控制风机风量。

（四）停机

（1）先按停机按钮，再将启动器手柄置于停车位置，最后切断总闸。

（2）停机后检查保养设备，清理机室，填写作业记录。

（五）安全注意事项

当通风机室或通风场所因渗漏油而出现油气浓度过大，发生超过油气爆炸下限 40%（体积分数）的特殊情况时，不准人员进入，不准启动风机。此时，应查明原因，进行自然通风，待油气浓度降到爆炸下限的 25%以下时，方允许人员佩戴有效呼吸器进入并启动防爆风机。

三、锅炉操作规程

（一）准备工作

（1）锅炉内外部检查。

（2）检查风机、给水设备、管线以及各阀门、安全阀、压力表、水位计等附件的技术状况是否良好。

（3）检查锅炉是否正常，打开烟道、风挡炉门进行通风，以防聚集易爆炸气体。

（4）锅炉上水。将清洁的软化水注入锅炉，待液面升至水位计最低水位线时，关闭给水阀门，观察水位有无升降，检查炉膛和各部位有无渗漏。

（二）生火

（1）准备就绪后方可生火；烧煤的锅炉禁止用油做引火物；冷炉生火时，火势应逐渐加大使温度缓缓上升，严禁燃烧过猛，引起锅炉膨胀。

（2）随着气压的逐步升高，应密切监视气压表和水位表的变化，检查各部位有无不正常响声和其他异常现象。

（3）锅炉升压运行中，应适时对水位计、压力表等进行吹洗检验。

（4）当锅炉蒸汽压力升到 0.05~0.1MPa 时，应冲洗水位表；冲洗时戴好防护手套，并严格按冲洗操作顺序进行。

（5）当蒸汽压力上升到 0.1~0.15MPa 时，应冲洗压力表的存水弯管，防止因污垢堵塞失灵，严格按规定冲洗操作顺序运行。

（6）当蒸汽压力上升到 0.2~0.3MPa 时，应检查各连接处的密封面有无渗漏现象。

（7）当蒸汽压力上升到额定压力时，应按操作顺序冲洗一次水位表，并对安全阀按有关规定进行调整试验。

（8）在锅炉升压过程中，要注意各部件是否得到了可靠冷却，热膨胀值是否正确。

（9）在升压过程中，应开启过热器出口联箱疏水阀和排空阀，使过热器得到可靠冷却。严禁使用关小疏水阀和排空阀的方法升压，使压力和温度均衡上升。

（10）从开始升压到额定压力的升压时间如下：低压锅炉一般为 30~90min；中压锅炉一般为 60~120min。

（11）操作人员要严守岗位，经常监视压力表和水位计，确保压力和水位高度符合规定，发现不正常现象，应查明原因，必要时立即报告，停炉检查或修理。

（12）注意检查给水设备，保持正常供水。一旦发现锅炉严重缺水，应立即压火，严禁向炉内注水，绝对禁止冷水溅炉板。

（三）供汽运行

（1）当蒸汽压力升到额定蒸汽压力的 2/3 时，进行暖管，以防止供汽时产生水击；冷态蒸汽管暖管时间一般不少于 90min，热态蒸汽管暖管时间一般不少于 30min，暖管可随锅炉升压同时进行。

（2）当锅炉蒸汽升至工作压力，在与用汽部门取得联系后，可缓慢开启主汽阀，当听不到蒸汽管内异常声响后，再开大主汽阀（全开启再回半圈）进行供汽。

（3）当供汽时发生水击现象，应停止供汽，并重新暖管。

（4）运行中应经常性的检查、冲洗或处理下列操作项目：

① 运行中，压力表须保持表面清洁，发现压力指示异常应查明原因。

② 定期冲洗压力表的存水弯管，每周不少于一次，并做好记录。

③ 运行中保持正常水位，随蒸汽负荷大小、变化进行调节。

④ 每班至少冲洗一次水位表，运行中对水位表有怀疑或水位异常时，应随时冲洗检查。

⑤ 应定期对照地位水位计与锅筒水位表的指示，每班不少于三次，其间隔时间应均匀；

⑥ 应按规定的周期对高、低水位报警器进行试验，每月至少一次，并做好记录，低水位连锁装置应灵敏可靠，每月至少进行一次试验。

⑦ 安全阀应严格按校验周期检验，经常检查安全阀是否严密，铅封或加锁是否完好。

⑧ 根据锅炉水质化验结果进行排污，每班必须排污不少于一次，每次排污量通常不超过给水量的 5%，排污时间一般不超过 30min，并严格执行排污有关操作程序和规定。

⑨ 运行时，应保持蒸汽压力稳定，并严禁超过额定蒸汽压力运行。

⑩ 当发现锅炉有下列情况之一时，应采取紧急停炉措施：锅炉发生鹤鸣；看不见水位或两个水位表全部损坏；压力表、安全阀失灵，超压上升；水泵、水管、清水器损坏，不能向锅炉上水；锅炉发生严重泄漏以及其他有碍安全的故障。

（四）停炉

（1）停止用汽后，应将余汽放空，关闭供水阀门，待炉火熄灭、炉温下降后再放空锅炉和水泵的水，排除污垢，严禁急加冷水或用冷水泼炉。

（2）放净管线内余汽和冷凝水。

（3）锅炉完全冷却后，清理炉膛及周围，检查锅炉及附件，发现问题及时处理。

（4）作业完毕后，做到工完场清，炉渣应用水浇透再送至指定地点。

（5）定期对锅炉房内设备进行检查、维修、清除炉内水垢；要不断改进操作技术，节约燃料。

（五）安全注意事项

（1）司炉人员应持有效证件上岗，且其证件类别应与使用锅炉类型一致。

（2）煤炭在装运、堆垛和加添时，应注意检查其中有无爆炸物。

（3）发生锅炉事故除按上级有关管理办法上报外，尚应按人力资源与社会保障部《锅炉压力容器事故报告办法》逐级上报。

四、电焊机操作规程

（一）准备工作

（1）操作前应检查电焊机、线路、焊具的技术状况，电焊机外壳必须接零、接地良好，焊接设备的安装、修理和检查必须由电工进行。

（2）施焊前穿戴好劳动保护用品，戴好防护面罩、安全帽以及绝缘手套，高空作业要戴好安全带，敲焊渣、磨砂轮时应戴好平光眼镜；雨天不准露天施焊；遇风施焊时应侧风工作。

（二）运行及注意事项

（1）工作中电焊机温度不准超过 60℃，发现过热、声音不正常、漏电、熔断丝熔断时，应停止使用，检查修理。开盖检查时，必须先切断电源。

（2）施焊现场不得有油气和易燃物。补焊储、输过油品的油罐、管线及其附件时，须排除油气，采取可靠的安全措施，并经批准取得危险作业许可证，在安全人员共同监护下才能施焊。

（3）施焊中需更换焊条时应戴手套，在潮湿地点工作应站在绝缘胶板或木板上。

（4）施焊场地周围应清除易燃易爆物品或进行覆盖、隔离。

（5）焊接储存过易燃易爆、有毒物品的容器或管道时，应清除干净，将所有的孔口打开；在生产中的设备和管道上，禁止进行焊接。在易燃易爆气体或液体危险区施焊时，应经相关部门办理手续检测许可，在采取安全防火措施的前提下，方可施焊。

（6）焊接有色金属时，必须戴好口罩或防毒面具。

（7）坐焊、卧焊或在罐内焊接应用绝缘垫；高空施焊必须扎好安全带，被焊物件要接地。

（8）在已使用过的罐体上进行焊接作业时，必须查明是否有易燃易爆气体或物料，严禁在未查明之前动火焊接。在罐体内作业时，应装置焊机二次回路的切断开关，由监护人员根据焊工信号操作，还要使用安全工作灯，其电压不得超过 36V。

（9）电焊时，软线、地线不得随意乱拉，避免与钢丝绳、电线、氧气瓶、乙炔瓶（或现场乙炔发生器）、氧气和乙炔胶管等接触，不得用钢丝绳或机电设备代替零线。所有地线接头应连接牢固，严禁将使用中的电缆与油品管道接触。

（10）搬动焊件时，要小心谨慎，防止由于摔、跌、碰、撞、压而造成人身事故。同时要戴好手套，防止焊件毛刺及棱角划伤皮肤。

（三）停机

（1）工作结束后，应切断焊机电源，清理现场，并检查操作地点，确认无起火危险后，方可离开。

（2）归放工具、器材，清整现场。

五、气焊设备操作规程

（一）准备工作

（1）工作前检查和准备气焊设备、用具、材料；氧气瓶与乙炔发生器、易燃物之间的距离不得少于 10m，或将氧气瓶、乙炔发生器分别放置在专用房间；焊具不得沾染油污。

（2）焊工必须穿工作服，戴帆布手套、鞋盖、围裙及护目镜。

（二）运行及注意事项

（1）点火时人站在侧面，应先开乙炔阀点火，再开氧气阀调整火焰。

（2）施焊现场不得有油气。施焊装（输）过油的设备，须排除油气，测试油气浓度，采取可靠的安全措施，经批准取得危险作业许可证后，在管理人员和消防人员共同监护下施焊。

（3）做切割或熔接工作时，不准将胶管骑在胯下或缠在身上，不得跨越运输通道，脚和胶管不得放在切割物下面；操作中胶管如发生脱落、漏气和破裂着火，应迅速弯折供气上段，并立即关闭氧气供给阀。

（4）适时冷却焊枪和检查枪嘴，避免发生焊枪过热和枪嘴堵塞问题，如枪嘴堵塞，应用专用工具（钢针）穿通，严禁与它物摩擦。

（5）乙炔发生器必须有水封式安全器，并检查水位；中压以上的乙炔发生器（0.0098~0.147MPa）或乙炔储气瓶，须装置压力表及安全阀；浮筒式低压乙炔发生器应有防爆膜。

（6）使用浸离式发生器，在装入内筒时，应将头部离开桶顶，不准在发生器上另加任何压力。修理发生器前，必须用水冲洗干净，以免有气体滞留引起爆炸。

（7）发生器须离火源 5m 以上。任何乙炔发生器或乙炔储气瓶均应有回火防止器，若两支以上焊枪同用一台乙炔发生器供气时，除设一个总的回火防止器外，每支焊枪还应各有一个回火防止器；水封式回火防止器要经常保持定量的清水，水温不得超过 40℃。

（8）使用乙炔储瓶时应注意：

① 应直立使用，禁止卧放使用。

② 应直立静置 15min 左右，方可安装减压阀与回火防止器后使用。

③ 打开乙炔储瓶时，一般应转 3/4 圈左右，禁止转开超过一圈半。

④ 局部温度不准超过 40℃，超过时应淋水降温。

⑤ 搬运氧气瓶要拧紧安全罩，戴好防碰橡圈，不得掉碰撞击。立放须有安全架，不得曝晒雨淋或靠近热源，不得接触油品、导电线。保管使用的温度不得超过 35℃。

⑥ 发生器及所用胶管，必须绝对严密不漏；橡皮胶管要定期试验强度和严密性(氧气管 0.49MPa、乙炔管 1.96MPa，两种管应具有不同颜色，以便识别，禁止互用，其长度一般不超过 20m)。胶管结冻严禁用火烤，可用蒸汽或热水浇烫。

⑦ 氧气瓶使用后，瓶内须保留 0.49～1.96MPa 的残压，不可全部用完。禁止使用缺少压力表或失灵的减压阀；开关或修理气阀时，应在瓶的侧面进行。

⑧ 乙炔室禁止烟火，禁止使用铁质工具或穿外露钉子的鞋。电石应密封保管，注意防潮，开电石桶不得用锤子敲打；打碎称量电石时，应戴口罩、护目镜和手套。

⑨ 高空作业要扎好安全带，系牢氧气管、乙炔气管。

⑩ 操作人员离开现场，应关闭焊枪气阀和氧气瓶、乙炔发生器的供气阀。

（三）停机

（1）作业完毕，清整现场，归放工具、器材，确认无问题时，方可离开。

（2）按规定维护保养气焊机具。

第四节 油气回收装置操作规程

一、吸收法油气回收装置操作规程

（一）准备工作

（1）检查机泵各部位润滑情况，各指示仪表、安全保护装置及电控装置均应灵敏、准确、可靠。

（2）消防工具器材已准备齐全、好用。

（3）保持各岗位通信联系，做好装置开工的协调配合工作。

（4）确认单机点试正常。

（5）将吸收剂装填到真空解吸罐内，液位处于正常位置。

（6）装置运行工艺流程已全部贯通，确认具备启动条件。

（二）启动运行

（1）汽车油槽车开始进行装汽油作业，确认装置自动启动开工。

（2）确认外网油气管线装置入口阀门自动打开，运行压力正常。

（3）确认贫油、富油循环正常；贫油泵自动启动打开，调节阀流量自动调节正常。

（4）富油泵自动启动，出口阀自动打开，运行压力正常，调节阀流量自动调节正常。

（5）启动真空机组，解吸罐的真空度。

（6）启动循环冷却水泵，出口阀自动打开，检查运行压力是否正常。

（7）启动乙二醇循环泵，当乙二醇温度达到45℃时，出口阀门自动打开，乙二醇循环泵自动停止运行。

（8）启动真空泵，自动打开入口阀门，确认吸收剂循环正常。

① 当真空解吸罐内压力低于-0.09MPa时，溶剂泵入口阀门自动打开，溶剂泵自动启动，出口阀自动打开，将吸收剂从真空解吸罐内泵送至吸收塔顶部，溶剂泵出口压力应保持在0.25MPa左右；

② 当吸收塔内的液位升至设定值时，吸收塔与真空解吸罐间溶剂管线上的紧急切断阀自动打开，调节阀根据吸收塔液位自动进行PID调节吸收剂流量，吸收塔液位应在30%～60%之间。

（9）确认油气进入装置，进行油气回收作业。

（三）运行中检查

油气回收装置设有连锁保护功能，以实现装置运行的安全性和可靠性。出现下列运行异常时，装置会自动停止运行。

（1）油气回收装置生产运行时，真空机组非正常停机或温度超高或出口压力超高，均报警并进行安全连锁保护。

（2）油气回收装置生产运行时，贫油泵、富油泵、溶剂泵非正常停机，均报警并进行安全连锁保护。

（3）油气回收装置生产运行时，各紧急切断阀非正常关闭或打开。

（4）油气回收装置生产运行时，循环水压力信号中断，循环水温超高。

（5）装车油气进入吸收塔前压力超高。

（6）油气回收装置生产运行时，吸收塔、再吸收塔、真空解吸罐液位超高或超低。

（7）油气回收装置生产运行出现紧急情况时，操作现场急停按钮。

（8）油气回收装置启动后，在规定的时间内，真空解吸罐内真空度无法达到规定值。

（四）停机

（1）确认装车作业已结束。

（2）停止吸收剂循环，溶剂泵出口阀自动关闭，溶剂泵自动停泵，入口阀门自动关闭，停止向吸收塔输送吸收剂。

（3）确认真空机组自动停机，入口阀门自动关闭，真空泵自动停机。

（4）确认循环冷却水泵出口阀自动关闭，循环冷却水泵自动停机。

（5）停止贫油及富油循环，贫油泵出口阀自动关闭，贫油泵自动停机。

二、吸附法（活性炭）油气回收装置操作规程

（一）准备工作

（1）检查机泵各部位润滑情况，各指示仪表、安全保护装置及电控装置均应灵敏、准确、可靠。

（2）消防工具、器材已准备齐全、好用。

（3）保持各岗位通信联系，做好装置开工的协调配合工作。

（4）确认单机点试正常。

（5）将吸收剂装填到真空解吸罐内，液位处于正常位置。

（6）装置运行工艺流程已全部贯通。确认具备启动条件。

（二）启动运行

（1）汽车油槽车开始进行装汽油作业，确认装置自动启动开工。

（2）启动主电源，调节为自动运行方式。

（3）确认系统闲置或关闭，进行炭床再生时，在所有关闭被清除（手动位/AUTO位）的情况下，启动供油泵，确认入口汽油电动阀打开，供油泵运行正常。

（4）启动回流泵确认启动信号发出后30s，系统检测来自供油泵电动机启动器的信号，看一下泵是否在运转，如未运转，系统关闭。

（5）确认自发油油气的炭床的入口和出口阀打开，连接到这个炭床的真空阀闭合。另一个炭床的入口和出口阀保持闭合，同时真空阀完全打开。

（6）启动真空泵，运转信号发出5s后，真空泵开始低速运转。收到启动信号30s后，系统检测电动机启动器的信号，看一下泵是否在运转。如未运转，则发出警报。如果真空泵未能启动，系统关闭。

① 真空泵启动后30s，系统自动检测其是否真正运转。如证实在运转，干式吸附法系统则自动设定30min的周期。如果操作人员在终端控制室的PC警报屏幕上收到真空泵故障警报，必须立即通知发油亭减少装油作业，否则会发生过量排放的问题。

② 如果在这2h内没有油罐车装油作业，汽油泵和真空泵关闭。在线吸附炭床对发油亭敞开，随时处理油气。

（7）为了使系统保持自动运转，在正常操作过程中，不要把控制器内的任何选择器开关调为非"自动"（AUTO）模式。

（三）停机

（1）关闭PLC。

（2）真空泵停转，所有阀门也关闭，吸收塔循环泵阀除外。

三、膜分离法油气回收装置操作规程

（一）准备工作

（1）检查真空泵、贫油泵和回油泵储油室内的润滑油量。

（2）确认自动阀和仪表已经调试完毕。

（3）检查工控机上各仪表的操作值和报警值的设定是否正确。

（4）控制室工控机上的运行状态置于"停止"。

（5）所有手动阀门关闭。

（二）启动运行

（1）将手动阀门置于开状态，打开压力表、压力/差压变送器根阀。

（2）打开吸收塔液位计根部阀、真空泵出口阀及排液阀。

（3）关闭汽油进出总阀门及相关阀门。

（4）将工控机上的状态按钮置于"自动"，系统按照程序控制投入运行。

（三）油气置换

（1）VRU 系统停工，打开系统管线油气放空阀门。

（2）检查膜尾气侧放空情况，确认膜前压力指示为零。

（3）打开工艺管线上的氮气阀门，观察膜尾气浓度测定仪浓度显示，确认膜尾气浓度测定仪持续 5min 显示浓度为零。

（4）打开汽油管路低点放净阀，进行油品回收。

（5）正常情况下，VRU 装置由程序控制自动启停，不需要手动干预。当出现事故状态需要停车维修时，在触摸屏上选择"停车"，系统由程序控制自动停车。

（四）停机

（1）关闭真空泵出口阀门、油气总管发油阀。

（2）打开系统管线上的油气放空阀门。

（3）检查膜尾气侧放空情况、膜前压力指示情况，确认膜前压力指示为零。

第五节　消防设备操作规程

一、消防水泵操作规程

（一）准备工作

（1）电压正常，波动应不超过额定电压(380V)的±5%；电气开关和设备接地线完好。

（2）各固定连接部位应无松动。

（3）各润滑部位加注润滑剂。

（4）各指示仪表、安全保护装置及电控装置均应灵敏、准确、可靠。

（5）盘车应灵活、无异常现象。

（6）根据作业指令选定工艺流程；根据流程开启吸入管和排出管路的有关阀门；关闭泵前排出阀。

（7）打开门窗自然通风或启动机械通风。

（二）启动运行

（1）启动离心水泵。

（2）泵启动后待压力表指示正常读数时，再慢慢打开排出阀门，但关阀运转时间不宜超过 3min。

（3）正常运行中，应通过调节泵出口阀门的开度，将泵调节到高效区工作，不得在性能曲线驼峰处运转；不得长时间在额定流量的30%以下运转。

（4）禁止使用吸入管阀门进行泵的流量调节。

（三）运行中检查

（1）经常观察压力表、真空表的读数是否正常。

（2）经常查看电流表、电压表的读数是否正常。

（3）各固定连接部位不应有松动。

（4）转子及各运动部件运转应平稳，不得有异常声响和摩擦现象。

（5）附属系统的运转应正常，管道连接应牢固无渗漏。

（6）滑动轴承的温度不应大于 70℃；滚动轴承的温度不应大于 80℃。

（7）泵的安全保护和控制装置及各部位仪表均应灵敏、正确、可靠。

（四）停泵

（1）先慢关排出阀，后停泵；关闭所有阀门。

（2）检查设备技术状况，并进行擦拭保养，整理归放工具，清扫泵房。

（3）填写作业记录，切断电源，关窗锁门。

（五）安全注意事项

（1）严格遵守安全规定和交接班制度，未经许可严禁非司泵员操作设备，防止发生事故。

（2）保持泵房与站台、罐区等作业地点通信联络畅通。

（3）运转中严禁擦拭设备和各种工具等，物品不准放在泵和电动机上。

（4）发现异常现象和故障，立即报告班(组)长，经同意后采取措施；特殊情况可先采取措施后报告。

二、机动消防泵操作规程

（一）准备工作

（1）将手抬泵及其附近、工具等携至火场，在靠近水源处平稳放好。

（2）将吸水管与水泵进水口连接好，另一端装上滤水器放入水中，装接时应注意以下几点：

① 检查进水口橡胶垫圈是否完好；

② 接口处必须拧紧，以防漏气，影响吸水；

③ 吸水管安放时，弯曲处不应高于水泵进水口，以防产生空气囊；

④ 滤水器的上平面沉入水面以下的深度应不少于0.2m，以防吸入空气，但不应沉至水底，以免吸入泥沙、污物，引起堵塞。

（3）检查水泵放水旋塞，冷却水放水旋塞（指水冷式）以及出水球阀是否关好，否则会漏气，影响上水。

（4）接好出水水带并装上水枪，向引水器加水或润滑油，然后将阀门开关接至排气通道。

（5）将燃油箱盖上的透气螺钉旋松，让空气进入，并将燃油旋塞转到"开"方向，微动化油器浮子顶杆，查看是否有油；待浮子室上部小孔有油溢出时，立即放松顶杆。

（6）对于二冲程的BJ25型手抬泵则必须先将燃料泵压柄用力按压3次，每按压一次必须让顶杆复位后再按第二次。

（7）半开阻风门，稍开节气门（油门全开的1/4左右）。

（二）启动运行

（1）用手拉绳轮启动时，将拉绳绕入启动轮的槽内；用力快速拉动绳轮，发动机即可启动。如采用电动启动时，则将启动开关快速有力顺时针方向扳动，1~3s内汽油机即可被带动而迅速启动，启动后必须立刻松开启动开关，使其复位。

（2）汽油机启动后，立即将引水泵手柄扳至"吸水"或"引水"位置，再将阻风门逐渐扳至"全开"位置，并用手握住油门扳盘，调节转速。在引水过程中，应将汽油机转速控制在中速范围内；当水泵压力上升到0.2~1.0MPa以上时，可缓慢开启出水阀，如开启出水阀后，水压又回降至零时，应立即关闭出水阀，继续引水。

（3）引水时间一般在25~35s左右，如果超过时间还引不上水，应立即停车，检查各连接处和阀门是否松动和漏气，调整后再重新引水，否则水泵长期无水空转，将会因过热而出现故障。

（4）在正常情况下，手抬泵应在额定压力下工作。当低压使用时，压力不应低于 0.2~1.0MPa。

（5）暂停出水。有时因更换水带或水枪而需暂停出水时，可先将汽油机的油门关小，使转速降低后再关闭，待器材更换好后将出水阀旋开，同时逐渐提高转速，恢复正常供水。

（三）停机

（1）关闭出水阀，扳动化油器上限位扳手使转速降低，再关小节气门，然后按下停车按钮停车。电启动手抬泵，在关小节气门后，将点火开关拨至停车位置即停车。

（2）关闭油门开关、阻风门开关。

（3）转动曲轴使活塞处于压缩位置，此时进气门、排气门全关，以防潮气进入气缸。水泵下部放水螺塞打开，放尽余水。

（4）手抬泵长期不用封存时，应放尽燃油、机油，卸下火花塞，向气缸内注入约20g机油，转动曲轴3~5转，然后转至活塞处于压缩位置，装好火花塞。水泵中的存水放尽，出水阀关闭，进水口盖盖上，蓄电池电解液放净，然后用塑料薄膜包裹，放在阴凉通风干燥处。

三、内燃机消防泵操作规程

（一）准备工作

（1）电压正常，波动不超过额定电压（380V）的±5%；电气开关和设备接地线完好。

（2）各固定连接部位应无松动。

（3）检查发动机润滑油油位及水泵轴承油位，对发油水分离器放水；检查冷却水是否充足、燃油是否充足、油路是否畅通、有无滴漏。

（4）各指示仪表、安全保护装置及电控装置均应灵敏、准确、可靠。

（5）检查电路是否正常，电瓶有无漏液、缺电现象，电瓶液是否在高出极板10~15mm 范围内。

（6）根据作业指令选定工艺流程；根据流程开启吸水管和排出管阀门。

（7）打开门窗自然通风或启动机械通风。

（二）启动运行

（1）确认发动机处于接通状态，迅速推进手油门几次，然后将手油门拉起四分之一。

（2）冬季应将阻风门拉出一些，将钥匙转到启动位置，一旦发动机启动后即可松开钥匙，钥匙将自动转回正常工作位置，每次启动不得超过5s。

（3）开机低速运转，油温升至40~50℃，推上离合器带动水泵，快速开启出水阀，然后逐渐加大油门，使出口压力达到所需要的压力。

（4）消防泵输送泡沫时，当储罐内进入压力水并且升到 0.6MPa 以上后，即可打开出液阀，泡沫混合液即自动调节到 6%或 3%的比例，并且向系统输出泡沫混合液。

（5）发动机运行中，禁止使用吸入管阀门进行泵的流量调节。

（三）运行中应检查

（1）检查仪表值是否符合规定（水温 40~90℃，机油表 0.3~0.6MPa，油温表 30~80℃，电流表达 15A）。

（2）检查发动机声音、温度是否正常，油路接头有无漏油。

（3）检查冷却循环水是否畅通。

（4）检查润滑油压力及排烟是否正常。

（5）检查附属系统的运转是否正常，管道连接应牢固无渗漏。

（6）泵的安全保护和控制装置及各部位仪表均应灵敏、正确、可靠。

（四）停泵

（1）确认高位水池指示灯亮后，即可停泵。

（2）当停止供给泡沫液时，应先关闭出液阀（以免压力水倒入泡沫液橡胶胶袋内），然后关闭其他阀门，同时停泵。

（3）停机时先将手油门推至怠速位置，摘除离合器，关闭出水阀，随后再转动启动开关钥匙停机。

（4）停机后应断开电源开关，防止电池漏电，关闭流程中的相关阀门。

（5）设备复位，检查设备技术状况，并进行设备保养，清扫机泵，保持机泵和泵房整洁，填写记录，切断电源，关好门窗。

（五）安全注意事项

（1）严格遵守安全规定和交接班制度，未经许可严禁非司泵员操作设备，防止发生事故。

（2）保持泵房与站台、罐区等作业地点通信联络畅通。

（3）运转中严禁擦拭设备和各种工具等，物品不准放在泵和电动机上。

（4）发现异常现象和故障，立即报告班（组）长，经同意后采取相应措施；特殊情况可先采取相应措施后报告。

四、灭火器操作方法

灭火器使用前，必须先看罐体上的说明书和注意事项，各种灭火器的具体操作方法详见表 6-1。

表 6-1　灭火器的操作方法

类　型	喷射与燃烧点间距(m)	操 作 方 法	注 意 事 项
清水灭火器	10	将灭火器直立放稳，摘去保险帽，用手掌拍击开启杆顶端；对准燃烧物猛烈喷射；随喷射距离的缩减，使用者应逐步向燃烧物靠近，但始终保持喷射在燃烧处	严禁将灭火器倒置或横卧；不能用于扑救带电设备，可燃烧液和轻金属火灾(可扑灭雾状水滴及燃烧液体)
手提式化学泡沫灭火器	10	将灭火器倾倒180°，喷头朝下即可喷出；随喷射距离缩短逐步向前，保持喷射在燃烧处	当燃烧物呈滴状时，喷射泡沫应由远及近；避免直接喷射在可燃烧液体表面，以免飞溅；使用中保持倒立以防中断；使用过程中，手把不能松；严禁倒置或横卧，以免喷射中断
推车式化学泡沫灭火器	15	由两人操作，一人展开软管，双手握紧喷枪对准燃烧物，另一人逆时针方向转动手枪；倾倒筒体，泡沫即可喷出；随喷射距离缩减逐步向前，保持喷射在燃烧处	
空气泡沫灭火器	6	先拔保险销，一手握开启压把，另一手握喷枪；紧握开启压把，空气泡沫即可喷出；随喷射距离缩减逐步向前，保持喷射在燃烧处	
二氧化碳灭火器	5	手提式。先拔保险销，然后一手开启压把，另一手握喇叭喷筒手柄；紧握开启压把即可喷出	当燃烧物呈滴状时，喷射应由近及远；使用时，不能直接手抓住喇叭筒外壁或金属连接管；要求顺风喷射；在窄小空间使用时，灭火后迅速离开，以防窒息
	10	推车式。由两人操作，一人展开软管并握喇叭喷筒的手柄；另一人顺时针放开阀门，并迅速开启灭火器的开启机构	
卤代烷灭火器	5	手提式1211。先拔保险销，然后一手开启压把，另一手握喇叭喷筒手柄；紧握开启压把即可喷出	当燃烧物呈滴状时，喷射应由近有远；使用时，不能直接用手抓住喇叭筒外壁或金属连接管；要求顺风喷射；在窄小空间使用时，灭火后迅速离开，以防窒息
	10	推车式1301。两人操作，一人取下喷枪并展开软管，然后用手勾住扳机；另一人拔出开启机构的保险销，并迅速开启灭火器的开启机构	
干粉灭火器	5	手提式。对外挂储气瓶式干粉灭火器，可提起储气瓶的开启环或将手轮逆时针转开；对内置储气瓶式干粉灭火器，只需将开启手把往下压，干粉即可喷出	扑救B类火灾应对准根部，当燃烧物呈滴状时，由近而远，左右反射；扑救容器内可燃液体时，不能直接对准液面喷射，以防飞溅；用磷酸钾盐干粉灭火器扑救A类物质，应对准最猛烈处喷射，并上下、左右扫射
	10	推车式。两人操作，一人取下喷枪并展开软管，然后用手勾住扳机；另一人拔出开启机构的保险销，并迅速开启灭火器的开启机构	

第六节　自动化控制系统操作规程

由于目前各油库自动化控制系统种类较多，情况较复杂，现仅以某油库为例予以介绍。

一、公路发油控制系统

（一）油库业务管理系统

公路发油业务系统与控制系统通过油库局域网连接，实现操作和业务自动化管理。根据发油业务流程，系统分成签发发油调度、发油准备登记、付油密度登记、客户换票登记、付油登记、付油对票登记、发油后计量登记、发油审核 8 个子功能模块（图 6-1）。进入模块时，系统自动显示最近调度所对应的信息。

图 6-1　油库管理系统界面

系统依据作业的前后关系，在前一子功能模块未确认之前（发油密度登记、客户换票、发油登记不需确认），后一子功能模块不能进行数据维护；如果本子功能模块已确认，在后一子功能模块未取消确认之前，本子功能模块不能取消确认。

（二）成品油购销存管理系统

1. 系统介绍

成品油购销存管理系统通过网络分布于各业务终端，对发生的全部购、销、存业务数据进行处理和分类统计管理，油库部分客户终端机位于营业室，负责将实际发生的进货、出库和库存基础数据通过计算机录入传至专用网络，配合上级公司完成本级购、销、存业务管理。

2. 操作规程

（1）入库业务：分为购进入库、代管入库、内部倒库入库三种入库方式。根据不同的入库来源将油品的原发数量、实收数量按批次录入系统，并核对好品名、数量、规格和批次。

（2）出库业务：分为销售/调拨出库分提、代管出库分提、调内部加油站、内部倒库出库四种出库方式。根据公司营业室的销售数据，认真核对每张提货单品名、规格及数量。根据提货单位的发票进入系统，按系统允许调令分提。

（3）库存管理：通过油库实测库存录入、油库业务结账两种方式，将油库的库存情况及入、出库情况按日结算并上报。

（4）辅助操作：有相关营业室设置、油品代码设置、出库分提冲账、溢余损耗处理、库存账重算等。

3. 注意事项

（1）业务自动化管理系统通过专线与上级网络连通，因此保持网络通畅是基础。

（2）成品油购销存管理系统中的油库实测库存录入和油库业务结账需按时完成。

（3）管理系统须对实际发生的全部入、出库业务逐笔完成。

（三）自动发油系统原理

发油设有自动/手动功能。在自动发油时，先在电脑发油室输入用户名、提油品名、提油数量、鹤位号、车号等参数，提货人可根据指定鹤位号的灌装单到达规定货位，由发油员接好防静电接地线，放下鹤管和放置溢油探头，按"启动"按钮。因上位机已设定发油信息，则上位机自动完成发油监控；下位机采集到现场"静电接地"和"就绪"信号，一切正常后，自动按程序开启控制阀，启泵开始发油；同时将实际装车数值送到现场显示屏上显示，供提货人察看；当到预装量时，装车控制仪会按程序自动关闭装车控制阀，完成装车。

鹤位需要手动操作发油时，将控制台内相应的手动/自动切换按钮切到手动位置，通过操作现场操作器上的启泵、装车控制阀、停泵按钮，完成现场操作。

（四）设备组成

每个鹤位装有一台腰轮流量计、温度计、装车控制阀、防爆显示屏，以及一套溢油静电保护装置/操作柱。在发油现场监控室装有一套自动发油监控系统。

1. 流量计

一般采用腰轮流量计，它具有精度高、可靠性好、重量轻、寿命长、安装使用方便等特点。每个流量计都配有发信器，把发信器发出的信号输入 PLC 控制系统的模板，对接收到的信号进行累加，从而得出相应的流量数。

2. 电液阀

电液阀与定量发油控制系统中的预设定控制器相配合，使发油过程得到精确控制，有效地避免了关断阀易产生水击，造成设备损坏或缩短设备使用寿命的问题，也避免了密封易产生泄漏的问题。

电液阀有常开电磁阀和常闭电磁阀，PLC 控制系统通过电磁阀的得失电实现阀门的启关动作。在控制系统中，PLC 控制系统在获得启阀发油命令后，向两个电磁阀加电，阀门在预先启动的泵提供的压力作用下，开始开启；经过一定的时间，输油管的流量到达初始低流量，PLC 控制系统将继续对常开电磁阀加电，而常闭电磁阀掉电，这时阀门处于保持阶段，将会以初始低流量运行一段时间，此时电液阀完成第一级开启；以初始低流量运行一段时间后，电液阀开始进行第二级的开启，PLC 控制系统继续保持对常开电磁阀加电，对常闭电磁阀加电，阀门继续开启，最终完成阀门的开启动作；当发油量剩余一定数量时，开始进行关阀操作，两个电磁阀均掉电，阀门开始关闭，常开电磁阀得电，常闭电磁阀掉电，阀门处于保持状态，按照关闭—保持—关闭—保持的顺序进行关阀操作，在多级关断后，最终完成阀门的完全关闭。

3. 温度计

温度计采用隔爆铂电阻来测量油品温度。铂电阻与 PLC 控制系统的模板相连接，在模板的硬件设置时，已经设定了恰当的温度补偿系数，所以对于模板采集的数据只需在 PLC 程序中进行简单的处理，就可以得到精确的温度值。

4. 防爆显示屏

防爆显示屏安装在发油鹤管旁便于观察的地方，用来显示发油时的瞬时累积量。它与 PLC 的数据传输采用总线连接方式。当发油端向 PLC 控制系统发出发油信息，防爆显示屏接收到 PLC 通信模板的信号，开始间隔显示发油的鹤位号和发油编号，以方便提货人进行对照；在发油准备一切正常后，按下就绪键，防爆显示屏立即清零，开始显示实际发油量；发油操作完成后，防爆显示屏将会保留发油量一段时间，以便客户清楚发油量；在以上过程完成后，防爆显示屏清零，准备进行下一次的发油显示。

5. 溢油静电保护系统

溢油静电保护系统作为前端信号采集和现场报警提示设备，具有静电接地和溢油防护的双重保护。通过液位开关传来的信号，操作员可做出关阀、关泵等动作，防止了溢油事故的出现；通过传感型静电接地夹，可以自动检测整个静电接地回路的电阻值，避免发油过程中出现接地不良的情况。

（五）功能实现

定量装车控制系统是通过下位 PLC 控制系统采集现场仪表设备传来的实时数据，并上传给上位监控系统进行数据显示、计算、分析、存储、归档，同时向现场设备下发控制命令，实现汽车发油的定量控制。上、下位机采用现场总线连接，配有多路独立工业通信接口，可以和多种智能设备连接，实现控制、监测、管理、通信、网络等功能，保证系统运行的可靠性以及全系统断电后能正常工作。

（1）具有自动测量装车时管道中油品流速，实现自适用控制功能，保证高精度装车控制。

（2）系统可按升计量方式控制发油，具有温度动态补偿发油功能。

（3）系统具有自动/手动发油操作形式，方便使用。

（4）实现溢油保护、静电保护、超速保护、超温保护、现场/控制室双重保护等功能，保证系统安全可靠。

（5）设置现场数显屏，同步显示装车数量，方便现场查看。

（6）利用专用组态软件实现多种模拟画面动态显示监测功能。

（7）系统具有完善的管理功能，可实现日报、月报、年报等报表的自动生成、任意查询及输出，并具有各级密钥管理功能。

（8）有与油库进、销、存网络和上级公司的联网接口。

（9）系统具有故障自诊断功能和运行报警功能。

二、液位监控系统

（一）系统组成

液位监控系统主要由磁致伸缩液位仪、PLC、监控主机、监控软件等部分组成。

（二）磁致伸缩液位仪原理

磁致伸缩液位仪原理见图6-2。

测量时，液位仪顶部的电子部件产生一个低电流"询问"脉冲，此电流同时产生一个磁场沿波导管内的感应线向下运行。

液位仪管外配有浮子，此浮子沿测量杆随液位变动而上下移动。

由于浮子内装有一组永久磁铁，所以浮子同时产生一个磁场。当电流磁场与此浮子磁场相遇时，立即产生一个名为"波导扭曲"的脉冲，或简称为"返回"脉冲。

从"询问"脉冲开始至"返回"脉冲被电子部件（收发器）探测到的时间便是相对于液体变动的位置。

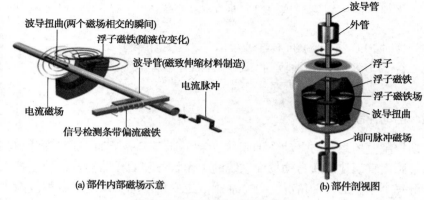

（a）部件内部磁场示意　　　　　　（b）部件剖视图

图 6-2　磁致伸缩液位仪原理

（三）PLC

PLC 计算机系统采用了可编程的存储器，具有内部存储程序、执行逻辑运算、顺序控制、定时、计数与算术操作等面向用户的指令，并通过数字或模拟式输入/输出，控制各种类型的机械或生产过程。

油库液位控制系统主要是以 PLC 为核心。该 PLC 由主机架和远程机架组成。该系统主要用于完成油库自动发油、进库计量以及罐区液位和温度的实时监控，通过网络与上位机组成控制网络。

（四）操作规程

1. 系统上电操作

（1）关闭各个设备分电源。

（2）检查 PLC 到计算机的通信电缆是否连接好。

（3）将总电源开关扳至开，给设备上电。

（4）将液位计电源开关扳至开，给设备上电。

（5）将 PLC 电源开关扳至开，给设备上电，并检查 PLC 工作状态是否正常。

（6）通过监控软件查看各油罐液位是否正常。

2. 调试步骤

（1）将 PLC 编程钥匙打到"STOP"状态。

（2）把 MPI 编程电缆接在 CPU 模板 XIMPI 端口和监控计算机的 CP5613 卡上。

（3）开启"控制面板"，双击进入 SET PGPC，点击 interface，MP1 下面的程序。

（4）进入 STEP7 编程界面，SIMATIC400→Hardware。

（5）点击 Download to module 后，点击 OK，PLC 硬件组态程序会下载到 CPU 模板。

（6）找到 Blocks 模板，选中所有程序块，System data 除外，再点击 Download to module。

（7）这时 PLC 模板上的 SF 红灯会消失，程序下载成功。

（8）将 CPU 模板上钥匙扳到"RUN"，断开编程电缆。

（9）检查液位、发油情况是否正常。

三、自动控制监控系统

自动控制监控系统与自动发油系统、液位计等组成了油库自动化控制系统。它能通过画面直观地反映自动发油系统的工作状态和油罐储油量，使监控人员清楚地了解每个车位的发油情况、每个油罐液位变化情况，以及对各种危险因素提前报警。

（一）主界面

当系统启动后，系统自动进入油库监控初始画面，显示库区监控的主要功能。其主要分为三部分，罐区监控、发油监控、进库监控，它们分别对油罐区、发油台、阀室间进行监控和控制（图 6-3）。其他为辅助功能，包括报表、报警、系统维护、历史趋势、参数设置、帮助，以使库区监控系统的功能更完善。系统操作简单、快速，是实现监控系统各项功能的主要接口。该系统充分利用键盘、鼠标、字符/图像等输入设备，彩色显示器、报警/报表打印机等输出设备，指示灯、按钮等辅助设备，以及数据库和相关应用软件，为实现调度管理提供了最佳的操作接口与适当的图像和符号图表，以及提示菜单选择所需程序和上下位机相关联的帮助信息，并且能最大限度地减少与每个功能相关的专门显示的数量以及人工执行这些功能所需的操作步骤。

图 6-3　油库监控系统初始画面

（二）登录

操作人员进入监控系统首先要登录，单击"登录"按钮或按快捷键"Ctrl+L"会出现登录菜单，按提示输入用户名和密码，此时需键入登录用户名和密码，然后回车或单击"确定"。登录成功后，系统会记录当前操作人员的用户名以及一些操作，这样增加了系统的安全性，也方便了系统管理员的管理（图6-4）。

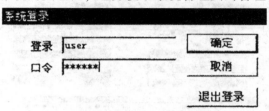

图6-4　油库监控系统登录界面

（三）进库监控

在进库监控中，可以看到管道进油情况，还有报警、进油趋势等信息，以及对电动阀进行"开阀、关阀"的操作。进库监控中，红色为阀关到位，红黄闪耀为阀处于中间状态，绿色为阀开到位。

（四）罐区监控

用户登录成功后，点击主目录画面上"罐区监控"按钮。在罐区监控的主界面，它形象地描述了油罐的油高、油温、水高以及油罐的状态和安全容量。其中油罐的油品不同，对应的罐中状态条的颜色也不同，而且油高和安全高度会成比例的显示，浅蓝色表示高清洁汽油，棕黄色表示轻柴油，紫色表示煤油。同时可查询了解各个罐的详细情况（图6-5）。

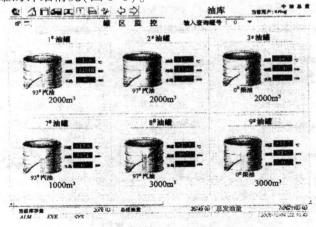

图6-5　罐区监控界面

如需了解各罐的详细情况，可输入查询罐号或单击画面上的罐查询单罐的详细参数（图6-6）。

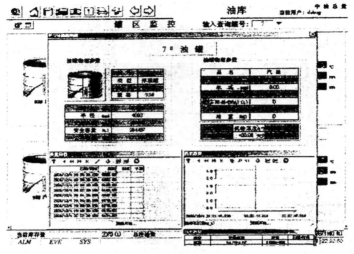

图6-6　单罐监控界面

（五）发油监控

用户登录成功后，点击主目录上"发油监控"界面，可以看到各鹤位发油情况，并可进行停泵、总ESD急停等操作，还可看到各鹤位报警信息，并进行处理（图6-7）。

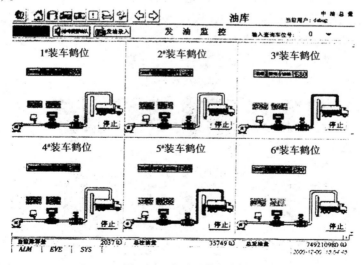

图6-7　发油监控界面

（六）单鹤位监控

如需监控五号装车鹤位发油情况，可以输入查询车位号，即进入五号鹤位状态、发油量的柱形图显示、流速的趋势图显示及鹤位日发油统计界面（图 6-8）。

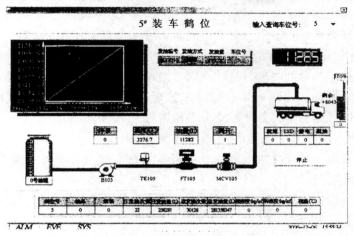

图 6-8　单鹤位监控界面

正常发油时，先夹好加油车静电夹，放好鹤管或加油枪，检查电液阀、手动阀是否转换，符合要求后观察大屏幕。

大屏幕显示票号闪烁时，按下操作柱上"就绪"按钮，则发油监控系统画面上的泵会由红变绿，表示泵正常运行；管道会由白色变成绿色，表示有油通过；发油量柱会由蓝变绿，表示流速正常；"静电""溢油""ESD"指示灯未闪烁，表示发油无异常现象。装车值达到设定值时，关泵关阀，工作指示灯恢复原来颜色，表示发油工作结束。

发油过程中，若"静电"指示灯闪烁，监控系统会自动停泵关阀。检查现场，重新夹好静电夹后，再按"就绪"按钮继续发油。若"溢油"指示灯闪烁，监控系统会停止发油，把实际的加油量进行累加，当作一次事故发油处理。若出现火灾、跑冒油等紧急情况时，关闭鹤管球阀，同时点击"停泵"按钮或将"ESD"按钮由"ESDA"至"ESDB"，终止发油操作。

四、电视监控系统

（一）系统组成

电视监控系统主要由电脑主机、探测头、交换机、视频分配器、显示屏、电缆、光缆等组成。

（二）系统原理

电视监控系统通过分布在各区域的各组探测头摄像、采集将画面传输到主机显示屏上，再由视频分配器分到各显示屏，通过显示屏对全库区的各方位进行可视监控。该系统能够清楚地观察现场的情况，在大屏幕显示器上同时观察多个画面，并能对任意点进行定格、放大，同时录像，为有关人员的观察、指挥和处理现场情况提供最大限度地方便。

电视监控系统对画面进行自动识别、跟踪、自动变焦，使用硬盘存储图像信息，方便检索查询。实时记录和监视工艺现场的运行状况、油库进出人员的情况，确保库区储运、销售各环节安全平稳进行。

（三）操作规程

（1）通断电。打开主机电源，合上摄像头总电源。关闭时先退出主机程序，再关摄像头总电源。

（2）主机操作。打开主机，系统将自动或手动进入监控界面，进入后点击解锁（输入密码），按回车进入。

（3）进入系统后，如需控制某个通道画面，先打开小键盘点击"控制"，返回后双击此画面即可控制"云台动作"。

（4）查看录像资料时，先点击界面检索键，再点击本地检索键；在时间框里选择所需查看的日期，然后选择所需调看的通道，再点检索键，文件即可调出。点击所需检索的文件，再点"播放"即可放出录像资料。

（四）注意事项

（1）严禁用主机做与监控无关的事情。

（2）雷暴天气关闭主机、电源，以防设备意外损坏。

（3）遇死机情况及时与供应商联系，严禁强行关机、断电。

（4）夜间如需监控，需开被监控区域照明灯。

五、安全巡检管理系统

（一）系统组成

安全巡检管理系统主要由安全巡检系统、信息盒（含巡检钮）、巡检棒、接收器等组成。

（二）系统介绍

信息钮分别设置安装在不同区域的各重点要害部位的明显位置，并设有各自识别编码、巡检时间，信息棒通过对信息钮触电结合将巡检时间、巡检人员传输到信息棒内，再通过读卡器下载到中心系统信息库内，存档备查。

（三）操作规程

（1）接收巡检数据：进入安全巡检操作系统→将巡检棒放入接收器→点击接收进入接收信息界面→点击接收数据→下载数据→数据入库→退出接收信息界面→取出巡检棒。

（2）查询巡检数据：进入安全巡检操作系统→点击查询→选择需查询的班组→选择需查询的时间范围→检查漏检与否或巡检时间合格情况。

（四）注意事项

（1）禁止无关人员操作巡检系统。

（2）对系统设备、信息棒、信息钮须细心使用，妥善保管。

（3）禁止人为破坏、丢失系统设备，巡检人员按时确认、交接。

（4）遇有雷雨天气，巡检人员注意自身安全，避开雷击高峰，防止人身伤亡事故发生。

（5）巡检棒按巡检周期交安保科接收数据并清空棒内数据，由于巡检点多，巡检棒内储存信息量过大，可根据实际工况调整巡检周期，适时交安保科接收数据并清空棒内数据。

（6）每次数据接收完毕，及时把接收到的数据备份存档，防止数据丢失。

六、可燃气体报警系统

（一）系统组成

可燃气体报警系统主要由报警控制器、探测器、备用电源、电缆等组成。

（二）系统介绍

可燃气体检测报警装置分为固定式和便携式两种。这两种装置原理都一样，是由探测器与报警控制器组成的工业用可燃气体安全检测仪器。探测器安装在发油场、进油泵房等作业现场，全天候检测可燃气体的泄漏状态。当可燃气体浓度达到或超过设定的报警浓度时，报警控制器即发出报警信号并输出有关开关控制信号，提示操作人员采取安全措施，从而起到保障油库安全生产，避免重大安全事故的作用。

（三）操作规程

（1）打开控制器。当各探测器部位无燃气时控制器处于静止状态，若有燃气浓度达到设定值(低限25%，高限50%，可根据情况设定)，控制器开始报警。

（2）操作人员确认报警，并通知相关值勤点值勤人员到报警部位查看。

（四）注意事项

（1）雷雨、暴雨天气关闭控制器，以防设备意外损坏。

（2）操作人员不能任意更改控制器参数。

（3）按规定周期进行设备维护检查，检查时配制50%浓度的甲烷气袋。

第七章 油库应急处置预案编制

油库在各项作业和生产经营过程中，可能会碰到一些紧急情况或者发生意外事件，如果事前有应急处置预案，那么在处理这些突发事件的过程中，就会有条不紊，减少损失，避免事态扩大。否则，就会手忙脚乱，仓促应对，出现纰漏，造成损失扩大。

油库应急处置预案就是事前对这些意外事件和紧急情况进行预先设想，经过分析研究，制定出切实可行、行之有效控制、处理方案。其目的和意义在于事前设想和演练，采取预防措施，一旦发生突发事件可以立即启动应急处置预案，达到及时处理，减少损失的目的。

油库应急处置预案一般有消防预案、抢收抢发预案、抢修预案和抢险预案 4 类。编制应急处置预案，紧密结合油库实际，力求做到方案内容完整、科学合理、符合实际。

第一节 概 述

一、应急处置预案的类别

油库应急处置预案有多种不同的格式和内容，分类也有不同。如按影响范围和应用层次，将应急处置预案分成不同的级别，分为一级、二级、三级等，也可以划分为油库级、单位部门级、一线基层级三种应急处置预案。按实施主体不同可以划分为政府应急处置预案和油库应急处置预案；按紧急情况的不同可以划分为突发公共事件应急处置预案、事故应急处置预案等。油库常用的应急处置预案分类，是按其针对对象和内容划分类别，一般分为十类。

（1）油库灭火应急处置预案。

（2）防跑、冒油应急处置预案。

（3）管线泄漏应急处置预案。

（4）油罐渗漏应急处置预案。

（5）消防泵房应急处置预案。

（6）预防中毒应急处置预案。

（7）油库突发事件应急处置预案。

（8）防汛应急处置预案。

（9）防震应急处置预案。

（10）油库应急疏散处置预案。

二、应急处置预案主要内容与编制

应急处置预案因其类别和性质的不同，内容也有所不同，但其出发点和预案的体例都是基本相同的，都是把应急事件列明，分门别类地制定各种不同应急处置措施。从这个意义上讲，应急处置预案的内容主要有应急事件、遵循原则、组织与分工、应急处置程序、应急物资、预案演练等。预案中的这些内容，在不同的油库可能叫法不同，也可能内容上还有增减，只要符合实际情况就可以，因为其根本目的都是要制定一个全面、有效、简单易行的预案。

应急处置预案的编制程序一般是成立编制小组→收集资料→现场调研→编制预案→预案审批→演练修订。

应急处置预案编制时，对预案处理的程序应当经过充分讨论，使其简便易行，准确无误。现场人员每个步骤如何处理，条理清晰，易记易行。预案编制完成后应当经过有关部门的审批，有的预案要经过专门政府部门审批，根据职权的不同，只有经过有关部门审批的预案才能生效执行。同时，将预案发至执行预案有关的各个部门或单位，作业现场也应当有一份备查。例如，国外有的地铁站或海底遂道在方便工作人员取用的显眼位置专门分类放置各种紧急情况的处理预案。他们认为在紧急情况下，人们可能出现慌乱，用非常简明的方式列明这些情况如何处理，放置在现场，供在紧急情况时迅速取用和阅读，然后立即采取正确的措施，这种做法值得借鉴。

在实践中，有的油库为了方便员工掌握应急处置预案的内容，将其中主要部分编制成应急处置简表，明确每个人在各种应急情况下的职责，在作业现场公布，或者制成易于携带的应急卡，都是很好的形式，油库应结合自身的实际情况加以创新和应用。

在应急处置预案的演练和实施过程中发现预案中有不正确的或欠妥的地方应当及时修订，补充完善，做到在应急管理上的持续改进，形成长效管理机制。

三、应急处置预案演练

有了应急处置预案，还应当经常性或定期地组织应急演练，把书面的预案进行模拟性检验和练习，提高应急反应能力和应变的技能。应急演练的目的和意义在于检验预案是否符合实际情况，提高参与人员的应急反应能力和技能，加强协作配合，务求实效，使参与人员熟练掌握应急处理程序，提高应急管理水平。

油库按照规定应定期组织各种应急处置演练，如灭火、设备泄漏演练等。多数油库重视全库演练，忽视班组演练，班组演练较少进行，这点应予以特别重视。

班组应急演练的主要目的是要提高员工对待应急情况的反应能力和操作技能，降低事故损失。班组工作人员直接负责操作各种设备和工艺系统，而突发情况往往发生在一瞬间，许多情况的处理只需几秒、几分，几个简单的操作就能避免事故的发生、扩大。反之，如果缺乏应急反应能力，不知所措，手忙脚乱，就会使事故发生、扩大。因此，定期组织应急演练是十分必要的，有着重要的作用，特别是班组长应按规定及时组织班组内的应急处置演练，真正提高班组的应急管理水平。

（一）演练类别和形式

应急演练的类别和形式主要有实战演练、模拟演练、桌面演练等。其中实战演练的效果最好，需调用的资源也最多，成本也就比较高，模拟演练又分为现场模拟演练和计算机模拟演练，模拟演练相对较为简单，桌面演练更简单，收到的效果与实战方式有明显的差别。油库组织演练或班组组织演练时，应当尽量选择实战演练。因受各种条件限制时，可以选择其他演练方式。

应急演练，按事先通知与否，可分为事先通知的演练和事先不通知的演练。事先不通知的演练会更突出实战性，提高人们的应急意识，但也可能在演练过程中部分人员因不明真相而造成忙乱或损失，这就要求演练的组织都要统筹考虑，事先做周密安排，确保演练全过程的安全，防止因演练而发生意外。事先通知的演练指事先有计划，安排参与人员，演练时间和地点，然后组织演练。

应急演练是应急管理中的非常重要的环节，发挥着非常重要的作用。例如，在角逐 2008 年奥运会的投票现场，在投票前，在向全世界现场直播的情况下，奥委会主席萨马兰奇亲自主持进行了两次模拟投票演练，防止在真正投票时有人出现错误。这是为了防止出现投票错误而进行的演练，可见事前的演练是广泛应用在各个领域的，发挥着重要的作用。同样，对油库作业过程中防止出现事故而进行一系列应急演练更要认真组织，收到实效。

（二）应急处置预案演练步骤

应急处置预案演练的频次，根据演练的性质不同而不同，有的演练要求一周一次，有的演练应当一个月一次，有的则应该一季度一次，有的半年一次，都应当按标准或油库的具体规定组织进行。班组的演练应根据工作情况、人员素质情况，适当增加演练次数，但至少不能少于油库规定的次数。

组织应急处置演练的步骤，一般分为计划→实施→总结讲评三个阶段。

1. 编制演练计划

演练前，要编制一份可操作性的演练计划，设想突发事件和意外事件演练程序，应采取的措施和步骤，确定总指挥，每一个步骤都应细化具体到人，参加人员、职责、演练要求等都应明确。演练时间应根据油库工作情况选择，经油库领导批准后，通知有关单位和人员演练时间和地点，注意事项，以免引起误会或误动作。演练开始前，根据不同演练应有不同管理者在场监督。

2. 应急处置预案演练实施

演练中，应按照相关应急处置预案和演练计划进行。在预先规定演练开始的时间下达演练指令，各参与人员按演练计划中规定的操作进行模拟，并向总指挥汇报，按照计划全部完成后，演练总指挥根据情况和计划演练的时间，宣布演练结束。

3. 总结讲评

最后一个环节是总结讲评。由演练总指挥对整个演练过程进行讲评，总结成绩，找出不足，并注意演练的过程与应急处置预案是否符合，注意查找不符合的地方，及时纠正。由专人将演练情况在专门演练记录本上做好记录。

第二节　编制程序与注意事项

油库应急处置预案一般由油库业务部门负责编制，管理、保管和检修等部门的有关人员参加。

油库应急处置预案应结合油库实际，按照突出重点、兼顾一般的原则，分析、确定应急情况预想；采用文字和图表相结合的形式，做到文字简练、图表清晰、数据准确。

一、预案编制程序

油库应急处置预案编制一般按照成立组织→收集资料→分析情况→编制实施→演练修改→上级审批程序进行。

（1）成立编制小组，学习有关规定要求和技术规范，明确编制任务。

（2）收集、整理有关资料，进行实地勘察和情况调查，掌握本油库地理环境、区域布局、建(构)筑物、设备设施等情况。

（3）研究分析，根据油库的体制编制确定预案中的组织机构与人员配备；选定所需设备、装备的类型和数量；经过反复论证，选定应急情况处置的战术、技术，进行必要的工艺设计；研究确定预案中各类预想情况的处置方法、手段和措施。

（4）根据研究分析的结果编撰提纲、撰写文字、绘制各类图表，形成符合有关规定和技术规范要求，满足油库现有条件的初步预案。

（5）按照制订的初步预案进行演练，广泛征求意见，进一步修改完善，经油库主任审批后报上一级业务主管部门审验。

二、编制预案应注意的事项

（1）编制过程中如油库现有设备设施不符合有关规范要求时，应先进行整改，再编制预案。在未完成整改之前，应制定临时补救预案。

（2）与驻地附近有关部门协同，制定应急情况处置协作方案。

（3）油库上一级业务主管部门须按照油库编制的应急情况处置预案，组织油库进行演练，审验预案。

（4）应急情况处置预案应当分类装订成册，报上级业务主管部门备案。

（5）应急情况处置预案应当每年修订一次，如有情况变化，及时进行局部修订。

第三节　消 防 预 案

一、消防预案的编制原则

消防预案中要充分体现以下五条原则。

（1）预防为主，防消结合的消防工作原则。

（2）统一指挥，协同配合，准确迅速，机智勇敢，保证安全的灭火战斗行动原则。

（3）准确、迅速，集中兵力打歼灭战，先控制、后消灭的灭火战术原则。

（4）救人第一，减少损失的救灾原则。

（5）就近快速，机动灵活，保障重点，兼顾一般的供水原则。

二、消防预案的主要内容

消防预案主要包括下列七个方面的内容。

（1）基本情况。油库地理位置、周边环境、交通道路、区域划分、主要业务设备设施和储存物资等情况。

（2）组织机构。油库消防组织的人员组成、分工与任务。

（3）消防力量。油库消防人员、装备和消防设备设施情况；驻地附近消防力量的位置、人员、装备、到达油库时间、联系方式和联防等情况。

（4）报警信号。消防区域的划分及报警信号形式、处置方法和传递过程。

（5）灭火准备。消防人员到达各消防区域的集结地点和时间；火场指挥部设立位置。

（6）灭火方案。按照火情预想分别制定不同的灭火方案，方案中要明确以下内容：

① 火场警戒区域、人员和任务。

② 火情侦察的组织方法与人身保护措施。

③ 抢救人员的组织方法。

④ 灭火力量部署和任务区分。

⑤ 灭火所需要的消防器材及消防泡沫和冷却水数量。

⑥ 进行灭火战斗的展开地点、装备位置及使用的消防设备设施。

⑦ 根据火势变化而进行的灭火战术、方法和程序。

⑧ 防止火灾蔓延的方法和措施。

⑨ 物资疏散措施和保护方法。

⑩ 火场清理及善后处理方案。

（7）附录。附录主要包括油库消防配置图、消火栓定位布局图、消防用水和泡沫量计算书、消防车技术性能表、消防器材配备表、消防报警系统布局图等。

三、消防预案的要求

消防预案一般应符合以下七条规定：

（1）油库应成立消防领导小组，通常下设指挥组、灭火组、通信联络组、火场供水组、医疗抢救组、警戒保卫组、后勤保障组，各组人员从平时担负相同任务的人员中抽组。指挥组组长由油库主任担任。

（2）火情预想应根据油库的实际情况确定，通常分为洞库火灾、半地下油罐火灾、地面油罐火灾、铁路收发油作业区火灾、油码头火灾、汽车零发油作业区火灾、油泵房火灾、输油管线火灾、库房火灾、电气火灾和其他火灾等。

（3）火场指挥部通常应设在接近火场，便于观察、指挥、联络且比较安全的地点，并设置明显标志。

（4）火场警戒区域应依据火灾规模确定，通常把距火源（油罐）下风方向不少于120m，其他方向不少于100m的地区划为火场警戒区域。火场警戒区域的边缘应设置明显标志。

（5）油库消防队（班）接警出动时间不超过1min，消防车到达火场时间不超过5min，火情侦察、战斗展开时间为3min。

（6）固定消防设施的消防泵流量、扬程应满足灭火需要，能在5min内起动出水。

（7）使用动式泡沫灭火设备时，应放置在地势较高且在火源上风方向的地段，并要与火源保持一定的安全距离，泡沫消防车不小于25m，移动泡沫炮宜保持在30m。

第四节　油库灭火应急预案

油库通常设有义务消防组织(后勤供应组、通信警卫组、灭火器材组、抢救和疏散组等)，油库全员都应是义务消防队员，应做到"四懂四会"（懂得本岗位作业过程的火灾危险性、懂得预防火灾的措施、懂得扑救方法、懂得疏散方法、会报警、会使用灭火器材、会扑救初期火灾、会组织人员逃生）。作为义务消防员，除"四懂四会"外，还应不扩大事故，不失掉灭火良机；要牢记"119"火警电话号码，会用火警电话或其他报警工具报警。报警时，态度要冷静，能迅速、准确地将着火地点、燃烧物、姓名、联系电话等向对方讲清楚。在特殊情况下，还应将火势发展、有无危险物爆炸、人员伤亡情况等向对方讲明；在火场上，应按照应急处置预案的分工，积极主动配合专业消防员进行灭火工作。

一、编制原则

（一）组织原则

油库灭火应急处置预案，应服从油库的统一领导，坚持局部利益服从全局利益，一般工作服从全局工作的基本原则。

（二）协调原则

灭火应急处置工作与油库日常行政管理、安全管理、消防管理应协调一致，在应急处置实施过程中应具有权威性，调动各部门的积极性、组织能力，密切配合，协调一致地做好灭火工作。

（三）防止事态扩大原则

由于油品的危险特性，极易造成蔓延，特别是发生爆炸事故更容易造成火灾的扩大，应急处置预案应充分考虑这些问题，防止事态扩大。

（四）区域划分

为了区分火灾性质，油库灭火预案应根据不同区域的危险程度分区管理，一般分为油罐区、装卸油作业区、辅助作业区、行政生活区四个区域。

（五）预案适用范围和启动条件

预案制定后，应报上级备案，凡油库发生火灾爆炸时，开始启动预案。

二、组织机构与人员分工

（一）组织机构

（1）油库应成立火灾应急处置领导小组，设组长 1 名、副组长 2~4 名。组长由油库主任担任，副组长由副主任、业务部门领导担任；副组长可兼任各业务小组长；成员由保管、检修、安全、消防部门领导担任。

组长：……

副组长：……

成员：……

（2）灭火应急处置在领导小组统一指挥下开展工作。领导小组下一般可设指挥组、灭火组、通信联络组、火场供水组、医疗救护组、警戒保卫组、后勤保障组。

指挥组总指挥（领导小组长兼）：……

副总指挥（副组长兼）：……

成员：……

灭火组长：……

成员：……

通信联络组长：……

成员：……

火场供水组长：……

成员：……

医疗救护组长：……

成员：……

警戒保卫组长：

成员：……

后勤保障组长：……

成员：

（二）职责分工

（1）领导小组负责灭火应急处置的组织指挥。领导小组长兼任指挥组长，担任总指挥，负责火场的组织、指挥、协调工作，副组长协助组长工作。

（2）灭火组，由专业消防人员组成，负责火场灭火工作。

（3）通信联络组，一般由通信人员组成，负责内外通信联络联系。

（4）火场供水组，由消防泵房管理人员、操作人员和管理部门相关人员组成，负责火场灭火、冷却用水的供给，以及消防水池内水的补充。

（5）医疗救护组，由卫生、医疗人员组成，负责受伤、中毒人员的抢救和转送工作。

（6）警戒保卫组，一般由安保部门组成，负责现场安全警卫，警戒范围一般为流失油品周围 30~50m 范围，具体范围由现场总指挥确定。

（7）后勤保障组，一般由管理、材料、检修等部门组成，负责灭火药剂、器材、生活保障。

（8）各组成员按照组长分工安排进行各自的工作。

三、应急处理原则

（1）领导小组根据上级有关指示、要求、预案，组织好应急处置工作的实施。

（2）在抢险中要特别注意事态扩大。

（3）协调好各业务组的灭火、火场供给、医疗救护、安全保卫、物资保障等工作。

（4）油罐火灾的灭火原则是先冷却后灭火，先控制后扑灭。

（5）油罐爆炸有流淌火灾时，应在保证油罐冷却的基础上，先扑灭流淌油品火灾，后集中兵力扑灭油罐火灾。

（6）流淌油品火灾的灭火原则是先控制后分割灭火。

（7）火场出现伤员时，应立即救治，可向所在地请急救中心支援。

（8）向上级负责实施预案，并将处置情况及时上报。

四、应急物资

（一）通信联络器材

通信联络器材主要是对讲机的数量和号码、报警电话、值班电话、办公电话、业务传真号码、铁路专用线电话、急救中心电话等。

（二）消防设施和灭火物资

消防设施和灭火物资见表 7-1。消防设备设施、灭火器材、灭火物资应保持良好技术状态，固定地点存放，不准挪用。

表 7-1　消防设施和灭火物资表

	名称	型号	数量	功率	扬程	流量
消防泵房	消防水泵					
	消防泡沫泵					
	消防泵机组					

续表

水消防栓	管网形式	管道直径	数量	泡沫消防栓	管网形式	管道直径	数量
泡沫发生器分布	油罐名称	数量	每罐泡沫发生数量		型号	供给强度	技术状态
消防器配置情况	灭火器型号	50kg 推车式干粉灭火器	35kg 推车式干粉灭火器		8kg 手提式干粉灭火器		技术状态
	数量						
消防设施名称	消防柜	石棉被	水带		泡沫枪	泡沫钩管	消防沙桶
数量							

消防车		消防池		泡沫液	
型号	数量	容量	水源	数量	质量

五、油库灭火案例

由于火场情况复杂，周围环境各异，着火形式不同，现场的灭火条件也不尽相同(消防设备设施、灭火器材种类、规格、数量不同)，而爆炸后的火灾还可能有流淌油品火灾和零星着火点，可供选择的灭火战术也不一样，很难得出固定的灭火模式。因此，根据油库常见火灾形式，结合油库实际列举六种灭火作战案例，仅供借鉴。

(一)某油库发油廊的 11# 装货油罐车起火

1. 现场分析

轻油发油廊共有 12 个货位，11# 装车货位为 93# 汽油货位，东西两侧分别为 93# 和 97# 油罐车装车货位，向东 20m 是柴油车装车货位，并有汽车罐车在灌装柴油，轻油泵房也在附近。

2. 现场消防设施和消防器材

发油现场有 35kg 干粉灭火器 10 具，8kg 干粉灭火器 36 具，消防沙桶 8 只，石棉被 18 条，消防栓 4 只，泡沫消防栓 4 只。

3. 分析判断

着火汽车油罐车容量为 $10m^3$，火焰呈火炬形式，装油鹤管未能拔出。根据现场消防设备设施和灭火器材，这种形式的火灾可供选择的灭火战术有用石棉被覆盖灭火、启动泡沫灭火设备灭火、启动供水系统水喷雾灭火、利用 35kg 或 8kg 干粉灭火器灭火四种战术。另外，还可采用消防车灭火。

4. 灭火方案

（1）现场作业人员发现火险后立即拉响警报，同时拨打 119 火警台报警。

（2）所有发油货位立即停止发油，关闭相关发油阀门、停电，并疏散现场车辆。

（3）根据着火车辆的具体情况，如有可能将其转移至安全地带。

（4）全体职工听到火警后，迅速赶往发油现场，根据对火场情况分析判断，在火场指挥员的组织指挥下，统一实施灭火行动。

（5）专职消防队将消防车开往现场，根据当时天气情况，视火情大小抢占有利地形，用干粉炮或干粉枪攻击灭火。

（6）后勤供应组迅速将消防器材集中调往出事地点备用。

（7）警卫人员负责疏散车辆及无关人员，并维持大门秩序。同时，设专人接应和引导消防支队的救援。

5. 结合实际灵活运用方案

这次火灾的扑救实际是：

（1）采取了上述"灭火方案"中的（1）和（2）条。

（2）现场人员认为：在几种可供选择的灭火方案中，装油口内有鹤管，覆盖灭火难以实施；泡沫灭火涉及环节多不能及时扑救；因无喷雾水枪，水喷雾灭火无法实现；消防车尚未到达现场。因此，"最佳"的选择是喷射干粉灭火。

（3）根据上述分析判断，现场监护消防的执勤人员迅速利用现场 35kg 干粉灭火器对着火油罐车口进行喷射，火焰很快扑灭。

（4）向 119 火警台报告，火已经扑灭，解除报警。

（5）灭火指挥员、全体员工、消防车到达现场时，火已经扑灭，灭火指挥员总结了这次扑救初期火灾的经验。

（6）清理了现场后，继续进行发油作业。

（二）某油库 2#5000m³ 油罐发生火灾

1. 现场分析

2#5000m³ 油罐装汽油，内浮顶罐；同相邻的 3#5000m³ 油罐装汽油，油罐四周设有消防通道。当时正刮东北风，风力约 4 级，便于从北边利用消防设施扑救，但还是威胁 3#5000m³罐的安全。2#油罐内液位较高，一般不会发生爆炸，火焰只在测量孔和罐顶通风口燃烧。

2. 现场消防设施和消防器材

油罐上安装有冷却喷淋装置和固定泡沫灭火装置。四周有水消防栓 6 只，泡沫消防栓 2 只，1#消防器材间距离 80m，内有 8kg 干粉灭火器 20 具，35kg 干粉灭火器 2 具，50kg 干粉灭火器 3 具，石棉被 20 条，泡沫钩管 1 支。

3. 分析判断

根据火场情况、现场消防设备设施和灭火器材情况、可能的发展变化，采取先冷却后灭火原则，具体启动冷却喷淋系统，保护 2#、3#油罐，固定泡沫灭火系统扑救油罐火灾，干粉消防车和干粉灭火器准备执行意外事件。

4. 灭火方案

（1）发现火险后，警卫值勤人员立即拉响警报，并向 119 火警台报警。

（2）计量员负责将当日动转油罐的阀门关闭，并将 3#油罐量油孔用石棉被盖严。

（3）行政值班领导火速组织在库值班人员赶赴火场，并临时指挥。

（4）根据分析判断，启动喷淋冷却系统对于 2#和 3#油罐进行冷却保护，启动 2#油罐的泡沫灭火装置，实施灭火作战。

（5）司泵员立即到消防泵房，设定好泡沫供给强度，做好起动消防泵的准备，1#消防员打开 2#油罐的泡沫管线和喷淋冷却水管线阀门，2#消防员打开相邻 3#油罐喷淋冷却管线阀门，通知消防泵房开泵，对 2#和 3#油罐实施冷却保护，对着火油罐喷射泡沫实施扑救；专职消防队迅速将消防车开往现场抢占有利地形，用干粉炮协同灭火。

（6）干粉消防车和灭火机组准备发生外事件时使用，处于待命状态。

（7）其余人员在业务调度的指挥下将其他区域的消防器材运到火灾现场，并负责消防泵房泡沫的供应。

（8）警卫值勤人员，负责大门口秩序和疏散车辆、闲杂人员。同时，设专人迎接消防支队的援助。

（9）消防支队到达现场时，火已经扑灭，油库正在清理现场。消防支队和油库共同对这起火灾扑救采用的灭火原则、灭火战术、组织指挥进行了总结，予以肯定。

（三）某油库 4#5000m³ 油罐发生爆炸

1. 现场分析

4#5000m³油罐和相邻的 2#、3#油罐，均储存有柴油；4#5000m³油罐东 30m 处是轻油卸油泵房和卸油栈桥，北面是 2# 油罐、西边是 3# 油罐，南边是 5m 宽的消防通道，与消防通道一路之隔排列着 2 座 3000m³ 油罐。当日西南风，天气阴沉，在西南风的作用下，火势直接威胁 2# 油罐、轻油卸油泵房、卸油栈桥。

4# 油罐爆炸后，除 4# 油罐着火外，场面有流淌油品着火，还有零星火点。

2. 现场消防设施和消防器材

4#5000m³ 油罐设有泡沫灭火装置和喷淋设施，四周可供使用的水消防栓 7只，泡沫消防栓 2 只，东南方向 40m 处设消防器材间，内有 8kg 干粉灭火器 20个，35kg 干粉灭火器 2 个，50kg 干粉灭火器 4 个，石棉被 10 条，泡沫钩管 2 支。

3. 分析判断

根据火场情况、现场消防设备设施和灭火器材、可能的发展变化，采取先冷却后灭火、先扑灭零星和流散油品后扑救油罐火灾，具体启动冷却喷淋系统保护 4#、2# 油罐，固定泡沫灭火系统扑救 4# 油罐火灾，干粉消防车协同扑救油罐火灾，干粉灭火器扑灭零星和流淌油品火灾。

4. 灭火方案

（1）发现火险后，警卫人员立即拉响警报，并向 119 火警台报警。

（2）全体在库职工和专职消防员迅速赶赴火场，在火场指挥员的指挥下，统一进行扑救。

（3）计量员将输送油品的相关阀门关闭。

（4）石棉被组将周围油罐的量油孔和呼吸阀用石棉被盖严。

（5）灭火机 1 组利用 35kg 和 50kg 灭火器对流淌油品火进行扑救，灭火机 2组对地面零星火进行扑救。很快将流淌油品火焰和零星火焰扑灭。

（6）专职消防司泵员赶赴消防泵，设定好泡沫供给强度，做好起动消防泵准备，1# 消防员负责打开 4# 油罐泡沫管线和喷淋冷却水管线阀门，2# 消防员打开 3#和 4# 罐喷淋冷却管线阀门，通知消防泵房开泵，对 2#、4# 油罐实施冷却保护，对 4# 油罐喷射泡沫灭火。

（7）消防车停靠在 4# 油罐的西南方向，利用泡沫栓的 4 支泡沫枪进行扑救，很快火势基本得到了控制。

（8）其余人员到消防泵房负责泡沫供应。

（9）警卫人员负责疏散车辆和闲杂人员，并维持大门口秩序。同时，迎接消防支队的援助。

（10）消防支队到达后，由消防支队领导接任火场指挥，加强了组织指挥，增加了灭火力量，经过 1h40min 的战斗，大火扑灭。

（11）油库对火场进行了清理，消防支队与油库共同总结灭火成功的经验。

（四）某油库轻油卸油泵房起火

1. 现场分析

轻油卸油泵房西 40m 处是 5000m³ 的 4# 油罐和 6# 油罐，全部装有柴油；泵房门前边 10m 处的铁路专用线上，停有待卸的铁路油罐车 9 辆；火势直接威胁着铁路油罐车的安全。

2. 现场消防设施和消防器材

附近有水消防栓 3 只，泡沫消防栓 2 只，轻油卸油泵房的南 40m 处的 2# 消防器材间，内有 8kg 干粉灭火器 30 具，35kg 干粉灭火器 2 具，50kg 干粉灭火器 4 具，石棉被 20 条，泡沫钩管 2 支。

3. 分析判断

根据火场具体情况、现场消防设备设施和灭火器材，采取消防车、灭火器级扑救轻油泵房火灾，石棉被组对铁路油罐车进行保护，其他人员待命，做好可能发生意外事件的准备。

4. 灭火方案

（1）发现火险后，警卫人员立即拉响警报，并向 119 火警发出报警。

（2）全体职工听到火警后，迅速赶往卸油现场，在火场指挥部的指挥下统一行动。

（3）专职消防队迅速将消防车开往现场，并抢占有利地形，利用车装干粉枪以门口为阵地进行主攻。

（4）灭火机组利用 35kg 干粉灭火器或 50kg 干粉灭火器以窗口为阵地进行辅攻，火灾很快扑灭。

（5）石棉被组覆盖铁路油罐车罐口，防止火势蔓延。

（6）铁路调度通知接轨站将油槽车拉到安全地带（特殊情况可组织人工推拉）。

（7）后勤供应组负责其他区域的灭火器材运往现场备用。

（8）警卫班负责疏散一切拉油车辆。同时，设专人迎接消防支队的援助。

（9）火灾扑灭后，立即通知 119 火警台，轻油泵房火灾已经扑灭。

（10）清理现场，总结灭火经验，恢复轻油泵房技术状态。

（五）某油库卸油栈桥二股道 3# 铁路油罐车起火

1. 现场分析

卸油栈桥在一、二股道中间，一道停放着正接卸的 93# 汽油 25 辆，起火 3# 货位的铁路油罐车正卸油，位于铁路栈桥南端，其南边 1#、2# 货位铁路油罐车已经卸空；东邻二道铁路专用线，1#~20# 货位停放有 90# 汽油；西边 10m 是三股道，接着是润滑油卸油泵房，润滑油泵房，南边 6m 是接卸 120# 溶剂油和 200# 溶剂油的露天泵房。

2. 现场的消防设施和消防器材

栈桥的附近有水消防栓 2 只，偏西北方向有泡沫消防栓 1 只；栈桥上面设置有 10 个消防柜，存放 8kg 干粉灭火器 40 具，石棉被 40 条，偏西北方向有 2# 消防器材间，内放有 8kg 干粉灭火器 30 具，35kg 干粉灭火器 6 具，50kg 推式干粉灭火器 4 具，石棉被 30 条，泡沫钩管 2 支，泡沫枪 2 支，水枪 2 支。

3. 分析判断

当时东南风 3~4 级，火势威胁着 4#、5# 货位，栈桥，二股道的部分铁路油罐车，应对受到威胁的铁路油罐车和栈桥保护，采取停止卸油，拔出鹤管，关闭铁路油罐车卸油口，并覆盖石棉被；对着火铁路油罐车实施泡沫灭火。

4. 灭火方案

（1）现场正在卸油的消防监护人发现火情后，拉响警报器，向 119 火警台报警，通知铁路调度员与接轨站联系机车，将铁路油罐车拖出库区。

（2）通知卸油司泵员立即停止作业，关闭相关卸油阀门；栈桥上卸油人员关闭正进行卸油作业的鹤管阀门，拔出鹤管，用石棉被将作业和相邻铁路油罐车油罐口盖严，防止火势蔓延。

（3）听到警报后，全体职工和火场指挥员根据分析判断，定下灭火决心，统一指挥火灾的扑救工作。

（4）栈桥上卸油人员利用 8kg 干粉灭火器扑灭铁路油罐车和栈桥上的零星火点，很快扑灭。

（5）铁路班班长组织力量将铁路油罐车分开推拉到安全地带。

（6）消防司泵员到消防泵房，按照泡沫混合液供给强度为 6.5，设定比例混合器为 4，准备启动消防泵。

（7）班长、1# 消防员各拿两盘水带与泡沫消防栓、水消防栓连接。

（8）计量员和 2# 消防员将消防器材间的泡沫钩管、水枪运送到现场；1# 消防员将水带与泡沫钩管相连接，并与班长一起将泡沫钩管挂在铁路油罐车罐口上；2 名消防员将水枪与水带连接。

（9）准备工作就绪后，通知消防泵房启动冷却水泵和泡沫泵，对着火铁路油罐车实施冷却和扑救，火焰很快扑灭。

（10）警卫员负责疏散门口车辆和闲杂人员。同时，设专人迎接消防支队的援助。

（11）火灾扑灭后，向 119 火警台报告，火灾扑灭，解除报警；告知接轨站，火灾扑灭，停止调车；组织人员清理现场，检查无误后恢复作业。

（六）某油库中转泵房电路起火

1. 现场分析

某油库在库内动转油作业中，中转泵房电路起火。现场情况是，北面 10 米处有 1000m³ 立式油罐 6 座，均装有汽油，南面 20m 处为高架油罐，分别装有汽油、煤油、柴油。中转泵房连接储存油罐和高架油罐。

2. 现场消防设施和消防器材

附近有水消防栓 2 只，泡沫消防栓 1 只，门前有消防沙桶 1 只，室内有 8kg 干粉灭火器 5 具；南边 50m 路东有消防器材间，内有 8kg 干粉灭火器 20 具，35kg 干粉灭火器 2 具，50kg 干粉灭火器 3 具，石棉被 20 条，泡沫钩管 1 支。

3. 分析判断

根据现场情况，火灾有可能扩大，但暂时扩大的可能性不大；由电源引起火灾不能用水性灭火剂扑救，采用干粉灭火器或干粉消防车扑救。

4. 灭火方案

（1）发现火灾后，警卫人员立即拉响警报，并向 119 火警台报警。

（2）电工立即切断电源，司泵员关闭油泵进出口阀门后，逃出泵房。

（3）现场值班员通知计量员和保管员关闭动转油罐进出油阀门。

（4）全体职工在听到火警后，迅速赶往现场，在火场指挥员的统一指挥下进行灭火作战。

（5）石棉被组将 6 座 1000m³ 油罐的量油孔盖严，防止火势蔓延。

（6）专职消防员迅速将消防车开往现场，以门口为阵地，利用干粉炮进行主攻。

（7）灭火机 1 组利用 35kg 干粉灭火器或 50kg 干粉灭火器以窗口为阵地，进行辅攻。经过 15min 的灭火作战，将火扑灭。

（8）后勤供应组负责将其他区域的灭火器材运往现场备用。

（9）警卫班负责疏散一切拉油车辆。同时，专人迎接消防支队的援助。

（10）火灭后，报告 119 火警台，油泵房火灾扑灭。这时消防支队赶到，与油库初步分析了可能的原因后返回。

（11）火场指挥员组织清理现场，布置了进一步查清起火原因；根据损坏情况，准备修复材料，进行修复工作。

六、灭火预案的演练

（1）根据相关规定"灭火预案"应每年演练 1~2 次。

（2）根据演练中发现的问题，适时对"灭火预案"进行修改完善。

第五节　抢收抢发预案

抢收抢发预案中应充分体现立足平时装备，适应灾害需要，保障快速高效的原则。

一、抢收抢发预案主要内容

抢收抢发预案主要内容包括以下 8 个方面。

（1）任务分析。油库储存物资情况；根据战备工作要求，油库实施应急保障的对象和任务。

（2）组织机构。油库抢收抢发分队的人员组成、分工和任务。

（3）作业场地。预设的抢收抢发作业场地位置及状况。

（4）装备配置。抢收抢发作业所需装备的配置情况、技术参数及维护管理要求。

（5）工艺设计。为抢收抢发作业而进行的工艺流程设计和技术参数确定。

（6）作业准备。抢收抢发分队的集结地点、行动方式、路线和通信手段，以及到达作业场地的时间。

（7）作业实施。根据不同的情况预想分别明确以下内容：

① 警卫、消防力量部署和防护伪装措施。

② 抢收抢发力量部署和任务区分。

③ 抢收抢发装备的展开程序。

④ 收发作业实施方法和程序。

⑤ 收发作业中的安全要求和措施。

⑥ 抢收抢发装备的撤收程序。

（8）附录。附录主要包括抢收抢发装备配置表、抢收抢发作业场地布局图、抢收抢发作业工艺流程图、驻地附近保障力量情况表。

二、抢收抢发预案的要求

抢收抢发预案一般应符合以下 6 条规定。

（1）应成立抢收抢发分队，通常下设指挥组、技术保障组、作业组、消防警戒组和后勤保障组，各组人员从平时担负相同任务的人员中抽组。指挥组组长由油库领导或业务处处长担任。

（2）抢收抢发情况预想应根据油库的实际情况确定，通常分为铁路、水路、公路收发设备设施遭到严重破坏而需要紧急收发作业或临时需要紧急快速扩大油库收发能力等情况。

（3）油库应预设铁路、水路抢收抢发场地和汽车抢发场地各1处。铁路抢收抢发作业场地应设置在距收发油栈桥200～1000m，并靠近铁路专用线的地域；汽车抢发作业场地应设置在靠近公路、便于车辆进出的地域；水路抢收抢发作业场地根据水域和船只停靠等情况确定。

（4）油库应在油罐区或主干输油管路上预设有满足抢收抢发需要的接口，并配备备用管线。

（5）油库应配备机动式油料抢收抢发作业装备，其收发能力须满足油库实际收发能力的30%以上，并应集中存放在库房内便于进出的位置。

（6）抢收抢发作业展开时间应在20min以内。采用电动式油泵作业时，其自发电设备能够满足用电要求。

第六节　抢修预案

抢修预案中应充分体现工艺科学，操作简捷，安全可靠，机动快速，先恢复后完善的原则。

一、抢修预案的主要内容

抢修预案主要包括下列6个方面的内容。

（1）任务分析。油库主要设备设施情况；根据可能遭受破坏或损坏的部位，分析需要担负的抢修任务。

（2）组织机构。油库抢修分队的人员组成、分工与任务。

（3）装备配置。进行抢修作业所需装备的配置情况和技术参数以及维护管理要求。

（4）作业准备。抢修人员的集结地点、行动方式、路线、通信手段以及到这主要抢修地点的时间。

（5）作业实施。根据不同情况预想分别明确以下内容：

① 警卫、消防力量部署。

② 抢修力量部署和任务区分。

③ 抢修作业人员的防护手段。

④ 根据不同情况预想的抢修作业方法、程序和完成时间。

⑤ 被抢修设备的质量要求及检查验收方法。

⑥ 抢修作业中的安全要求和措施。

（6）附录。附录主要包括抢修装备配置表、抢修工艺设计图、驻地附近抢修力量情况表等。

二、抢修预案的要求

抢修预案一般应符合以下4条规定。

（1）油库应成立抢修分队，通常下设指挥组、抢修组、消防警戒组和后勤保障组，各组人员从平时担负相同任务的人员中抽组。指挥组组长由油库领导或业务处处长担任。

（2）抢修情况预想应根据油库的实际情况确定，通常分为管线破损，油罐渗漏，栈桥、油泵房、汽车零发油亭损坏等需要紧急修复的情况。

（3）油库应配备应急抢修装备，其配置应能满足抢修任务需求，进行动人和不动人修理。应急抢修装备应集中存放在库房内便于进出的位置。

（4）经抢修后的设备应符合安全要求，能够正常运行，满足使用需要。

第七节　抢　险　预　案

抢险预案中应充分体现反应快捷，控制及时，处置得当，排险有效的原则。

一、抢险预案的主要内容

抢险预案主要包括6项内容。

（1）任务分析。根据油库洞口位置、油罐、管线建造年限等情况，确定平时或发生自然灾害时可能出现重大危险情况的部位，分析抢险任务的特点。

（2）组织机构。油库抢险分队的人员组成、分工与任务。

（3）装备配置。抢险作业所需装备的配置情况、技术参数及维护管理要求。

（4）作业准备。参加抢险人员的集结地点、行动方式路线、通信手段和到达不同抢险地点的时间。

（5）作业实施。根据不同情况预想分别明确以下内容：

① 警卫、消防力量部署。

② 抢险力量部署和任务区分。

③ 抢险人员的防护手段。

④ 抢险作业方法、程序和完成时间。

⑤ 抢险作业中的安全要求和措施。

⑥ 与上级及驻地附近抢险队伍协作抢险方案。

（6）附录。附录主要包括抢险装备配置表、油罐作业工艺流程图、上级及驻地附近抢险队伍情况表。

二、抢险预案的要求

抢险预案的内容一般应符合以下 5 项规定。

（1）油库应成立抢险分队，通常下设指挥组、抢险组、消防警戒组和后勤保障组，各级人员从平时担负相同任务抽组。指挥组组长由油库主任担任。

（2）抢险情况预想应根据油库的实际情况确定，通常分为洞口被炸、洞库爆炸，油罐、管线跑油、漏油，发生自然灾害而需要进行紧急排险等情况。

（3）油库抢险装备可在应急抢修装备的基础上，根据抢险任务需要配置，并应集中存放在库房内便于进出的位置。

（4）备用储油罐应根据油库的工艺流程和储存油品情况确定。

（5）抢险人员在没有防护装具的情况下，严禁进入洞库、罐室、管沟等危险场所排险作业。

第八节　防跑冒油应急处置预案

为确保油库安全，提高职工对安全工作的认识，增强职工的工作责任心，提高对处理跑冒油突发事件的快速应急能力，最大限度地减轻跑冒油造成的损失和危害，防止事件扩大，油库应制定预防跑冒油应急处置预案。

一、编制原则

（一）组织原则

油库预防跑冒油处置预案，应服从油库的统一领导，坚持局部利益服从全局利益，一般工作服从全局工作的基本原则。

（二）协调原则

应急处置工作应与油库日常行政管理、安全管理、消防管理、防跑冒油协调一致，在应急工作实施过程中应具有权威性，调动各部门组织能力，相互配合，协调一致，做好跑冒油处置工作。

（三）防止事态扩大原则

由于油品的危险特性，跑冒事件发生后极易造成火灾、污染环境，制定应急处置预案时应充分考虑这些问题，防止事态扩大。

（四）预案适用范围和启动条件

预案制定后，应报上级备案，凡油库发生大量跑冒油时，开始启动预案。

二、组织机构与人员分工

（一）组织机构

（1）油库应成立跑冒油应急处置领导小组，设组长1名、副组长2名。组长由油库主管业务的领导担任，副组长由业务部门领导担任，成员由保管、检修、安全、消防部门领导担任。

组长：……

副组长：……

成员：……

（2）应急处置一般可设安全警戒组、油品回收组、抢修组、消防组、保障组。

安全警戒组长：……

成员：……

油品回收组长：……

成员：……

抢修组长：……

成员：……

消防组长：……

成员：……

保障组长：……

成员：……

（二）职责分工

（1）领导小组负责跑冒油应急处置的组织指挥。组长任总指挥，负责现场组织、指挥、协调工作，副组长协助组长工作（可兼任油品回收组长）。

（2）安全警戒组，一般由安保部门组成，负责现场安全警卫，警戒范围一般为流失油品周围30~50m范围，具体范围由现场总指挥确定。

（3）油品回收组，一般由保管部门组成，负责流失油品回收，现场处理。

（4）抢修组，一般由设备检修部门组成，负责损坏设备的抢修。

（5）消防组，由专业消防单位组成，负责监控现场，一旦发生火灾，承担灭火任务。

（6）保障组，一般由材料、检修、卫生等部门组成，负责后勤保障及中毒人员或其他受伤人员的救治。

（7）各组成员按照组长分工安排进行各自的工作。

三、应急处理原则

（1）领导小组根据上级有关指示、要求、预案，组织好应急处置工作的实施。

（2）在抢险中要特别注意事态扩大，严格禁止烟火。

（3）协调好各小组的抢险、救灾、医疗、救护、消防、安全、保卫、物资救援等工作。

（4）向上级负责实施预案，并将处置情况及时上报。

四、应急物资

（1）防跑冒油应急处置物资数量，由油库根据可能发生跑冒的量及周围地形、地表等情况确定，主要物资见表7-2。

表7-2　防跑冒油应急处置物资表

名称	数量	名称	数量	名称	数量
空油桶		铝盆		铝簸箕	
管线应急堵漏器		油罐应急堵漏器			

（2）防跑冒油应急处置物资应存放在容易发生跑冒油附近的固定地点，不准挪用。

五、现场控制措施

（1）现场岗位工作人员立即利用应急物资收集油品。

（2）汽油货位发生跑冒油，除立即停止发油外，车辆禁止启动。

（3）发油现场和泵房应使跑冒油品全部清理完毕后，确认安全无误后，方可继续作业。

（4）专职消防队赶赴现场，避免意外事故发生。

六、事故处理与预案演练

（一）事故处理

（1）跑冒油事故发生后，按照"油库事故管理规定"的程序立即报告。

（2）按照"油库事故管理规定"的事故调查要求，查清事故，按照"四不放过"处理原则对事故做出处理，呈报上级部门。

（3）如属人为原因应进行处理。

（4）如小面积跑冒油属系统外人员（如司机）造成，应按跑冒油数量予以罚款，由相关部室执行。

（5）教育当事人，接受教训，举一反三，避免此类事故发生。

（二）预案演练

（1）每年进行一次预案演练。

（2）涉及预案演练班（组）有保管班（组）、发油班（组）、司泵班（组）、计量班（组）。

（3）各班（组）岗位自救演练内容见"关键岗位跑冒油演练"。

（4）演练结束后及时填写预案记录，根据发现问题及时修改完善。

七、关键岗位跑冒油处置演练

（一）发油班（组）自救演练

演练内容：发油场地跑冒油。

演练程序：发油场地货位发生汽车油罐车溢油。

（1）发油班（组）长应通知发油人员迅速停止发油作业，并通知现场消防监护人员。

（2）现场消防监护人员迅速通知专职人员赶赴现场，立即报告安全监督部门。

（3）发油班长组织本班人员利用铝盆、铝簸箕和棉纱收集溢出油品。

（4）同时通知相关班（组）将收集油品储存于油桶内处理。

（5）车辆停止启动，必要时组织人员将装油车辆推离现场。

（6）现场溢出油品清除干净后，才能继续发油。

（7）演练记录：按照油库跑冒油应急处置预案要求，将演习情况记入档案。

（二）司泵班（组）、计量班（组）演练

演练内容：泵房或油罐跑冒油。

演练程序：油泵房或油罐发生跑冒油。

（1）根据设定跑冒油部位，关闭有关阀门，切断油源，司泵员立即根据具体作业情况通知相关人员（如油罐、卸油栈桥人员）关闭阀门，并通知机修人员进行维修。

（2）接卸油品过程油罐发生冒油，计量员立即通知油泵房、卸油作业栈桥停止卸油，司泵员、计量员、卸油员分别关闭相关阀门。

（3）根据设定漏油部位的具体情况（如阀门、油泵渗漏程度）立即开展自救。

（4）业务、行政值班人员组织指挥油品回收工作。

（5）业务值班员对现场人员分工，迅速将空油桶运往事故现场备用，利用应急物资回收跑冒油品。

（6）油罐溢油时，打开测量孔，将溢油油罐的超装油品输入（自流或泵输）其他油罐，制止溢油。

（7）检修人员携带检修材料和工具赶往出事现场进行抢修。

（8）现场消防值班员，利用灭火器准备火灾扑救。

（9）专职消防队立即赶赴现场，做好灭火的准备工作，避免意外事故发生。

（10）演练记录：按照油库跑冒油应急处置预案要求，将演习情况记入档案。

第九节 设备渗漏应急处置预案

一、油罐渗漏应急处置预案

为确保油库安全，提高职工对安全工作的认识，增强职工的工作责任心，提高对油罐渗漏突发事件的快速反应能力，最大限度地减少因油罐渗漏造成的经济损失和危害，油库应制定油罐渗漏应急预案。

（一）编制原则

1. 组织原则

油库油罐渗漏应急处置应服从油库的统一领导，坚持局部利益服从全局利益，一般工作服从全局工作的基本原则。

2. 协调原则

油罐渗漏应急处置与日常行政管理、安全管理、消防管理是协调一致的，在应急工作实施过程中应具有权威性，调动各部门组织能力、相互配合、协调一致，做好应急处置工作。

3. 灾害发生

由于石油产品的危险特性，油罐渗漏后极易造成火灾，污染环境，具有极大的危险性，应急处置预案应充分考虑这些问题。油罐一般有底板和壁板渗漏两种情况，每种又分严重渗漏和一般渗漏两种。

4. 预案适用范围和启动条件

预案制定后应报上级备案，凡油库发生油罐渗漏时，预案开始启动。

（二）组织机构与人员分工

1. 组织机构

（1）油库应成立油罐渗漏应急处置领导小组，设组长1名、副组长2名。组长由油库主管业务的领导担任，副组长由业务部门领导担任，成员由保管、检修、安全、消防部门领导担任。

组长：……

副组长：……

成员：……

（2）应急处置一般可设安全警戒组、油品输送（回收）组、抢修组、消防组、保障组。

安全警戒组长：……

成员：……

油品输送（回收）组长：……

成员：……

抢修组长：……

成员：……

消防组长：……

成员：……

保障组长：……

成员：……

2. 职责分工

（1）领导小组负责油罐渗漏应急处置的组织指挥。组长任总指挥，负责现场组织、指挥、协调工作，副组长协助组长工作。副组长可兼任油品输送（回收）组长。

（2）安全警戒组，一般由安保部门组成，负责现场安全警卫，警戒范围根据具体范围由现场总指挥确定。

（3）油品输送（回收）组，一般由保管、计量、司泵人员组成，负责渗漏油罐的油品输转，流失油品回收，现场处理。

（4）抢修组，一般由设备检修部门组成，负责损坏设备的抢修。

（5）消防组，由专业消防单位组成，负责现场的防火工作，一旦发生火灾，承担灭火任务，特别要重视防火堤排水口的检查，防止油品流到防火堤之外。

（6）保障组，一般由材料、检修、卫生等部门组成，负责后勤保障、中毒、受伤人员抢救和救治。

（7）各组成员按照组长分工安排进行各自的工作。

（三）应急处理原则

（1）领导小组实施应急指挥时，应执行上级部门有关指示、要求、预案，根据上级指示和要求，结合油库现场实际情况实施组织指挥。

（2）油罐渗漏应急处置应遵循先输转、回收，后调查处置的原则。

（3）油品输送任务完成，原因查清后，向上级主管领导报告处置情况。

（四）应急物资

（1）油罐渗漏应急处置物资数量，应根据油库可能发生油品渗漏量的情况及周围地形、地表状态等情况确定，主要物资见表7-3。

表 7-3　油罐渗漏应急处置物资表

名称	数量	名称	数量	名称	数量
空油桶		铝盆		铝簸箕	
空油罐		电焊机		焊条	
钢板		管线应急堵漏器			

（2）油罐渗漏应急处置物资应存放在容易发生跑冒附近固定地点，不准挪用。

（五）现场控制措施

（1）现场作业人员发现油罐渗漏后，立即报告油罐应急处置领导小组。

（2）领导小组组长组织有关人员，根据渗漏情况、油罐空容量情况、输油工艺确定输送工艺流程，在库内无空容量可利用时，请调铁路油罐车调出。

（3）根据渗漏和现场具体情况，酌情派出警戒人员。

（4）组织油品输送组、抢修组、消防组、保障组按照分工和确定的工艺流程，安装临时输油设备，或者"抽堵"输油管道的隔离盲板，输出渗漏油罐油品至其他油罐。

（5）油罐腾空后，按照"油罐清洗安全技术规程"的各项规定，对油罐进行清洗。

（6）清洗并确认符合安全要求后，进行修补。如果是油罐壁板渗漏，采用不动火修补法或动火修补法修渗漏处；如果是油罐底板渗漏，采用适当检漏方法查找漏点，采用不动火修补法或动火修补法修渗漏处；必要时进行防腐处理。

（7）将油罐渗漏处置情况和修补方案报上级部门审批后，组织修补。

（六）事故处理与预案演练

1. 事故处理

（1）必须查清油罐渗漏部位，并分析原因，查清渗漏油品数量，按照"油库管理规定"确定事故等级。

（2）油罐渗漏造成的经济损失，按照"四不放过"原则对事故进行处理。

2. 预案演练

（1）每年进行一次预案演练。

（2）演练时，在领导小组长指挥各组按照分工，做好各自的工作。

（3）演习结束后，及时填写演练登记。

（4）根据演练中发现的问题，对预案修改完善。

二、管线泄漏应急处置预案

为确保油库安全作业的顺利进行，提高快速反应能力，及时处理突发事故，最大限度减少管线泄漏所造成损失和危害，确保油库安全正常进行，油库应制定管线泄漏应急处置预案。

（一）编制原则

1. 组织原则

管线泄漏应急处置预案应服从油库的统一领导，坚持局部利益服从全局利益，一般工作服从全局利益的基本原则。

2. 协调原则

应急处置工作与日常行政管理、安全管理、消防管理是协调一致的，在应急处置实施过程中，应调动各部门的积极性、相互配合、协调一致，做好管线应急处置工作。

3. 灾害发生

由于石油产品的危险特性，管线渗漏后极易造成火灾，污染环境，具有极大的危险性，应急处置应充分考虑这些问题。同时，应考虑管线泄漏油库内外（有的油库库外有输油管线，排水、排洪沟通至库外）带来的意外事故。

4. 预案使用范围和启动条件

预案制定后，报上级公司备案，凡油库发生管线泄漏事故，预案开始启动。

（二）组织机构与职责分工

1. 组织机构

（1）油库应成立管线泄漏应急处置领导小组，设组长1名、副组长2名。组长由油库主管业务的领导担任，副组长由业务部门领导担任，成员由保管、检修、安全、消防部门领导担任。

组长：……

副组长：……

成员：……

（2）应急处置预案，一般可设安全警戒组、油品回收组、抢修组、消防组、保障组。

安全警戒组长：……

成员：……

油品输送组长：……

成员：……

抢修组长：……

成员：……

消防组长：……

成员：……

保障组长：……

成员：……

2. 职责分工

（1）领导小组负责管线泄漏应急处置的组织指挥。组长任总指挥，负责现场组织、指挥、协调工作，副组长协助组长工作（可兼任应急处理组组长）。

（2）安全警戒组，一般由安保部门组成，负责现场安全警卫，警戒范围根据具体范围由现场总指挥确定。管线泄漏有时会超出库区，在这种情况下，安全警戒，防止火烟接近更为重要。

（3）油品回收组，一般由保管、计量、司泵人员组成，负责泄漏管线的油品输转，流失油品回收，现场处理。

（4）抢修组，一般由设备检修部门组成，负责损坏设备的抢修。

（5）消防组，由专业消防单位组成，负责现场的防火工作，一旦发生火灾，承担灭火任务，特别要注意库外可能引发的火灾。

（6）保障组，一般由材料、检修、卫生等部门组成，负责后勤保障。

（7）各组成员按照组长分工安排进行各自的工作。

（三）应急处理原则

（1）领导小组实施应急工作的指挥任务，应执行上级有关部门指示、要求、预案，根据上级指示和要求，组织管线泄漏应急处置的实施。

（2）协调好各应急处置小组的抢险、救灾、医疗、救护、消防、保卫、物资救援等工作。

（3）管线泄漏应急处置完成后，应向上级报告预案实施情况。

（四）应急物资

（1）应急物资的配置应根据油库规模，可能发生渗漏油的数量配置，见表7-4。

表 7-4　管线泄漏应急物资配置表

名称	数量	名称	数量	名称	数量
抽油泵		铝盆		铝簸箕	
管线应急管卡					

（2）应急物资必须存放在固定地点，不准挪用。

（五）泄漏控制措施与预案演练

1. 泄漏控制措施

（1）司泵人员发现后迅速关闭相关阀门，将泄漏管线内油品抽空。

（2）机修维修人员采取临时性补救措施。

（3）现场人员利用应急物资收集泄漏油品，清理打扫事故现场。

（4）消防人员迅速赶往现场，避免事故发生。

（5）机修人员对泄漏管线进行维修，恢复安全正常作业。

2. 预案演练

（1）每年进行一次预案演练。

（2）演练结束后，及时对管线进行维修，恢复正常。

（3）及时填写预案记录，适时完善预案。

第十节　防中毒应急处置预案

油品是由烃类化合物及少量非烃化合物组成，对人体有不同程度的毒性。因此，为了保护油库人员的身体健康，为劳动者创造一个良好的工作环境，有必要采取积极有效的措施预防中毒事故的发生。

一、编制原则

（一）组织原则

预防中毒应急处置预案应服从油库的统一领导，坚持局部利益服从全局利益，一般工作服从应急工作的基本原则。

（二）协调原则

防中毒工作应与油库行政、业务、设备、安全、医疗等方面协调一致，在实施中要全面调动各部门的积极性，相互配合、协调一致。

（三）灾害发生

防中毒处置应明确油库在作业中的有限作业空间的具体部位，考虑人身中毒伤亡及环境保护的要求。

（四）预案适用范围及启动

预案制定后，应上报公司备案，预案适用于油库清洗、除锈、涂装作业，卸油发油作业，检修作业等中的防毒工作，在作业中发现人员中毒，立即启动预案。

二、组织机构与职责分工

（一）组织机构

（1）油库应成立防中毒应急处置领导小组，设组长和副组长各1名。组长由油库行政主管领导担任，副组长由卫生医疗部门领导担任，成员由医疗卫生、行政管理、保管检修等部门适合的人员参加。

组长：……

副组长：……

成员：……

（2）防中毒处置预案，一般设医疗组和保障组。

医疗组长：……

成员：……

保障组长：

成员：

（二）职责分工

（1）领导小组负责防中毒应急处置的组织指挥。组长任总指挥，负责现场组织、指挥、协调工作，副组长协助组长工作。

（2）医疗组，一般由医疗卫生部门组成，负责中毒人员的抢救、救治。

（3）保障组，一般由行政管理、医疗卫生、保管检修部门相关人员组成，负责中毒人员抢险、转移、运送及其物资保障。

三、应急处理原则与应急物资

（一）应急处理原则

（1）领导小组实施防中毒应急处置的指挥任务时，应执行上级部门的指示、要求、预案，根据上级指示和要求组织应急处置的实施。

（2）协调小组的抢险、医疗、救护、转移、运送、救援等工作。

（3）建立与所在地区急救中心联系。

（4）向上级和个人负责实施预案。

（二）应急物资

（1）发生人员中毒抢救应急物资主要是人身安全防护器具及材料和应急药品，见表7-5。

表 7-5　发生人员中毒抢救应急物资表

名称	数量	名称	数量	名称	数量
保险绳		保险带		防爆行灯	
空气呼吸器		通风机		救护车	
防油鞋		担架		应急药品	

（2）发生人员中毒抢救应急物资应存放在固定的地点，不得挪用。

四、救护与控制措施

（1）加强对油库作业场所的管理和检查监督，对工作人员加强防毒安全教育，定期测定作业场所内油气浓度，防止油气失控，使作业场所不超过规定的最大允许浓度。

（2）加强对储输油设备的管理，使其处于完好状态，做到不渗漏，降低空气中油气的浓度，特别应防止作业跑、冒、渗、漏。

（3）加强工作场所的通风管理，充分利用自然通风和机械通风，对罐室、泵房、灌桶间、桶装库房，以及其他易积聚油气、有害气体的场所的进行通风，减少这些有害气体的积聚，降低工作场所的油气浓度。

（4）严禁用嘴从胶管内吸取油料，禁止用汽油擦拭设备设施，禁止用汽油洗手、机械零件、衣服等。

（5）收发油作业、测量、取样时，应穿戴工作服和手套，并站在上风方向；避免油料洒落在皮肤或衣服上；作业中如需进食、饮水等时，应离开现场，用热水和肥皂洗漱后，在指定地点进行；工具、器材可用煤油或洗涤汽油进行擦洗，皮肤、衣物可用1：3的漂白粉水溶液进行消毒，再用肥皂水进行洗涤；罐底清出的沉淀物、清洗用过的锯木等，应风化处理后埋掉；作业结束后，应对沾有油品的工具、器材、工作服等放在指定地方；不准穿工作服回宿舍，吃饭、喝水、抽烟前必须用热水和肥皂仔细洗浴，养成良好的卫生习惯。

（6）油罐清洗作业前，应检测罐内油气浓度，遵守油气浓度与作业时间和要求，其他有限空间中作业，也应遵守此项要求。

① 体积浓度（vol%）为爆炸下限的1%以下时，允许不戴呼吸器进行8h作业。

② 体积浓度（vol%）为爆炸下限的1%～4%时，允许不戴呼吸器进行30min作业。

③ 体积浓度（vol%）为爆炸下限的4%～20%时，不戴呼吸器不准进入作业。

④ 体积浓度（vol%）为爆炸下限的20%～40%时，不经专门批准不准人员进入。

⑤ 体积浓度（vol%）为爆炸下限的40%以上，严禁人员进入。

（7）在罐室、泵房、库房、管沟等场所进行涂装作业时，应充分利用自然通风和机械通风，尽量排出油气及其他有害气体，防止积聚。同时，针对各种涂料的不同毒性，采取相应的防护措施。

（8）加强对防毒面具的检查维护，确保防毒面具质量完好、安全可靠。

五、应急救援与预案演练

（一）应急救援

人员发生中毒时，除及时实施救治措施外，应立即与120急救中心联系，简要说明中毒情况。

（二）预案演练

（1）每年对预案进行演练一次。

（2）作好预案的记录，根据演练中发现的问题修改完善预案。

第十一节　防范突发治安事件应急处置预案

为了加强油库安全防范工作，提高预防突发性事件的应变能力，搞好自防自救，增强职工自我保护意识，确保人身和财产安全，油库在受到外界力量威胁时，在岗人员应立即进行应急处置，确保油库安全。为此，油库应制定防范突发事件应急处置预案。

一、报警

（1）发生突发事件时，由警卫人员按警铃通知在库人员，并及时报告值班主任。

（2）用内部电话通知在岗人员。

（3）视情况打110报警台，请求公安机关前来处理。同时，报上级值班人员或直接报上级领导，预案应有领导电话、上级值班室电话。报警时应简明扼要地说明事发地点、性质、主要情况等。

二、情况处置与防范设备器材

（一）情况处置

（1）集合地点一般在油库前大门内侧附近，或者其他适合的位置。

（2）警卫值班人员（或发现情况者）应及时报告值班主任，并对肇事者进行劝解教育，尽量防止事态进一步扩大。

（3）在库人员听到警报或接到通知时，应迅速赶到出事地点，按照领导的指令果断进行处置。

（4）领导在处理突发事件时，要判断情况正确、处置果断有效。

（二）安全防范设备器械

（1）器械配备。警卫、巡检、值班主任拟各配一支警棍。

（2）根据油库具体情况，将器械配置在适当位置。

三、突发性事件可能的几种情况

（1）社会闲杂人员在油库大门外寻衅闹事。

（2）个别不法分子怀着政治目的或个人目的，企图入库进行破坏。

（3）不法分子企图入库盗窃。

（4）酒后闹事。

（5）其他危及油库财产和人员安全的行为。

四、平时预防突发事件的措施

（1）加强安全教育，组织员工进行实地演练，熟悉方案内容，提高安全防范意识和防范能力。

（2）值班人员坚守岗位，落实巡检制度，值班主任夜间不少于三次巡查，安全员和消防队按规定时间进行巡检，及时发现，并整改安全隐患。

（3）加强与周边单位、居民和公安部门联系，搞好治安防范工作。

（4）油库财务人员要严格按财务管理制度规定，做好现金管理工作。

（5）每月与治安联防单位召开一次简明社情会，及时掌握社情动态。

（6）警卫人员要坚守岗位，陌生人员来库办事、找人，不得单独入库，警卫人员可联系被找人后，由被找人员陪同方可入库；夜间禁止人员入库（上级检查除外）。

第十二节　自然灾害应急处置预案

一、防汛应急处置预案

为确保油库安全正常进行作业，及时处理突发事故，提高快速反应能力，最大限度地减少洪汛造成损失和危害，确保油库安全，为此油库应制定防汛应急处置预案。

（一）编制原则

1. 组织原则

油库防汛应急处置预案，应服从油库的统一领导，坚持局部利益服从全局利益，一般工作服从全局工作的基本原则。

2. 协调原则

防汛应急处置工作应与油库日常行政管理、安全管理、消防管理协调一致，在防汛应急处置实施过程中应具有权威性，应充分调动各部门积极性，密切配合，共同实施。

3. 灾害发生

防汛应急处置预案应考虑洪水给油库引起的意外事件，如储油输油设备设施的损坏，油品流失，进而引发火灾，甚至随着洪流扩大蔓延。

4. 预案使用范围和启动条件

预案制定后，报上级备案，凡油库发生洪灾时，预案开始启动。

（二）组织机构与职责分工

1. 组织机构

（1）油库应成立防汛应急处置领导小组，设组长和副组长各1名。组长由油库主管担任，副组长由书记领导担任，成员由各部门领导参加。

组长：……

副组长：……

成员：……

（2）防汛应急处置预案，一般设有抢险组、设备设施保护组、后勤保障组。

抢险组长：……

成员：……

设备保护组长：……

成员：……

后勤保障组长：……

成员：……

2. 职责分工

（1）领导小组负责防汛应急处置的组织指挥。组长任总指挥，负责现场组织、指挥、协调工作，副组长协助组长工作。

（2）抢险组，一般由保管、勤务、保卫等部门组成，负责洪灾中物资的抢救，重要物资器材的转移，库区积水排出等。

（3）设备设施保护组，一般由设备管理和检修部门组成，负责储输油设备设施的保护和抢修。

（4）后勤保障组，一般由物资、行政管理、医疗卫生部门人员组成，负责受伤人员抢救、物资保障。

（三）应急处理原则

（1）领导小组实施防汛应急处置的组织指挥，应执行上级部门有关指示、要求、预案，根据上级指示和要求组织应急处置的实施。

（2）根据油库所处区域可能发生洪水大小、库区可能受洪水危险的区域、灾害程度，制定预案。

（3）在雨季前和雨季中应经常与当地气象部门联系，及时了解和掌握汛情，设置天气预报牌，向全员通报天气情况和汛情（有的地区不见雨而空发洪灾，如雪山周围流域）。

（4）协调好各小组的抢险、救灾、医疗、救护、消防、安全、保卫、物资救援和保障等工作。

（5）向上级负责预案的实施。

（四）应急物资

（1）根据油库可能受威胁的区域、危害程度，确定防汛物资数量，并明确取土部位。

（2）主要防汛物资见表7-6。

表7-6　防汛应急物资表

名称	数量	名称	数量	名称	数量
编织袋		铁锹		雨衣	
胶鞋		手电筒		电池	

（3）防汛物资应指定地点存放，不得挪作他用。

（五）预案演练

（1）每年进行一次预案演练。

（2）演练结束后，及时对排水设施维修、保养，恢复正常。

（3）及时填写预案记录，根据演练中发现的问题修改完善预案。

二、防震应急处置预案

处于地震区域的油库，应加强破坏性地震的应急处置管理，地震发生后，最大限度地减轻因地震及其次生灾害而造成的损失，充分利用现有条件和行业优势，为震后恢复工作和作业创造有利条件。为此，油库应制定防震应急处置预案。

（一）编制原则

1. 组织原则

油库防震应急处置预案，应服从油库的统一领导，坚持局部利益服从全局利益，一般工作服从全局工作的基本原则。

2. 协调原则

防震应急处置应与油库日常行政管理、安全管理、消防管理协调一致，在应急处置实施过程中应具有权威性，调动各部门的积极性、组织能力，密切配合，共同实施地震后抢救工作。

3. 灾害发生的危害

由于油品的危险特性，决定了油库因地震引起次生灾害的严重性。地震极易造成油罐和工艺管道的破坏，引起油品流失、火灾、污染环境等次生灾害，甚至其危害远远大于地震本身造成的灾害，油库应急预案应充分考虑这些问题。

4. 预案使用范围和启动条件

预案制定后，报上级备案。预案适用于油库所在区域发生 6 级以上地震，当地震发生时，预案开始启动。低于 6 级的一般破坏性地震按日常管理程序处置。

（二）组织机构与职责分工

1. 组织机构

（1）油库应成立防震应急处置领导小组，设组长和副组长各 1 名。组长由油库主管担任，副组长由书记领导担任，成员由各部门领导参加。

组长：……

副组长：……

成员：……

（2）防震应急处置预案，一般设抢险组、设备设施保护组、后勤保障组。

抢险组长：……

成员：……

设备保护组长：……

成员：……

后勤保障组长：……

成员：……

2. 职责与分工

（1）领导小组负责地震应急处置的组织指挥。组长任总指挥，负责现场组织、指挥、协调工作，副组长协助组长工作。

（2）抢险组，一般由保管、勤务、保卫等部门组成，负责震后受伤人员和重要资料、物资、器材的抢救等。

（3）设备设施保护组，一般由设备管理和检修部门组成，负责储输油设备设施的抢修。

（4）后勤保障组，一般由物资、行政管理、医疗卫生部门人员组成，负责人员救治、物资保障。

（三）应急处理原则

（1）领导小组实施应急处置指挥时，应执行上级部门有关指示、要求、预案，根据上级指示和要求组织应急处置的实施。

（2）协调小组的抢险、救灾、医疗、救护、消防、安全、保卫、物资救援等工作。

（3）在地震区域的油库，应向地震部门了解可能发生地震的情况，特别是在发出地震预报时，应组织检修和保管人员，处理好油罐的防护，如断开油罐与工艺管道的连接，检查工艺管道软管连接部位等。

（4）向上级负责实施预案。

（四）预案演练

（1）每年进行一次预案演练。

（2）演练结束后，及时填写预案记录，修改完善预案。

三、油库应急疏散预案

油库主要任务是油品的储运和分发。由于油品具有的危险特性，发生自然灾害或其他原因有不可抗拒的突发性，油库人员又无力应付，危及生命安全时，应进行应急疏散，以确保人员生命安全。

为了加强油库安全防范工作，提高对各种特大自然灾害等突发事件的应变能力，切实做到防患于未然，增强全体员工的安全意识。为此油库应制定应急疏散处置预案。

（一）组织指挥

（1）油库应急疏散处置的指挥员由值班主任担任，注意了解情况，及时向上级部门汇报。

（2）人员编组。将油库全员所在位置、疏散方向等分若干组。

第一组，计量、化验和办公室人员。

组长：……

成员：……

第二组，卸车班和发油班人员。

组长：……

成员：……

第三组，机电维修班人员

组长：……

成员：……

……

（二）报警

（1）规定明确的报警器信号。发现人及时按照规定信号报警器或口头通知值班主任。

（2）在组织疏散过程中，应用电话向公司领导和值班室汇报。

（3）在组织疏散过程中，应向消防、政府等相关灾害管辖部门报告。

（三）疏散路线和地点

疏散路线和地点应根据油库的具体情况，事件性质（洪灾、地震等），以保障人员安全原则，进行统筹安排，如就近的高地、空地等。

（四）组织疏散

发生应急情况时，指挥员应及时果断发出疏散指令，按照预案分组、疏散路线、地点进行疏散。

（五）警戒与要求

油库内不管发生任何情况，重要部门、大门警卫人员必须坚守岗位，防止事件扩大，禁止无关闲杂人员和车辆入库。

（1）服从命令，听从指挥。

（2）注意安全，避免不必要人员伤害。

第八章　油库岗位职责与应知应会

油库是一个设备比较复杂、技术性强、危险性大、业务涉及面广泛的企业，为了协调油库各项业务工作，油库根据需要设置必要的业务职能部门和基层单位，并规定相关单位和人员职责。

第一节　油库职能部门职责

油库组织机构的设置，根据油库规模、任务和实际需要而定，坚持从简的原则。一般说来，独立经营的各级油库均需设立有关组织计划(业务)、装卸保管(仓储)、技术检修(工务)、质量检验(监督)、消防安全和警卫等业务职能部门和下属(单位)。

一、组织计划部门(业务处、科、股)职责

组织计划部门(业务处、科、股)是油库最重要的业务职能部门，主要负责组织、计划、协调工作，其主要职责(任务)如下。

(1)根据库领导和上级指示，拟制油库各项建设规划和年(季)度的工作计划，安排全库业务技术训练，草拟月份(周)工作安排，制订油库各种预案，并组织督促预案的实施。

(2)负责油库事故、油料和其他物资的统计、账簿记载，编报预决算。请领油库业务管理经费、大修经费和材料，并安排使用。

(3)计划安排、合理使用库房面积及油罐容量，及时编制进油计划。搞好铁路专用线、油码头的使用与管理。

(4)组织有关单位开展技术革新，做好预防事故工作，确保油库安全。

(5)制订油库的各项规章制度，协助库领导抓好贯彻落实。

(6)搞好各部门的协同，保证全库各项任务的顺利进行。

(7)起草业务工作总结，负责油库的文电收发、上呈和印鉴管理。

二、装卸保管单位(仓储科、保管队等)职责

装卸保管单位(仓储科、保管队等)是油库的一线业务主体，主要负责油库的油料装卸和储存保管等工作，其主要职责(任务)如下。

（1）负责本单位的专业教育训练的组织实施，抓好思想政治和行政管理工作。

（2）根据库领导的指示和油库工作安排，及时、准确、安全地完成油料、油料装备及物资的收发任务。

（3）负责油库内油料输送作业计划的制订和组织实施。

（4）负责库存油料及物资的保管，定期进行检查、测量、测试和维护保养，采取可靠措施，减少油料储存损耗，防止跑、冒、滴、漏，保证库存油料数量准确、质量合格，保证库存物资数量准确、质量完好。

（5）负责在用设施、设备、机械的正确使用管理和检查、维护、保养，使之经常处于良好的技术状态。协同有关部门，编制油库设施、设备、机械维修计划，做好设施、设备、机械的日常检查和维修工作。

（6）认真贯彻执行油库各项规章制度，严格遵守各项作业程序和操作规程。定期开展安全教育，组织安全检查，确保油库安全。

（7）在油库统一安排下，搞好库区绿化、卫生，保护和美化库区环境。

（8）积极完成领导交给的其他任务。

三、设备检修（工务）单位职责

设备检修（工务）单位负责油库储输油设备、工艺管道、机械工具等日常维修检修，使其处于良好技术状态，开展技术革新，保障"水电气"的供应，其主要职责（任务）如下。

（1）绘制油库的设备工艺流程，编制操作方案，制定设备"四定"（定任务、定人员、定设备、定制度）管理措施并检查落实。

（2）拟制油库设备、设施的季度维修、大修计划，绘制设计图纸，提出施工方案和设备、材料以及经费预算，批准后组织施工，做好材料、经费核算报销。

（3）负责油库现有技术设备定期维护保养，检查鉴定和大修后的验收交接工作。

（4）建立健全设备技术档案，收集、整理技术资料，搞好技术革新和技术改造。

（5）制定紧急情况下的抢修方案并组织实施。

（6）负责油桶洗修，油料掺配、更生工作。

四、油料化验室职责

油料化验室是油库对油料进行质量检验和技术监督工作的职能部门。主要负责油料出入库油料化验，油料储存期间质量监督，油料节约等技术工作。保证不合格油料不入库，不合格油料不出库。其主要职责（任务）如下。

（1）按时完成油料检验任务。认真填写原始记录、化验单、《库存油料质量登记表》，及时上报《油料质量报告表》。

（2）深入油料作业现场，协助做好油料质量管理工作，严防油料质量事故。

（3）宣传正确保管和使用油料以及用过油料的回收工作，协同油料工作人员共同把好油料质量关。

（4）协同做好库存油料的质量管理，及时提出轮换油料的建议，研究改善油料保管条件和延缓油料质量变化的措施。

（5）积极开展和参加油料化验、计量方面的技术革新工作，不断总结和收集整理油料质量、计量管理方面的资料。

（6）定期对化验和计量仪器、设备进行维护保养，并按期送检计量仪器。

（7）在完成本职任务和条件允许的前提下，积极开展对外技术服务和技术咨询工作。

五、消防安全（消防队、班）单位职责

消防安全部门是油库的"保护神"，大、中型油库均设有专职消防队（班）。主要负责监督油库工作人员遵守安全规则，日常检查维护消防设施设备，使之处于良好技术状态，熟练使用各种灭火器材，及时有效地扑灭油库初期火灾。在此基础上，还要做好防火、防爆、防静电、防雷电和防毒、防洪、防盗等安全工作。其主要职责（任务）如下。

（1）负责全库消防工作的监督、检查、指导，宣传安全知识，传授灭火器材的操作使用方法和技能。

（2）熟悉消防设备和消防器材的性能及火情信号，搞好消防设备、设施的日常维护检查和使用管理。

（3）担任全库消防值班，按规定派出收、发作业现场值班员。

（4）参与全库各区域的消防灭火作战预案的制订，按时进行演练，发生火情立即赶赴现场扑救。

六、警卫分队职责

警卫分队负责库区警戒、保卫工作，对进出油库的人员和车辆实施检查监督，保证库区安全。

油库业务技术职能部门（单位）的业务职责并不是一成不变的，根据油库实际情况和有关编制体制的变动，人员职责也可以变动和兼职。各业务职能部门（单位）应分工协作，协调配合，共同为保证油料质量、做好油库安全管理和搞

好油库经营管理而努力。

第二节　油库业务人员职责

油库的不同岗位具有不同的功能和要求。因此，不岗位业务技术人员具有不同的职责（任务）。列举的职责仅仅是为实现岗位功能而提出指导性、概念性的原则要求。在实际中，仅依靠这些是不能实施管理、完成任务的，必须对其进行具体化。

一、油库领导职责

油库主任在上级党委、领导和库党委统一领导下进行工作。

（1）了解和掌握油库情况，根据上级的指示和意图，组织制定工作计划和发展规划，领导全库人员贯彻执行。

（2）领导全库人员及时、准确、安全地做好油料、油料装备的收发、保管、供应工作。

（3）运用现代科学管理思想、先进管理方法和手段管理油库。

（4）有计划地组织油库设备维修、保养、改造和开展群众性的科研和技术革新活动。

（5）领导全库人员严格执行条令、条例和规章制度，遵纪守法，落实安全管理工作，预防各种事故。

（6）积极组织全库人员的政治教育、专业训练和文化学习，不断提高他们的政治素质和业务能力。

（7）领导全库人员完成上级赋予的其他任务。

副主任在主任和政治委员领导下，协助主任工作，其职责与主任相同。本职责也适用于油料分库主任。

二、业务处人员职责

（一）业务处长职责

（1）在库党委和领导的领导下，负责全库业务工作的计划、实施和总结，做好上呈下达工作。

（2）掌握库存容量和油料、油料装备数质量情况，做好统计、核算、报销和运输工作。

（3）编制油库的战备方案并组织落实。

（4）组织好警卫、专业训练和竞赛评比；抓好油库安全管理"十防"工作。

（5）组织全处的政治、专业训练和文化学习，开展岗位练兵活动。

（6）领导全处积极完成领导交给的其他工作任务。

（二）工程师职责

（1）熟悉油库技术设备，全面掌握设备技术状况，及时提出油库设备整修改造或设备维修(大、中、小修)计划，制定技术改造方案。

（2）负责设计(或组织设计)油库土建、工艺、电气工程，提出工程概算，指导施工，进行工程质量检查和竣工验收工作。

（3）组织指导全库开展科研和技术革新工作，组织科技攻关，解决技术难点，提出审定和上报科研项目；抓好自控室与技术股在科研工作上的协同。

（4）严格执行油库安全管理制度，督促检查工程施工、动火和收发作业中安全防范工作的落实。

（5）负责油库战备工作中的技术指导，提出合理技术方案和措施，确保战备预案的落实。

（6）积极完成库党委、领导安排的其他工作任务。

（三）技术助理员职责

（1）熟悉并掌握技术设备的构造、性能、规格、数量、安装使用的位置及技术状况。熟悉各项设备的操作规程和维护保养方法，指导操作人员正确使用和维护保养，做到"三勤""七无"。"三勤"是勤检查、勤维护、勤保养，"七无"是无漏油、无漏电、无漏气、无漏水、无锈蚀、无故障、无丢损。

（2）按时编制并上报技术设备的大修计划，适时制订中、小修计划。按时组织实施各项技术设备的大、中、小修和日常维修。

（3）按上级要求搞好设备普查，建立设备技术档案和设备登记清册，每次大、中、小修和维修保养后都要及时登记，注明日期和修理前后的技术状况。设备有变化应及时更改清册并报告上级有关业务部门。

（4）积极参加研究、审定并报批技术革新方案，经上级批准后，按计划组织实施。

（5）及时提出油库设备维修和技术革新所需零件、配件、设备、材料计划。

（6）协助修理所长组织业务技术训练和岗位练兵，及时总结技术管理和技术革新经验。

（7）努力完成上级交给的其他任务。

（四）技术股长职责

（1）掌握全库技术设备的数量和技术状况，领导全股人员正确使用各种技术设备，使之经常处于良好技术状态。

（2）领导全股认真贯彻各项规章制度和操作规程，搞好油库安全管理"十防"

工作，确保操作和油库安全。

（3）组织开展群众性的科研和技术革新活动，搞好设备的更新和改造。

（4）组织本股的政治教育、专业训练和文化学习，开展岗位练兵和竞赛评比活动。

（5）带领全股人员完成油料、油料装备收发，油桶洗修，油料掺配、更生，配件加工生产，设备维修以及材料的筹措工作。

（6）领导全股积极完成其他工作任务。

（五）核算助理员职责

（1）及时了解领导和上级业务部门的有关指示和规定，严格执行各项标准、制度，掌握本库储存油料、油料装备、容器的主要技术标准、性能和品种、数量情况，熟悉收发油设备的作业能力，有计划地做好供应保障工作。

（2）根据上级业务部门下达的收发任务，本着"存新发旧，优质后用"的原则，及时、准确地组织供应。严格审核油料、油料装备请领计划，并负责办理油料、油料装备收发手续。

（3）负责编制或请国家指定计量部门编制油罐容积表，定期组织计量员及有关人员对库存油料、油料装备进行认真的测量和清点。严格掌握库存油料，油料装备的损耗标准，并负责向上级业务部门办理报销手续。

（4）认真办理各种收发凭证。建立健全并认真记载各种账目。负责向领导和上级业务部门编报和提供有关表报和数字。

（5）负责监督指导保管人员对物资收发原始登记、账目的记载，协助财务人员做好油料、油料装备款的收缴工作。

（6）积极完成领导交给的其他任务。

（六）运输助理员职责

（1）熟悉铁路运输有关的规章制度，掌握各种铁路车辆和汽车载运油料、容器、装备的数量。

（2）根据上级业务部门的指示和油料出库情况，及时编制铁路、汽车运输计划。

（3）接到批准和上级下达的铁路运输计划后，及时报告直接领导，提前做好接收和发出准备；发出车辆要按时向铁路请车，并办理铁运手续。

（4）机车车辆入库前，应事先检查库内作业线，排除障碍，入库后指导机车把车辆调到指定的作业货位，同时核对运号、车号，装卸的物资，接收或发出的单位，到站或发站等。

（5）发出车辆，装车前要检查车辆清洁及安全情况，装完后实施铅封。接收车辆，入库时检查铅封、证件是否齐全，发现问题应立即与有关部门联系，查明原因，并作出记录。遇有职权范围内解决不了的问题，应立即报告上级有关业务部门，及时处理。

（6）运输计划完成后，按规定上报《铁路运输计划完成情况报告表》。

（7）负责专用线的使用管理，及时提出维护保养意见。

（8）积极完成领导交给的其他任务。

（七）自控室主任职责

（1）领导全室人员搞好油库自动化工作。

（2）负责制定油库科研计划，提出研究课题，有计划、有步骤地组织全库业务人员完成科研项目的设计、加工、试验、鉴定、申报奖励和推广应用等工作。

（3）负责中心控制室、计算机房的管理，指导各处股队室计算机的正确使用，会使用和编制软件，存入信息准确，按时上报。

（4）负责油罐测量、油料灌装、洞库"三测"、油库警戒、消防报警、业务通信等自动化设备、仪表的采购、安装、调试和维护工作，指导操作人员正确使用。

（5）负责本室的组织计划和总结工作，并完成库领导交给的其他工作任务。

（八）资料员职责

（1）熟悉资料室管理规则。

（2）按规定时限收集资料，整理分类，编号归档。

（3）负责资料编目、登记、借阅和保管工作，达到数量准确，无丢失、无损坏、无霉烂、无虫蛀鼠咬。

（4）按规定时限销毁过期资料。

（5）保持资料室设施、设备完好和干净、整洁。

三、保管队（分库）人员职责

（一）保管队长职责

（1）熟悉所保管的油料、装备器材的品质指标和技术标准，准确掌握数质量情况，不断研究改善保管条件，提高科学管库水平。

（2）带领全队及时、准确、安全地完成油料、油料装备的收发保管任务。

（3）领导全队认真贯彻各项规章制度，搞好油库安全管理"十防"工作，确保油库安全。

（4）组织本队的政治教育、专业训练和文化学习，开展岗位练兵和竞赛活动。

（5）负责全队的组织计划和总结工作；领导全队积极完成库领导交给的其他任务。

副队长协助队长工作，其职责与队长相同。

（二）计量员职责

（1）参加制定并实施本单位的计量工作计划、总结工作，提出建议。

（2）认真执行国家《计量法》和企业有关计量的规章制度，做好各种登记、统计工作，严格按章办事。

（3）正确保管、维护计量器具，按规定送检，保证在用计量器具合格、准确。

（4）负责储油罐、油罐车的油料测量工作，保证计量数据准确可靠。在核算助理员指导下切实做好月终库存油料的清点核查工作。

（5）油料收发中出现计量超标时，除负责提供正确测量数据外，在库领导的领导下有权与地方(炼厂等)进行交涉和处理计量工作事宜。

（三）油料保管员职责

（1）熟记所保管油料的品名、牌号、性能、主要质量数据、数量及收发和保管方法，按时测量、清点所保管的油料，准确、及时作好登记、统计工作，做到账、物、卡相符。

（2）认真执行"存新发旧、优质后用""三清四无""六不发"的规定与要求，严格按照收发凭证，及时、准确、安全地完成收发任务。

（3）坚持日检查到位，经常打扫库房，清除杂物及非保管的易燃品，保持洞(库)内、外及容器、设备的整洁。如实登记发现问题，正确处理及时报告。

（4）掌握分管的技术设备、业务建筑的数量、技术性能、操作规程和技术情况，做到会操作、会检查、会保养。熟悉防潮措施，及时正确的搞好防潮工作。

（5）严格遵守油库各项规章制度，认真落实"三预""十防"工作，懂得油库消防知识。"三预"即开展事故的预想、预查、预防活动。"十防"即防跑油混油、防火灾爆炸、防中毒、防静电危害、防设备损坏和失修、防禁区失控、防环境污染、防人的不安全意识和不安全行为、防自然灾害(含洪水、地震、雷击、台风等)、防敌特破坏和泄密。

（6）积极完成上级交给的其他工作任务。

（四）油料装备(材料)保管员职责

（1）熟记所保管容器、装备(材料)的名称、规格、型号、主要技术数据、数质量及收发、保管方法。做到无差错、无损坏、无锈蚀、无霉烂、无丢失。

（2）熟悉容器、装备(材料)验收、配套、检查和维护保养的要求与方法，做好装备验收的"一核对、四检查、试运转"，做到会识别，勤检查，按规定堆垛和维护保养，使之处于良好的技术状态。

（3）认真执行"存新发旧"和油料装备"三清四无""六不发"等规定。"三清四无"是数量清、质量清、规格型号清，无锈蚀老化、无渗漏损坏、无附件短缺、无丢失挪用。"六不发"是装备不完好不发、数量不准确不发、配件不齐全不发、型号不相符不发、包装不牢靠不发、手续不齐全不发。按照收发凭证，及时、准确、安全地完成收发任务。

（4）坚持查库制度，及时做好登记、统计工作，清点库存，填写报表，账、物、卡要相符。

（5）搞好维修材料的收旧利废工作，做到节约材料，物尽其用。

（6）严格遵守油库的各项规章制度，懂得油库消防知识，做好防火、防雷击、防人身伤亡、防自然危害的工作，确保油库安全。

（7）积极完成上级交给的其他工作。

（五）司泵员职责

（1）熟悉泵房设备的名称、型号、规格、工作原理及技术性能，做到会检查、会保养、会排除故障。

（2）掌握设备的技术状况，坚持"日检查"和"保养日"制度，使设备经常处于良好技术状态。

（3）严格执行泵房的操作规程、技术规定和按阀门操作图挂牌操作的制度，按现场值班员的命令正确操作，及时、安全地完成油料收发任务。

（4）熟悉油库的有关规章制度，并认真落实。

（5）作业中要坚守岗位，集中精力，发生问题要正确、果断处理，及时报告，认真填写作业和检查记录。

（6）经常清扫泵房，擦拭设备，保持现场整洁。

（7）积极完成领导交给的其他工作任务。

（六）押运员职责

（1）授领任务后，要主动了解并熟记运号、到站、押运货物名称、数量、收货单位及中途加装或卸车站名、单位、货物名称、数量等。要熟记经由路线。

（2）装车前要索取各种证件，装车时要到现场监督货物的装载，记牢车号，认真核对数量，检查包装情况，收物单位在两个以上时，应对货物做出明显标记并记清摆放位置。

（3）出发前要带齐带足个人所需物品，押运途中不得擅自离车，不准任何人搭乘押运的车厢，车厢内严禁烟火。

（4）停车后要检查门窗是否关严，铅封是否完好，不要在铁路上游逛，不要用手电筒沿铁路照射。

（5）注意防火、防盗、防雨和防止敌特破坏。停车时间较长时，应配合铁路公安人员或民兵，搞好警戒防护。

（6）途中如有变更或交通受阻，应听从铁路部门指挥，并设法与本单位或上级取得联系，汇报情况。

（7）押运途中要牢记车次，重新编组时要注意防止将自己押运的车拆散，并问清新的车次。途中要经常与车长、车站调度联系，及时了解开车时间，防止掉车。

（8）途中发现油桶严重渗漏时，可到编组站请铁路部门协助倒装或换装，不宜运行的漏桶可卸下委托车站妥善保管，并设法通知本单位或上级有关部门及时处理。

（9）沿途要遵守国家政策、法令，注意保守秘密。

（10）到达地点后，应速与接收单位联系，清点货物，办理交接手续后立即返回，并向领导汇报执行任务情况，移交各种证件。

（七）运（加）油车驾驶员职责

（1）熟悉车辆和运（加）油设备、器材的构造、性能、工作原理及技术数据，掌握保养方法，做到正确驾驶，操作熟练、及时检查、保养车辆及随车设备，使之经常处于良好技术状态。

（2）熟悉所运（加）油料的名称、牌号、性能和装卸、运输、加油的方法与注意事项，根据领导安排，保质保量完成运（加）油料的任务。

（3）遵守交通规则和驾驶纪律，做到遵纪、爱车、中速、安全、节油。杜绝一切交通事故。

（4）熟悉运（加）油车的操作规程和油库有关规章制度，熟悉随车消防器材的性能与使用方法。确保油料运输和装卸中的安全。

（5）注意节约油料和器材，严格按手续交付，不得私自动用车上运（加）的油料。

（八）搬运机械驾驶员职责

（1）熟悉各种搬运机械的技术性能，定期进行检查、维护和保养，使机械经常处于良好的技术状态。

（2）熟练掌握驾驶和操作技术，出车前，检查车辆、机具的技术状况，不得带故障出车；作业时要精力集中，严格遵守驾驶纪律和操作规程，注意安全，防止发生事故。

（3）认真执行搬运机械管理规则，不经批准不得擅自出车，不准将车交他人驾驶操作。

（4）认真填写作业记录，及时请示报告工作。

（九）油料统计员职责

（1）掌握库存油料、油料装备和容器的主要技术指标、性能、用途、品种、规格、数量、质量、储存位置。

（2）熟悉油料供应管理制度、油库管理制度，了解常用油料、油料装备的供应、运输和统计核算方法，及时进行收发原始凭证登记和账薄记载。

（3）熟悉油料和油料装备的测、计量方法，与保管员、计量员正确测量计算，搞好经常性的统计核算、资料分析和整理工作，提供可靠的业务数据。

（4）掌握油料、油料装备数量的计算方法和决算等报表的填报方法，按时上报上级规定的报表，做到数字准确、无漏报、无虚假。

（十）油库自动化操作员职责

（1）了解油料和油库安全知识。

（2）熟悉油库设备、工艺流程和收发、保管程序和方法。

（3）熟悉油库自动化系统工作原理，掌握计算机及各种应用软件的使用方法，会编本库常用一般软件，会对计算机进行维护保养。

（4）搞好计算机和计算机网络的信息管理，及时、准确地输入数据，做到按时上报各种报表资料，无差错、无漏报。

（5）掌握油库自控系统一般故障的判断与排除。

（6）搞好机房管理，做好清洁卫生工作，完成上级交给的其他工作任务。

（十一）加油员职责

（1）负责车辆加油和经上级业务部门批准的零星油料的发放工作。

（2）懂得所加油料的名称、牌号、用途，了解加油设备、器材的构造、性能、工作原理及技术状况，经常维护保养，使之处于良好技术状态。

（3）遵守各项规章制度和操作规程，做到加油及时、准确、安全。

（4）经常维护保养消防器材，并会正确使用。

（5）搞好清点油票、登记账目工作，做到日清月结。

（6）工作完毕，归放工具，保养设备器材，打扫现场卫生。

（7）完成上级交给的其他任务。

四、检修所人员职责

（一）修理所长职责

（1）熟悉并掌握本库所有技术设备的构造、性能、规格、数量和安装使用位置，按计划组织好各项设备的修理和零部件的加工，做到"三勤""七无"。

（2）发动群众开展科研和技术革新活动，负责组织研究并提出技术革新方案，经上级批准后，按计划组织实施。

（3）组织本所人员的政治学习、技术训练和岗位练兵，并定期进行考核。

（4）负责本所的组织计划和总结工作，并及时请示报告。

（5）积极完成上级交给的其他任务。

（二）管道工职责

（1）熟悉油库常用管材、管件、阀门、填料等的规格、用途以及维护、检修、试验的方法，掌握各类管路的技术状况、技术标准、规定、规程。

（2）熟悉油库各类管路的分布情况。当管网处于不正常工作状态时，能分析其产生原因并能提出合理的解决方案和组织实施；当管网出现突发事故时，能根据现场情况，采取有效措施，在最短时间内予以消除。

（3）对管路的防腐、防冻和防护具有一定的基础知识和经验，能按规定对管路及附件进行检查、保养、维护。积极配合焊工进行管道维修抢险工作。

（4）支持检修所长工作，为其提出可靠的技术数据和管网改造建议。

（5）按规定认真记载各项工作记录、设备档案、设备清册。

（三）电工职责

（1）了解油料一般特性，熟悉油库电气设备的技术性能、规格、数量以及维护、检修、试验的方法，掌握设备的技术状况、技术标准、规定、规程，按规定对设备进行检查、保养、维护、修理、试验、鉴定。设备发生故障及时检修，确保其技术状况良好，安全可靠，运行（转）正常。指导有关人员正确地操纵、使用电气设备。

（2）严格遵守规章制度，认真执行技术操作管理规定，坚持收发作业现场值班，严禁设备带故障作业，切实做好安全用电和防事故工作。

（3）根据需要和设备技术状况适时提出设备检修计划及所需材料，努力完成领导批准的维修项目，修复后的设备要符合有关的技术规定。切实抓好防爆电气设备的技术操作和管理工作。

（4）按规定认真记载各项工作记录、设备档案、设备清册。

（5）使用的各种工具、器材要性能良好、安全可靠。要节约用电，节约材料。开展技术革新活动，不断改进设备，改革机工具，提高工作效率。

（四）维修（车、钳、焊）工职责

（1）熟悉所使用机工具的构造、性能、技术数据和维护、保养、检修的技术规定，熟练掌握操作规程，做到正确操作使用及时保养检修，使其经常处于良好的技术状态。

（2）按分工，熟悉设备的构造、性能、技术数据、位置、安装使用方法及技术状况，指导使用人员正确操作。

（3）了解库存油料的主要性能，熟练掌握储输油设备的维修、保养方法，做到"三勤""七无",确保设备经常处于良好的技术状态。

（4）严格遵守油库各项规章制度，参加现场作业值班，经常巡查设备使用运转情况，发生故障及时检修。

（5）根据设备的使用时间和技术状况，及时提出设备小修、中修、大修或更换的建议。

（6）按规定及时填写工作记录和技术档案，注意积累资料，保持设备技术资料的完整性。

（7）积极参加技术革新活动，勤俭节约，修旧利废，爱护设备和各种机工具。

（8）积极完成上级交给的其他工作任务。

五、化验室人员职责

（一）化验室主任职责

（1）熟悉化验仪器、设备的构造、性能和操作规程，掌握油库化验室担负化验项目的试验方法。指导全室人员按规定做好油料化验工作。

（2）熟悉油料技术标准，掌握库存油料的数质量情况，根据"存新发旧、优质后用"的原则，编制油料发放顺序，正确指导油料收发、保管工作。

（3）督促全室人员认真贯彻执行库内有关的规章制度，确保化验室和油库安全。

（4）深入现场搞好油料质量检查，根据实际情况适时提出改善保管条件和提高洗桶、油料更生、掺配质量的建议。

（5）按期组织计量、化验仪器的检定校正和试剂的标定工作，适时提出计量、化验设备的维护保养和仪器、试剂的请领购置计划，经上级批准后，按计划组织实施。

（6）督促检查各项记录、登记的填写，认真审查及时上报库存油料质量报告表，注意搞好资料的积累工作。

（7）根据上级的统一安排，协助指导用户正确使用油料，帮助搞好质量检查。

（8）组织全室人员的政治、文化、业务学习，开展岗位练兵、科研和技术革新活动。

（9）搞好本室的工作计划和总结，及时请示、报告工作。

（10）积极完成领导交给的其他工作任务。

（二）化验员职责

（1）熟悉并认真贯彻执行油料技术工作制度、化验室规则、规程和油库有关的各项规章制度，确保油库化验室安全。

（2）熟练掌握油库化验室担负化验项目的试验方法。按规定正确操作，作出正确结论，完成化验任务。

（3）熟悉化验仪器、设备的构造和性能，按期维护保养设备、校正和检定仪器，及时配制、标定溶液和试剂。适时提出仪器、设备大、中修和仪器、试剂请领购置计划，经上级批准后，抓紧落实。

六、消防队（班）人员职责

（一）消防队（班）长职责

（1）熟悉油料的性能和消防专业技术知识及油库火灾的扑救方法，带领全队（班）苦练消防基本功，发生火灾迅速组织扑救。

（2）熟悉固定消防设备、消防车和消防器材的构造性能以及操作使用方法，熟悉消防安全规定，负责消防器材的维护、管理与更换药液，定期检查全库的消防安全工作，对不符合规定的电源、火源、建筑、设施，及时提出意见并监督改正。

（3）参与制定油库消防预案和消防措施，定期组织全库性的消防知识教育和消防演习。

（4）按规定组织并参加现场作业和节假日、平日以及紧急情况下的消防值班，值班时认真履行职责，严格电源、火源和易燃、易爆物的安全管理。

（5）火车机车入库时，负责组织接送并督促检查消防措施的落实。

（6）参与制定爆炸危险场所动火的安全措施，经上级业务部门批准后，认真督促检查措施的落实，并到现场负责消防值班。

（7）适时提出加强消防工作的建议，积极完成上级交给的其他工作任务。

（二）安全消防员职责

（1）熟悉库内建筑的结构、防火等级，了解油料的性能，掌握油料、物资和库内建筑、设备的灭火方法。

（2）积极宣传消防知识、开展"三预"活动；熟悉油库防火、电气安全管理规定及有关的油库管理制度，并检查和督促有关人员认真贯彻执行。

（3）熟悉各种消防设备、器材的构造、功用及灭火原理，做到能熟练、正确使用，会维护保养，发生火灾要奋力扑救。

（4）参加作业现场的消防值班时，应备齐消防器材，坚守岗位，做好灭火准备，并监督作业人员遵守安全规则。

（5）轮流担负日常消防值班时，要认真检查库内人员执行安全制度的情况，消防道路是否畅通，消防信号是否可靠，消防器材的技术性能和摆放位置以及库内火源、电气的安全管理是否按要求落实。加强重点区域的检查，发现问题及时报告，正确处理，严格交接班制度。

（6）机车入库时负责接送并督促检查消防措施的落实。

（7）按计划及时维护保养消防器材和设备，适时更换药液，使其经常保持良好的技术状态。

（三）消防车驾驶员职责

（1）熟悉车辆和随车灭火设备的构造、性能、工作原理和操作及维护保养方法，做到正确驾驶，熟练操作，及时维护保养，按规定盛装灭火药液，使之经常处于良好技术状态。

（2）熟悉油库消防知识、消防预案、警报信号、消防区域的划分及库区道路、水源的情况，积极参加消防演练，发生火灾及时参加扑救。

（3）遵守交通规则、驾驶纪律、车辆管理制度和油库有关的规章制度，防止发生事故。不得使用消防车做与消防无关的任何运输。

（4）按规定参加作业现场的消防值班，值班时不得擅离职守。

（5）注意节约油料和器材。

七、现场作业人员职责

（一）现场值班员职责

现场值班员由库领导（收发五个和五个以上的铁路车辆时）、股长或由领导指定的助理员担任，具体负责收发作业现场的组织指挥。其主要职责：

（1）作业前审核收发证件，核对收发物资的数质量，确定作业流程，进行作业动员，明确作业人员的分工，提出具体要求，组织作业现场的通信联络、消防、警卫、技工、医护人员的值班和巡回检查。

（2）亲自检查、询问作业准备情况，确认准备工作准确无误后下达作业开始命令。

（3）作业中严守岗位，保持与罐车、泵房、罐区等作业地点经常联络，掌握设备运转和作业现场情况，严格督促检查各项规章制度的贯彻执行，防止发生事故，发生重大问题及时报告处理。

（4）作业结束，督促检查善后工作的处理，检查作业记录填写的情况，对作业情况进行讲评，向有关领导汇报作业情况。

（二）现场助理员职责

（1）熟悉技术设备、业务建筑的技术性能、作业能力、操作管理方法和有关技术规定以及员工的思想情况、专业技术水平，指导操作人员对设备的正确使用和经常性的维护保养，搞好洞库防潮。

（2）协助技术股搞好技术设备、业务建筑的计划维修和维修中的安全工作。

（3）熟悉并严格贯彻有关作业现场的各项规章制度、技术操作规程，严格控制火源和用电管理，督促"日检查"制度的落实，作好油库安全管理"十防"工作。

（4）熟悉库存油料、容器、油料装备的技术标准和技术性能。组织有关人员认真落实收发保管工作中的"三清四无""六不发""一核对、四检查、试运转"制度。做到数量准确、质量完好、账物卡相符。

（5）熟悉紧急情况下的收发作业方案，有计划地组织演练，按要求搞好油库绿化。

（6）组织有关人员填写各种登记、作业记录和业务报表。

（7）积极完成领导交给的其他任务。

（三）现场取样员职责

熟悉油料收发作业中对油品取样的有关规定，并按规定加强落实。

八、其他业务人员职责

（一）洗桶工职责

（1）负责验收和清点用户送交的待修桶，对缺件和人为损坏的油桶要认真做好登记，如实向上级汇报处理。

（2）熟悉油桶洗修、电泳的工艺过程，严格生产过程中的质量检查，电泳桶的质量必须达到规定的要求，洗修桶的合格率应达到95%以上。

（3）按分工熟悉洗修桶、电泳设备的构造、性能、工作原理、主要技术数据及维护、保养方法，掌握操作规程，做到正确操作，及时维护保养。

（4）遵守劳动纪律，严格执行油库各项规章制度，切实做好防火、防爆、防中毒、防设备损坏、防人身伤亡等工作，确保生产安全。

（5）积极开展技术革新和科学实验，学习、应用新工艺，不断提高洗桶、电泳自动化水平和产品质量，勤俭节约，认真搞好核算，不断降低成本。

（6）积极完成上级交给的其他工作任务。

（二）锅炉工职责

（1）严格执行各项规章制度，细心操作，确保锅炉安全运行。

（2）发现锅炉有异常现象可能危及安全时，应采取紧急停炉措施，并及时报告有关负责人。

（3）对任何危害锅炉安全运行的指示，应拒绝执行。

（三）油库卫兵职责

（1）熟悉警卫目标和警卫范围，熟记口令、信号，熟练使用手中武器。

（2）忠于职守，按规定着装、配带武器。

（3）严格执行人员、物资和车辆出入库的检查、登记制度，遇有疑问或手续不符时，应报告库值班员或有关领导进行处理。

（4）执勤中严密观察警卫区域内的情况，督促检查进入库内人员执行油库管理制度的情况，遇有违犯者应立即劝阻。

（5）严防敌特破坏，节假日、夜间和恶劣天气要加倍警惕，发现情况及时报告、正确处理。

（四）技术区值班员职责

（1）严格人员、车辆、物资出入库的检查登记，手续不全者禁止出入库区。

（2）检查、监督入库人员将携带的火柴、打火机等易燃易爆物品交门卫值班室保管，并督促其遵守库区各项规章制度。

（3）负责库房、罐间及洞库钥匙的发放、回收、保管，及时做好各项登记。

（4）监督火车、机车严格执行出入库规则。

（5）坚守岗位，保持室内外整洁，认真做好交接班工作。

第三节 油库业务人员应知应会

一、业务管理和技术人员应知应会

（一）决策层应知应会素质

油库决策层一般包括油库主任（经理）、组织计划部门、总工程师（高级工程师），其他知应会素质见表8-1。

表8-1 决策层人员应知应会素质

职别	应 知	应 会
油库主任、副主任	（1）油库管理标准、规则、规程及有关制度。 （2）业务人员专业素质、文化水平和工作能力。 （3）油品理化性质和设备的主要性能；库房面积、油罐容量；经费使用情况。 （4）油库安全管理，防火防爆、消防、防洪等知识。 （5）油库作业能力，工艺流程及作业程序，主要装备的台、套数及质量情况。 （6）油库各种应急处置预案及实施	（1）会组织全库人员学习贯彻落实油库规章制度。 （2）会组织政治学习、专业训练，提高全库人员政治素质和业务技术水平。 （3）会组织指挥油品装卸作业。 （4）会组织全库搞好设备的管理和维修；开展群众性的科研和技术革新活动。 （5）会在各种紧急情况下的组织指挥。 （6）会处理内外关系

职别	应 知	应 会
组织计划部门领导	(1)油库管理标准、规则、规程及有关制度。 (2)工艺流程和油品作业程序。 (3)本处人员职责、素质。 (4)熟悉"收发储"能力和库存油品的品种、数量。 (5)应急处置预案,组织应急预案的实施。 (6)计算机知识和操作使用能适应工作需要	(1)会组织专业训练,提高全库业务人员能力和水平。 (2)会组织拟制油库各种应急处置预案。 (3)会制订各种工作计划,起草或审定请示报告和工作总结。 (4)会组织油库作业、消防、灭火、抢救、警戒防卫和安全检查。 (5)会组织协调各单位配合工作
总工程师或高级工程师	(1)油库管理有关标准、规则、规程、技术规范。 (2)人员职责、素质及各工种的技术要求。 (3)技术设备的性能、数量、安装位置、技术状况和工艺流程。 (4)油品理化性质、用途,油桶洗修,零配件加工。 (5)各种应急处置预案。 (6)与油库相关的各种基础知识。 (7)计算机知识能适应工作	(1)会识图、绘制,如工艺流程图和电气系统图。 (2)组织技术革新和技术改造,排除油库技术设备的故障。 (3)油库主要设备的技术改造、检查和鉴定。 (4)编制、审核工程预决算。 (5)会组织协调各种技术力量

(二)业务技术干部应知应会素质

业务技术干部不同编制的油库,其名称也有不同,主要有工程师、油品保管部门干部、油品化验室干部、设备检修干部、油品核算干部、运输干部、现场管理干部、助理工程师等,其他知应会素质见表8-2。

表8-2 业务技术人员应知应会素质

职别	应 知	应 会
工程师	(1)油品常识、油库各项安全规定及管理知识,土建的一般知识。 (2)油库管理标准、规则、规程、技术规范及有关制度。 (3)本库设备、设施情况及工艺流程	(1)设计一般工艺流程,选择机械(电器)设备规格、型号和材质。 (2)编制审查工程预算,指导设备、设施大、中、小修。 (3)组织各种技术方案论证,技术革新和设备改造,指导施工、技术检查、鉴定及验收

职别	应　知	应　会
油品保管部门干部	(1) 油库管理有关标准、规则、规程、技术规范。 (2) 石油的组成、用途，油品的品种、牌号、性质、使用规定、技术指标、识别方法和管理要求，影响油品质量变化的因素、规律及防止措施，搬运机械及计算机知识。 (3) 本队人员的职责范围、素质程度。 (4) 本库收、发、储能力和库存油品，油品装备品种数量、质量情况	(1) 正确组织油品、油品装备收发保管，洞库通风、防潮、降湿工作。 (2) 编制、使用油罐容积表。 (3) 组织本队人员安全检查、抢险和灭火工作。 (4) 拟订本队工作计划，起草请示报告和工作总结，组织本队专业训练和演练
油品化验室干部	(1) 油库管理有关标准、《油品技术工作规则》和《计量法》。 (2) 石油的组成、用途，常用油品技术指标、理化性质及使用规定，油品掺配、更生工艺。 (3) 本室人员职责范围、素质程度。 (4) 化验仪器、设备的结构、性能、使用和维修保养方法。 (5) 油品收发作业程序和工艺流程	(1) 本库化验室油品化验项目的操作，化验结果准确，准确配制、标定标准溶液和配制其他溶液。 (2) 化验仪器的维护、保养和常见故障的排除。 (3) 拟定工作计划，对油品质量做出正确结论，正确填写各种登记、记录、总结报告。 (4) 配制各种特种液，其质量符合技术标准。 (5) 组织计量仪器、工具的检定和流量计、温度计、密度计的检定工作
设备检修干部	(1) 油库管理有关标准、规则、规程、技术规范。 (2) 本所人员职责范围、素质程度。 (3) 油品基本常识及油库安全管理知识，电工学、力学、机械制图、金属工艺学、公差配合及机械原理，修理所管理知识。 (4) 油库和本所现有设备的结构、工作原理、性能、品种、规格、数量、位置、安装使用要求及技术状况	(1) 识图、绘制加工图和油库工艺流程图，根据工艺要求，进行工艺质量技术检查和鉴定。 (2) 制定加工生产计划，进行经济核算及组织加工生产。 (3) 组织对油库设备的维修，对库存物资器材的检查、保养；对入库器材的技术验收
油品核算干部	(1) 油库管理有关标准、规则、核算工作有关标准制度。 (2) 本库收、发、储能力，组织、计划、调拨、供应原则和办法，常用运输工具的装载量、装卸工具的装卸能力。 (3) 库存油品、装备和容器的主要技术指标、性能、用途、品种、规格、数量、质量、储存位置。 (4) 国家《计量法》《计量法细则》	(1) 编制油罐容积表，油品测量和计算油品自然消耗。 (2) 办理各种收发凭证，记载账簿，计算机报表，建立和积累业务资料。 (3) 指导保管员、计量员正确测量油罐油品、进行收发原始凭证登记和账簿记载。 (4) 总结报告工作

续表

职别	应　知	应　会
运输干部	(1)油库管理有关标准、规则、规程、技术规范。 (2)油品基本常识、油库安全管理及消防知识。 (3)铁路专用线的使用管理、维修保养知识，常用运输工具、装卸搬动机具的装载量和装卸搬运能力及方法。 (4)油船(驳)的相关知识	(1)编制、审核专用线管理经费预算。 (2)请车、接车，办理铁运手续，检查核对车号、运号、铅封、证件。 (3)处理运输工作中出现的问题及事故。 (4)总结报告工作
现场管理干部	(1)油库管理有关标准、规则，油品接收、发出、储存保管等规定。 (2)油品理化性质、识别方法和管理要求，油品质量变化因素、规律及防止措施。 (3)油品保管员、司泵员、机械员职责范围、素质程度。 (4)本库储、输油设备的工艺流程和收发作业程序，掌握收、发、储能力和库存油品、装备器材数质量情况。 (5)应急预案的组织实施	(1)组织油品、油品装备收发作业。 (2)组织通风防潮。 (3)正确检查、指导保管员、计量员记账、填卡、测量、计算。 (4)组织消防灭火，正确使用消防器材
助理工程师	(1)油库管理有关标准、规则、规程、技术规范。 (2)维修、洗桶工职责范围、素质程度。 (3)维修材料、油品常识、油库防爆、消防等知识。 (4)电工学、力学、机械制图、金属工艺学、公差配合及机械原理。 (5)油库主要设备的结构、工作原理，本库设备的性能、规格、数量、工艺安装要求、位置及技术状况	(1)编报设备大修计划和制订中、小修计划。 (2)维修材料的使用和管理，组织有关人员实施设备的大、中、小修和维护保养工作。 (3)识图、制图，设计油库一般工艺，排除主要机械设备一般故障。 (4)指导油桶洗修和油品更生

二、油库一线作业人员应知应会

油库一线作业人员主要有加油员、油品保管员、油品化验员、司泵员、油品计量员、油品统计员、电工、修理工、车工、钳工、焊工、消防员、搬运机械工、油桶洗修工、锅炉工等。按国家现行政策，每种工种分初级、中级、高级三种。高级应具备中、初级应知应会素质，中级应具备初级的应知应会素质。

（一）加油员应知应会素质

加油员是指使用各类加油设备(施)，将质量合格的油品安全、准确、及时地加入用油装备，并正确计量、记账核算的人员。其他知应会素质见表8-3。

表8-3 加油员应知应会素质

级别	应 知	应 会
初级加油员	(1)加油员职责及加油站有关规章制度。 (2)油品基础知识。 (3)常用加油机的型号、性能、主要结构及正确使用和维护保养方法。 (4)计量活塞手摇泵、刮板泵、滑油注入器加油枪及其他常用加油工具的型号、结构、使用和维护保养方法。 (5)电子磅秤、量油尺等简单计量工具的规格、主要技术要求、使用和维护保养方法。 (6)自用自动计量加油机及简单计量工具的规定检定时间和允许标准误差。 (7)自用灭火器材的种类、用途、放置位置及使用方法。 (8)定量灌装设备的使用方法及日常维护保养的注意事项。 (9)盛油容器的种类、规格和主要技术指标。 (10)油库(站)漏油、溢油、跑油、火灾、中毒等事故的预防知识和紧急处置方法。 (11)油品的体积与质量的换算方法。 (12)用过油品的回收标准。 (13)安全用电常识	(1)正确操作和维护保养计量电动加油机。 (2)正确使用、维护保养自用加油设备和计量工具。 (3)正确排除自动计量加油机的简单故障。 (4)正确排除常用加油工具的常见故障。 (5)正确测量、计算油库站存油量、消耗量和记账、报账。 (6)正确使用自用灭火器材。 (7)正确操作使用定量灌装设备及其日常维护保养。 (8)能迅速、正确识别常用油品的种类，并进行油品质量的外观检查
中级加油员	(1)常用自动计量加油机的型号、结构、工作原理和主要技术指标。 (2)常用自动计量加油机的安装、调试和检修方法。 (3)定量灌装设备的性能、主要结构及常见故障的分析、判断。 (4)涡轮流量计、腰轮流量计及其他流量仪表的型号、结构、工作原理和主要技术指标。 (5)常用自动计量加油机故障产生的原因和预防方法。 (6)定量灌装设备的工作原理和自控计量仪表的工作原理、使用。 (7)常用灭火器材的种类、规格、结构、用途及灭火原理。 (8)常用流量仪表的故障排除和预防方法	(1)正确分析、判断常用自动计量电动加油机工作是否正常，并能排除一般故障。 (2)正确分析、判断自用电子灌装设备工作是否正常，并能排除简单故障。 (3)流量仪表常见故障的排除及误差的校正。 (4)常用自动计量电动加油机的正确安装和一般调试。 (5)自用定量灌装设备的正确安装和简单调试。 (6)常用灭火器材的检查及操作使用。 (7)会处理现场紧急情况

级别	应　知	应　会
高级加油员	(1)新型自动计量加油机的型号、特点、主要结构、操作使用和维护保养知识。 (2)自动计量加油机的安装工艺和要求。 (3)电子定量灌装设备的安装工艺和要求。 (4)加油站设备的结构及工作原理。 (5)机械原理。 (6)电工、电子技术基础知识	(1)新型自动计量加油机的一般故障排除。 (2)正确分析判断,排除常用自动计量加油机的疑难故障。 (3)正确分析判断,排除定量灌装设备的疑难故障。 (4)自动计量电动加油机和定量灌装设备的技术革新。 (5)计算机的使用操作

（二）油品保管员应知应会素质

油品保管员是指使用各类储输油设备（施）和器材，安全准确地收发、储存和转运各类散装、桶装油品，并正确计量、记账，维护、保养储输油设备的人员。其他知应会素质见表8-4。

表8-4　油品保管员应知应会素质

级别	应　知	应　会
初级油品保管员	(1)油品保管员职责及有关规章制度。 (2)铁路油罐车、汽车油罐车、油船(驳)装卸油品的一般方法。 (3)铁路油罐车收发油作业程序。 (4)收发油作业中的要求及注意事项。 (5)洞库收油作业中的注意事项。 (6)保管员查库的具体内容。 (7)油罐清洗规定、清洗步骤及要求。 (8)桶装油品的装卸、运输和保管的要求及注意事项。 (9)油品测量的有关规定。 (10)温度、湿度的基本概念。 (11)常用度量衡单位和换算方法。 (12)燃料油、润滑油脂、特种液保管规定。 (13)洞库、库房、棚库内或露天桶装油品的保管规定。 (14)洞库油品保管和油库通风知识。 (15)灭火器材的种类、使用范围及操作。 (16)油库防漏、溢、跑、混油和防火、防爆、防中毒、防雷击、防静电失火的措施。 (17)油品基础知识	(1)正确使用和维护油库装卸油设备。 (2)正确使用、清洗和安装油品过滤器。 (3)正确操作和维护油桶(含轻、重桶)装卸机械。 (4)正确实施各种油品的收发作业。 (5)正确进行油品测量。 (6)正确测定温度、湿度、压力、密度,换算油品密度。 (7)正确使用和维护自用加油设备和器材。 (8)正确使用灭火器材。 (9)正确进行查库作业。 (10)看懂简单的工艺流程图。 (11)正确识别常用油品

级别	应　知	应　会
中级油品保管员	(1)铁路油罐车的规格、结构、性能及使用要求。 (2)各型铁路油罐车的最大装油量及按温差装载高度标准。 (3)汽车油罐车、油船(驳)装卸油主要设备设施的使用要求。 (4)油品损耗原因及防止措施。 (5)自用装卸器材的种类、规格、结构及工作原理。 (6)自用装卸设备的规格、性能、结构及工作原理。 (7)油罐附属设备名称、安装位置及其作用。 (8)油库储油设备的使用和维护保养方法。 (9)油罐渗漏的检查与修理方法。 (10)油品储存年限的规定。 (11)油罐车洗刷质量标准和油桶洗修质量验收标准。 (12)各种油品在不同储存条件下的保管要求和注意事项。 (13)降低接地电阻的方法。 (14)流体力学常识	(1)看懂各种较复杂的工艺流程图。 (2)正确排除油品装卸设备设施的常见故障。 (3)常用检测仪表(器)的使用和维护保养。 (4)正确使用自用气象观测仪器。 (5)正确进行储油设备的维护和一般故障的排除。 (6)正确进行油罐、油桶和油罐车洗刷后的质量检查。 (7)熟练操作自用油桶装卸设备及常见故障的排除。 (8)正确进行油库可燃气体的测量。 (9)各种阀门的常见故障排除。 (10)熟练识别各种油品。 (11)计算机一般操作使用
高级油品保管员	(1)洞库防潮降温的主要措施和方法。 (2)油品统计核算的方法和规定。 (3)发动机泵、挂车泵的结构、工作原理及使用方法。 (4)温度、湿度对洞库设备和储存油品的影响。 (5)油品自然损耗标准。 (6)油库电工基本知识。 (7)了解国内石油发展情况	(1)按技术要求对各种油罐在大修或安装后的检查和验收。 (2)建立输储油设备技术档案。 (3)独立进行油品的统计核算。 (4)组织油罐的清洗、除锈、刷漆等作业。 (5)常用检测仪器(表)的故障排除。 (6)看懂储油设备装配图,绘制一般易损零件图和油库工艺图。 (7)编制油库的安全技术措施。 (8)油库自控设备的正确操作、日常维护及简单故障排除。 (9)处理较复杂的数据,随时掌握油品动态

（三）油品化验员应知应会素质

油品化验员是指使用各种化验仪器设备，根据有关规定和标准对各类油品的接收出入库、储存质量进行检验，判定油品是否符合使用要求的人员。应知应会素质见表8-5。

表8-5　油品化验员应知应会素质

级别	应　　知	应　　会
初级化验员	(1)油品化验员职责及有关规章制度。 (2)石油的生成、化学组成及性质。 (3)石油产品的分类、编号及牌号确定。 (4)常见油品品种、牌号及使用要求。 (5)石油产品规格标准和试验方法标准的类别，标准符号各部分含义。 (6)化验室常用仪器的用途及特性。 (7)工业天平、分析天平的使用与维护方法。 (8)化验室试剂的纯度等级及适用范围。 (9)化验室常见有毒、易燃、易爆及强腐蚀物品的性能特点。 (10)试剂提纯和蒸馏水检查与精制方法。 (11)误差理论基础。 (12)有效数字及其运算规则。 (13)化验室常用计量仪器的检定期限、标准溶液的标定期限。 (14)溶液浓度表示方法及换算；一般溶液和常用指示剂配制方法；标准溶液配制与标定。 (15)油品化验类别和工作程序。 (16)常规化验项目的试验方法、测定步骤、影响因素及注意事项。 (17)原始记录的填写要求。 (18)化验室常用消防器材的种类及用途。 (19)化验室五项规则及其具体内容。 (20)试验中烧伤、割伤、中毒、触电事故的预防与急救	(1)洗涤干燥玻璃仪器。 (2)加工玻璃管(棒)，会按要求在软木塞、橡皮塞上打孔。 (3)正确选用玻璃仪器、瓷制器皿、金属器具和测温仪器。 (4)正确使用和维护化验室各种天平。 (5)提纯试剂、精制蒸馏水。 (6)保管和使用化验室常用试剂。 (7)配制和标定标准溶液。 (8)配制和选用各种指示剂。 (9)正确运用化验工作程序进行不同类型的化验。 (10)测定常规化验项目。 (11)对使用中的装备进行油品质量检查。 (12)进行石油产品的取样和外观检查。 (13)正确填写原始记录。 (14)识别常用油品。 (15)正确使用和维护保养常用灭火器材。 (16)正确操作使用化验室电气设备。 (17)进行试验中烧伤、割伤、中毒、触电事故的预防与急救
中级化验员	(1)石油炼制基础知识。 (2)四冲程发动机初步知识。 (3)燃料油、润滑油(脂)、特种液的种类、牌号及使用范围。 (4)油品质量管理及油品相互代用知识。 (5)油品储存、使用中质量变化的一般规律。 (6)油品掺和更生的方法及有关计算。 (7)分析天平的结构、工作原理、计量性能及使用的注意事项。 (8)容量分析和重量分析的基本理论。	(1)主持油品化验室日常工作。 (2)油品常规项目的分析。 (3)化验酒精、甘油、制动液、防冻液。 (4)根据有关资料，独立开展新的化验项目。 (5)正确填写油品化验单和油品质量表。 (6)分析不合格油品，查找原因，提出处理意见。 (7)分析油品储存潜力，拟制油品轮换计划。

续表

级别	应　知	应　会
中级化验员	(9)化验室常用计量仪器检定知识。 (10)化验室日常工作的一般程序及要求。 (11)常规化验项目的测定意义、测定原理、试验步骤、影响因素及注意事项。 (12)了解以下化验项目的测定意义和步骤：辛烷值、十六烷值、结晶点、冰点、倾点、浊点、烟点。 (13)油库和加油设施的有关常识。 (14)化验室常用电器的结构、工作原理。 (15)电工初步知识。 (16)化验室的布局要求和仪器分配	(8)指导并检查油罐、过滤器等设备的清洗。 (9)指导合理地使用油品和油品代用。 (10)指导油品的掺和和更生。 (11)指导改善油品储存条件，延缓油品质量变化。 (12)检定工作温度计、天平、砝码、黏度计、秒表。 (13)绘制测温仪器的校正曲线并正确使用。 (14)对一般分析仪器进行使用和维护。 (15)对使用仪器进行小修和调试。 (16)提出化验室试剂、材料的补充报告。 (17)设计化验室的布局和进行仪器配备。 (18)制订油品化验工作计划。 (19)指导新化验员进行油品化验
高级化验员	(1)发动机基础知识。 (2)燃烧理论基础知识。 (3)润滑理论基础知识。 (4)常用油品添加剂的作用机理、使用中的注意事项。 (5)油品分析的专业理论知识。 (6)化验室仪器设备的结构、原理、性能和维修、保养方法。 (7)油品的技术规格标准和试验方法标准。 (8)国内外油品的最新成果。 (9)国内外先进的化验设备和试验方法及其发展趋势。 (10)电工、电子技术基础知识。 (11)简单机械制图知识。 (12)油品专业简单的外文知识	(1)对化验室各种电气设备进行调试、检修。 (2)收集整理化验资料和技术档案。 (3)用计算机对化验结果进行处理和分析。 (4)对化验仪器和化验方法进行革新改造。 (5)对油品质量进行全面分析。 (6)独立解决油品化验分析工作中的疑难问题，并提出相应的改进建议。 (7)看懂油品化验方面简单的外文资料。 (8)看懂与化验工作有关的较复杂的图纸和技术资料

（四）司泵员应知应会素质

司泵员是指按工艺流程，正确操作泵机设备，为生产提供可靠的输送动力，并对其进行维护保养，使之正常运转的人员。其他知应会素质见表8-6。

表 8-6 司泵员应知应会素质

级别	应　知	应　会
初级司泵员	(1)油库司泵员职责和油库有关规章制度。 (2)油库任务、分类、总体布置及区域划分。 (3)油库常用油罐的种类、结构及用途。 (4)泵房的分类和结构。 (5)泵房常用工艺流程。 (6)常用离心泵、容积泵(真空泵、齿轮泵、螺杆泵等)的型号、性能、结构、工作原理及操作使用、维护保养方法。 (7)管路及管路附件(阀门、过滤器等)的种类、结构、用途和维护保养方法。 (8)常用测量仪表(压力表、真空表、流量表、温度计等)的名称、用途、结构、工作原理、使用和维护保养方法。 (9)泵房电器设备的基本知识。 (10)油品基本常识。 (11)油库安全基本知识(防火、防爆、防静电、防雷击、防中毒等)。 (12)压力(绝对压力、表压力、真空度)的概念、相互关系及单位换算。 (13)电工基础知识(电流、电压、电阻、交流电、安全用电)等。 (14)机场加油系统的结构、基本原理及使用注意事项	(1)根据具体情况,正确选用泵房工艺流程,独立完成油品收发作业(泵房操作部分)。 (2)绘制油库泵房工艺流程图。 (3)正确操作和维护保养自用油泵。 (4)常用阀门的维护保养。 (5)检查、判断发(电)动机泵运转是否正常。 (6)泵房低压控制设备的操作使用及简单故障排除。 (7)接地电阻的测量。 (8)正确选择常用消防器材,并能够操作使用。 (9)识别油库各类设备的铭牌(包括外文铭牌)
中级司泵员	(1)水静力学、水动力学的基本概念。 (2)泵轴的密封形式及其使用性能的比较。 (3)泵的性能参数、性能曲线与温度、海拔高度、输送介质对泵性能的影响。 (4)叶轮、转子动平衡、静平衡的基本知识。 (5)离心泵串、并联工作的目的、条件及运行特点。 (6)泵房低压控制装置的主要结构、工作原理和接线。 (7)内燃机的一般知识。 (8)三相异步电动机结构、工作原理及特性。 (9)气阻、汽蚀的形成原因、危害及预防。 (10)输油管路的布置形式及连接方法。 (11)防爆电气设备的类型、分级分组以及爆炸危险场所划分标识。 (12)钳工基础知识。 (13)机械制图的基本知识。 (14)油品应用及质量指标	(1)电机、油泵的"小修"项目。 (2)阀门检修后的试压、试漏。 (3)排除油泵、电机的故障,并提出防范措施。 (4)根据性能曲线图正确选择油泵,并能绘制泵串、并联工作的总性能曲线。 (5)根据两表法(压力表、真空表)判断输油系统的工作是否正常。 (6)正确操作和维护保养自用内燃机,并能排除一般故障。 (7)看懂油泵说明书、油泵装配图。 (8)看懂消防工艺流程图,并能正确使用和维护消防设备。 (9)机场气压罐式直线加油系统的操作使用及维护保养。 (10)能看懂设备外文简图

级别	应　知	应　会
高级司泵员	(1)液体能量方程(伯努利方程)的含义及简单水力计算。 (2)管路的试压方法和步骤。 (3)水击现象的产生原因、危害及预防措施。 (4)电机、油泵的选用原则及技术要求。 (5)电机、油泵、低压控制设备、内燃机等复杂故障的产生原因及排除方法。 (6)机场气压罐的结构和开泵一次可加油量的计算。 (7)机械原理基础知识。 (8)油品应用基础知识。 (9)管道设计基础知识。 (10)计算机常用操作系统、文字处理系统知识	(1)油泵的"中修"工作。(2)常用油泵的性能试验。 (2)电机年度保养工作。 (3)根据装配图装配调试泵房设备(电机、油泵、管路与附件、低压电气控制设备等)。 (4)电机、油泵、内燃机、低压控制设备复杂故障的排除。 (5)管道检修后的探伤、试压和防腐。 (6)简单泵站的设计安装。 (7)电工基本技能。 (8)钳工基本技能。 (9)分析泵房存在的问题,提出改进意见。 (10)能进行一般技术革新。 (11)计算机的操作使用

（五）油品计量员应知应会素质

计量员是指按计量法规及要求,使用计量器具,准确测量油品的各项数据(油温、油高、密度等),并正确计算出其数量的人员。其他知应会素质见表8-7。

表8-7　油品计量员应知应会素质

级别	应　知	应　会
初级计量员	(1)油品计量员职责及有关规章制度。 (2)油品计量和计量保证体系基础知识。 (3)汽油、煤油、柴油、润滑油(脂)的主要理化性质。 (4)计量技术设备(计量罐、流量表、加油机等)的结构、名称、性能和操作方法。 (5)测量工具(钢卷尺、量油尺、测温盒、采样器等)的结构、特点、精度要求和使用方法。 (6)玻璃液体温度计、密度计的结构、原理,操作及温度修正和示值修正方法。 (7)立、卧式油罐、铁路油罐车,油船、成品油管线的石油产品的采样、测温、测视密度的方法。 (8)标准密度、标准体积、油品质量的计算方法。 (9)储存、运输中油品的自然损耗标准。 (10)熟知国家和有关部门关于计量工作的法规和上级有关规定。 (11)油品安全知识	(1)按国家和部颁标准规定,对立、卧式油罐、铁路油罐车、油船(驳)所装油品进行正确测量和计量。 (2)按国家和部颁标准规定,对立、卧式油罐、铁路油罐车油船(驳)和成品油管线进行正确测温、取样。 (3)对所取试样测定温度、密度。 (4)根据油高、水高,能从油罐检定证书、容积计算表、铁路容积表中查出油品体积,储油罐进行静压力修正,计算出装载体积。 (5)根据装载体积、温度、视密度进行标准密度、标准体积的换算和计算储油罐内油品质量。 (6)进行自然损耗计算,根据炼油厂或发油方证件,分析判断收油多出、缺少原因,提出索赔建议。 (7)正确填写测量原始记录和测量证明书。 (8)正确操作使用各种流量表、加油机

级别	应　　知	应　　会
中级计量员	(1)国家和有关部门颁发的关于石油及石油产品的计量标准。 (2)油品计量技术设备和仪器的结构、性能，以及影响准确性的因素，油品计量器具的工作原理、使用和维修保养方法。 (3)常用量具、计量仪表的检定周期和检定方法。 (4)误差理论、数据统计及处理的一般知识。 (5)计算机和电工基本知识。 (6)油库、加油站油品收发、储存自动化计量的工作原理及工艺流程。 (7)铁路油罐车专用计算机的结构、操作指令、操作程序、显示符号意义、品名代码及正确操作方法。 (8)铁路油罐车容积表新的排表方案的新旧表号对照。 (9)测量、计量技术发展的新趋势	(1)根据铁路油罐车容积表的油高、水高、温度、视密度等数据，运用专用计算机运算和打印出铁路罐车所装油品质量。 (2)独立操作油品自动化计量和油品自动灌装设备。 (3)对精度不合格的流量表、加油机进行检定、调修、更换。 (4)解决计量工作中技术问题，分析各种故障和误差，提出解决办法。 (5)根据计量工作的需要，采用新技术不断改进计量管理工作
高级计量员	(1)熟悉本专业国内外新技术发展动向。 (2)测量误差理论：①测量误差的定义和分类；②系统误差的消除；③随机误差的特性和评价方法；④算术平均值原理、标准偏差，用残差表示标准偏差和间接测量标准偏差；⑤极限误差和粗大误差；⑥数字取舍及运算；⑦油品计量的误差分析。 (3)各种金属油罐的检定知识：①基本直径的确定；②其他各圈板直径的确定；③空罐各圈板直径的确定；④各圈内高的确定；⑤罐内附件的计算；⑥温度对容积的影响；⑦流量表、容积表和小数表编制；⑧检定误差分析。 (4)椭圆形、圆锥形和特殊形状金属罐的检定方法。 (5)非金属油罐的检定方法。 (6)各种精密量具、仪表的调整、检定及拆装、维修方法。 (7)有关计量工作中的计算机应用知识	(1)组织实施对立式、卧式、特殊形状金属油罐的检定，解决技术中的难题。 (2)各种误差计算。 (3)各种精密量具、仪表的调整、检定、拆装和维修保养。 (4)改进计量方法和仪器设备。 (5)能用计算机对油品计量数据进行处理

　　（六）油品统计员应知应会素质

　　油品统计员是指对接收、发出、库存油品数量进行准确统计、汇总、核算、记账、报表的人员。其他知应会素质见表8-8。

表 8-8 油品统计员应知应会素质

级别	应　　知	应　　会
初级统计员	(1)油品统计人员的工作职责。 (2)油品统计核销工作的基本任务、方法及要求。 (3)法定计量单位以及与油品计量有关的常用物理量的法定计量单位符号。 (4)油品计量工具、设备的种类及型号。 (5)油品计(测)量的方法及分类。 (6)油品的基本统计核销方法及账目的记载规则和方法。 (7)油罐容积表的使用方法。 (8)油品凭证的基本要素及分类。 (9)铁路油罐车(油船)四段装卸油法。 (10)油品清点要求、方法、步骤。 (11)油品"收储发"工作的一般程序。 (12)油品消耗标准的分类、内容。 (13)燃料油、润滑脂、特种液的种类、名称、牌号	(1)油面高度、油品密度、温度的测量。 (2)油品取样。 (3)油品质量的测(称)量、计算。 (4)铁路油罐车、油船(驳)的油品测量、计算。 (5)油库油品的清点及统计。 (6)油品收发手续的办理。 (7)储油罐装油品安全高度的计算。 (8)各种流量表的示值读取及误差修正。 (9)油品收发凭证的登记、分类、整理。 (10)油品账目凭证的建立、记载。 (11)油品自然损耗的计算和处理
中级统计员	(1)油品核算的分类和基本要求。 (2)油品测(计)量中的注意事项。 (3)油品计量制度。 (4)常用油罐容积表的使用方法。 (5)油品购销制度。 (6)油品自然损耗标准的内容及计算方法。 (7)油品转递方法。 (8)油品记账方法、错记更正的要求。 (9)油品凭证、报表的作用。 (10)铁路油罐车、油船(驳)装油量。 (11)油品储存年限规定。 (12)钢质油品容器的主要形式、技术数据。 (13)流量计的一般特性。 (14)油品的性质和用途。 (15)油罐容积表的编制、测量方法	(1)石油在空气中的质量计算。 (2)流量计的使用注意事项及常用故障的原因和排除。 (3)油品检查、清点和统计计算。 (4)油品自然损耗量的计算、分析及处理。 (5)油品账的记载、结转及改错。 (6)编制月份、季度各种油品的统计报表。 (7)油品购销手续编制。 (8)立式油罐容积表的编制、测量。 (9)油品统计资料的积累和整理
高级统计员	(1)油品统计资料的分析、整理方法。 (2)油品购销手续制度。 (3)用过油品的回收范围。 (4)库存油品多出短少的处理。 (5)油品计量工具检验、校正方法。 (6)测量油品工具、设备的计量原理及使用注意事项。 (7)油品储备量计算方法。 (8)油品经费的管理	(1)油品计量工具的检定与校正。 (2)复杂油罐、大容积油罐容积表的编制、测量、计算。 (3)各类油罐容积的校正。 (4)油品自然损耗分析考核。 (5)根据历年销售量拟制年度油品购销量计划。 (6)对油品统计数据进行计算机分析管理

（七）油库电工应知应会素质

油库电工是指使用电工器具和仪器仪表，对设备电气部分(含机电一体化)安装、维修和调试，对防雷和防静电装置的检测，维护、保养各类防爆电器，保证安全、正常运行的人员。其他知应会素质见表8-9。

表8-9　油库电工应知应会素质

级别	应　知	应　会
初级电工	(1)油库电工职责及发电配电间管理规则。 (2)交、直流电路的基本概念和定理。 (3)简单直流电路的计算。 (4)常用绝缘材料和熔断丝(片)的名称、规格及型号含义。 (5)常用安全工具和防护用品(高压测电笔、绝缘拉杆、放电装置、绝缘手套等)的名称、型号、规格、用途及使用方法。 (6)钳工基本知识。 (7)常用导线和电缆的规格、种类、选用及连接方法。 (8)接地体的种类、作用和装接方法。 (9)防爆电气设备的分类、分级、分组、标志、型号、规格、主要技术参数和油库危险场所划分。 (10)防爆电气设备安全管理规程。 (11)安全技术规程和安全用电知识。 (12)电工常用仪表的结构、使用和维护保养方法。 (13)发电机组的工作原理、操作方法及使用注意事项。 (14)电力变压器的基本结构、工作原理和简单计算。 (15)三相异步电动机的结构、工作原理、各主要部件的用途和拆装以及试车时的注意事项。 (16)油品基础知识。 (17)常用低压电器的图形符号与文字符号、型号组成、含义及选用原则。 (18)油库常用低压电器的用途和基本结构。 (19)磁力起动器线路分析和装接方法。 (20)自用高低压配电盘、降压柜、操作台的维护保养知识。 (21)自用低压开关柜的作用、工作原理	(1)用万用表测量电压、电流、电阻、电容。 (2)19股以下导线的连接，室外架空线路的架设及简单故障排除。 (3)根据线路用电情况，正确选用导线和熔断器。 (4)简单照明电路的安装，会操作本单位的有关电气设备。 (5)看懂低压控制设备及油库发配电系统原理图。 (6)能识别防爆电气产品。 (7)懂得触电方式并能进行触电急救。 (8)熟悉本单位的接地装置和检查维护。 (9)油库常用发电机组的操作。 (10)三相异步电动机的检查、维护、保养。 (11)电力变压器的接线、日常维护保养。 (12)安装磁力起动器、交流接触器、继电器(热继电器、中间继电器、时间继电器)和主令电器(按钮开关、行程开关、万能转换开关)。 (13)识读常见仪表，正确使用常用检修工具。 (14)检查、维护本单位的简单电气设备，排除常见故障。 (15)熟悉使用油库常用消防器材。会操作使用。 (16)三相异步电动机正、反转控制线路和降压启动线路安装

级别	应　　知	应　　会
中级电工	(1)复杂直流电路的计算。 (2)半导体整流、稳压电源的基本原理及电路。 (3)可控硅的基本原理、作用及简单电路。 (4)电工常用电子元(器)件的特性、作用、基本工作原理、用途。 (5)交流电路的一般计算。 (6)防爆电气设备的选择及安装方法。 (7)静电和雷电的形成、危害及防护措施。 (8)保护接地装置、避雷器接地装置的安装要求。 (9)配电盘常用仪表的检修方法。 (10)常用低压电器灭弧装置结构及火弧原理。电磁铁的吸引、电流和行程的相互关系。 (11)电机各部位的允许温度和测量方法。 (12)电机发热的主要原因和检修方法。 (13)变压器的检修和保养。 (14)油库常用低压开关箱的故障排除方法。 (15)示波器的接线和操作步骤。 (16)晶体三极管的基本结构、基本电路。 (17)数字电路基本知识	(1)检修自动开关的操作机构。 (2)使用电桥测量各种电阻。 (3)示波器的接线和使用。 (4)油库电气设备的故障排除。 (5)设计电动机降压起动电路,并能正确选择型号。 (6)50kW以下电动机的空载试验(判断轴承好坏、检查各部温度,并根据空载电流判断电机工作是否正常。 (7)根据控制线路原理图,画出电器安装线图。 (8)检修磁力起动器、交流接触器。 (9)安装维护压供电线路。 (10)电机和变压器的干燥处理。 (11)断路器操作机构常见故障的检修。 (12)拆装和中修电焊机,维修低压电缆和接线盒。 (13)装接串联式稳压电源和简单半导体放大电路。 (14)油库主要电气设备的温度测试、检查、并绘制实际工作曲线。 (15)安装可控硅整流电路
高级电工	(1)电力电缆的检修方法。 (2)油库机床电气设备的主要类型、结构和工作原理。 (3)直流电焊机的结构、性能、工作原理和检修方法。 (4)机械传动和液压传动的基本知识。 (5)各种复杂控制线路电机、电器的原理、安装修理和调整。 (6)油库电气设备故障分析,建立排故流程。 (7)自动控制原理和示波器原理。 (8)可控硅原理、触发电路的原理。 (9)逻辑代数和基本数字电路。 (10)计算机的基本原理。 (11)计算机控制的自动设备调试。 (12)变流、逆变的基本原理。 (13)耐压试验的基本原理及有关操作规范	(1)检修和排除电气设备的各种故障。 (2)安装和调整、大修各种交、直流电动机。 (3)拆装和中修交、直流电焊机。 (4)根据设备的要求,设计和绘制中型电气控制、安装线路图。 (5)组织电气设备大修后的检查验收。 (6)油库电气设备的大修,新技术、新设备、新工艺、新材料的推广、应用。 (7)自备发电机组的故障排除。 (8)根据机床说明,检查、调试和维修相关电气线路。 (9)可控硅整流、逆变装置的安装调试、使用维修。 (10)耐压能力的测试。 (11)计算机的操作使用

（八）油库修理工应知应会素质

油库修理工是指使用机修设备、工具，对油库设备设施进行维护保养、修理调试，使设备达到良好的技术状态的人员。其他知应会素质见表8-10。

表8-10　油库修理工应知应会素质

级别	应　　知	应　　会
初级修理工	(1)修理工职责及有关规章制度。 (2)油品常识。 (3)金属材料的种类、牌号、用途和机械性能。 (4)离心泵、容积泵的基本结构、工作原理和主要性能参数。 (5)自动计量电动加油机的结构和原理。 (6)国产三角带型号及特点。 (7)键的种类、作用及型号含义。 (8)普通车床的主要组成部分。 (9)钣金常用工具及使用要求。 (10)划线和号料的概念、要求及常用方法。 (11)零件图的基本知识。 (12)滤油器的作用。 (13)锯条的选用方法。 (14)公差与配合的概念和分类。 (15)焊接的基本知识。 (16)磨损、修理和保养的分类。 (17)常用数学及计算知识。 (18)安全操作规程	(1)看懂零件图，并依其技术要求进行加工。 (2)錾削的基本操作。 (3)金属材料的锯割。 (4)电、气焊基本操作。 (5)活塞式手摇泵的故障排除。 (6)阀门维修保养。 (7)离心油泵的拆装和日常维护。 (8)发动机泵的操作和封存。 (9)鹤管的日常维护保养。 (10)发动机常见故障的排除。 (11)油库设备的一般修理
中级修理工	(1)自动计量加油机常见故障。 (2)安装车刀的要求。 (3)对电焊条的要求和使用注意事项。 (4)手动加油器材的使用、维护和常见故障的排除方法。 (5)容积泵在操作使用中的注意事项。 (6)三角带的速度要求范围及原因。 (7)钣金件的展开概念和方法。 (8)钣金钻孔、攻丝的概念和注意事项。 (9)放边和收边的概念和加工方法。 (10)镀金件焊接的工艺过程及注意事项。 (11)机械密封安装时的注意事项。 (12)液体力学的一般知识	(1)看懂较复杂的零件图和简单的装配图。 (2)攻丝和套丝。 (3)金属材料仰角焊接。 (4)车削简单轴类零件。 (5)自动计量加油机的使用维护及常见故障的排除。 (6)油泵机械密封装置的维护保养。 (7)管线的抢修。 (8)发动机气门间隙和点火正时的调整。 (9)油泵维护保养。 (10)装卸设备的维护保养

级别	应　知	应　会
高级修理工	(1) 埋弧焊、手工钨极氩弧焊工艺过程及优缺点。 (2) 管件加工的基本知识。 (3) 钣金件(咬缝、铆接、锡焊、气焊、点焊)的连接操作方法。 (4) 钣金比较复杂的工艺(拔缘、拱曲、起伏、卷边)操作方法。 (5) 焊接安全技术和防护的具体措施。 (6) 放射线和相贯线的基本知识。 (7) 发动机泵中修的步骤和要求。 (8) 机床基本整修工作的主要内容。 (9) 錾子的热处理工艺要求。 (10) 填料密封改装为机械密封的方法	(1) 看懂泵房工艺流程。 (2) 铆接操作。 (3) 车削三角、梯形螺纹。 (4) 电动机起动设备常见故障的分析排除。 (5) 发动机泵的大修和验收。 (6) 自行改制钳工工具或专用设备。 (7) 控制继电器的简单故障排除及检修。 (8) 钣金损伤的修理。 (9) 计算机的操作使用

（九）油库车工应知应会素质

油库车工是指操作车床，按技术要求对工件进行切削加工，会维护保养车床的人员。其他知应会素质见表8-11。

表8-11　油库车工应知应会素质

级别	应　知	应　会
初级车工	(1) 油库车工职责及有关规章制度。 (2) 油品基础知识。 (3) 车床的种类、名称。规格和用途，并应知两种以上型号，车床的性能、结构、传动、润滑，以及维护保养方法和使用规则。 (4) 一般常用工、夹、量具的名称、规格、用途和维护保养方法。 (5) 机械识图的有关知识(机械制图的基本知识、公差与配合和形状与位置公差的基本知识、表面粗糙度代号等)。 (6) 常用金属材料的种类、牌号、一般性能(机械性能、切削性能、胀缩知识)和火花鉴别方法。 (7) 常用刀具的材料、种类、牌号、性能和几何形状与角度。 (8) 金属切削基本理论知识(切削用量及选择、切削力、切削热、切瘤、表面粗糙度、车刀几何角度的选择及提高刀具耐用度的方法等)。 (9) 一般加工工艺过程和定位基准选择。 (10) 钳工的基本知识。 (11) 安全用电的一般常识，机床各部电器装置的分布、用途和保养方法。 (12) 机床常用润滑油、切削液种类和用途。 (13) 各种有关应用数学的计算知识。 (14) 锥度和螺纹的各部名称和计算方法。 (15) 废品产生的原因和防治方法。 (16) 安全操作技术规程	(1) 正确操作和维护保养、调整自用的车床。 (2) 正确使用和维护保养各种常用的工、夹、量具。 (3) 按工件合理选用车刀，并能正确修磨常用车刀和钻头。 (4) 看懂一般零件图和绘制简单零件草图。 (5) 在卡盘上和两顶针间安装、校正一般工件，并能正确使用中心架和跟刀架。 (6) 车制一般的轴类零件、盘形零件、套管类零件、内外三角螺纹、内外锥体、三角皮带轮、背面滚花、抛光、简单曲面体等。 (7) 钳工基本操作(划线、锯、挫、剪等)

续表

级别	应　知	应　会
中级车工	(1)常用各种车床的性能、结构、精度的检查和调整方法。 (2)常用精密量具的名称、用途、原理、使用和维护保养方法。 (3)形状不规则工件、薄壁工件、细长轴工件、深孔工件、偏心工件的装夹、车削和测量方法。 (4)梯形螺纹、锯齿形螺纹、方牙螺纹、蜗杆螺纹及各种多头螺纹的尺寸计算。 (5)圆柱齿轮、伞齿轮、蜗轮的各部尺寸计算。 (6)金属切削原理的理论知识。 (7)其他机床(刨、铣、钻、磨等)加工的基本知识。 (8)热处理的基本知识	(1)看懂车床说明书,对常用车床进行安装、检查、调整和一般常见故障的判断与排除。 (2)看懂复杂的零件图和部件装配图,能绘制一般的零件图。 (3)根据工件的加工需要,修磨各种成形刀具。 (4)根据技术要求,确定加工工艺路线并会估工。 (5)在花盘和角铁上安装工件(选择定位基准、校正、平衡、装夹)。 (6)车制轴承座、弯头、偏心工件。 (7)车制单头和多头梯形螺纹、方牙螺纹和蜗杆。 (8)车制薄壁工件、深孔工件、细长轴工件及其他较复杂的工件。 (9)正确使用精密量具,准确测量工件。 (10)根据工件的技术要求进行技术革新。 (11)改进和制作一般的工、夹具
高级车工	(1)各种复杂工件加工基准面的选择和工艺过程。 (2)工件的定位、夹紧原理和方法。 (3)各种精密量具的原理,各部作用和一般量具的校正。 (4)生产技术管理知识。 (5)数控机床和机床电力拖动的知识。 (6)工艺规则的内容、作用及编制原则。 (7)工艺尺寸的换算。 (8)笼型异步电动机点动控制工作原理。 (9)计算机的基本知识	(1)根据车床使用说明书对各种新型车床进行试车与调整。 (2)解决操作技术难题。 (3)根据各种高难度工件的技术要求,设计改进工、夹具,加工出合格的零件。 (4)其他加工机床(刨、铣、钻、磨等)的操作与使用。 (5)车床精度的校正。 (6)应用推广新技术、新工艺、新设备新材料。 (7)计算机的操作使用

（十）油库钳工应知应会素质

油库钳工是指使用钳工工具、钻床等设备,按技术要求对工件进行加工、修理、装配设备的人员。其他知应会素质见表8-12。

表 8-12　油库钳工应知应会素质

级别	应　知	应　会
初级钳工	(1)油库钳工职责及有关规章制度。 (2)钳工常用设备(立钻、台钻、摇臂钻、手电钻、电动砂轮机)的名称、规格、性能、结构、使用规则及保养方法。 (3)常用刀具(各种刀头、钻头、锉刀、刮刀、錾子、丝锥、板牙等)的种类、牌号、规格、性能和维护保养方法及刀具几何形状、角度对切削性能的影响，提高刀具耐用度的方法。 (4)常用金属材料的种类、牌号、用途及性能，金属材料的胀缩知识和火花鉴别方法。 (5)常用润滑剂和切削液的种类、用途及对工件表面粗糙度和精度的影响。 (6)机械制图基本知识、表面粗糙度、尺寸公差和形位公差的知识。 (7)常用公英制尺寸的换算，三角函数计算。 (8)螺纹的种类、用途、各部尺寸的关系、螺纹底孔直径和螺杆外周直径的确定方法。 (9)分度头的结构、传动和分度方法。 (10)机械零件和典型机构的基本知识。 (11)钳工操作、装配和修理的基本知识。 (12)研磨知识、研磨材料种类及配制方法。 (13)刮削知识，刮削原始平板原理和方法。 (14)零件加工时确定余量的方法。 (15)铅模的种类和应用方法。 (16)夹头、攻丝夹头的结构及使用。 (17)弹簧的种类、用途及各部尺寸的确定。 (18)液压传动的基本知识(原理、组成、元件、种类和作用等)。 (19)金属棒料、板料的矫正方法。 (20)热处理常识(退火、正火、回火、调质、淬火、渗碳和法兰等)。 (21)电气的一般常识和安全用电常识。 (22)安全操作技术规程。 (23)油品基础知识	(1)正确使用和维护保养(达到设备一级保养)常用设备。 (2)正确使用和维护保养常用的各种工、夹、量具，根据工件精度，合理选用。 (3)各种刀头、钻头的修磨，刮刀、錾子、样冲、划规等的淬火和修磨。 (4)看懂零件图、部件装配图，绘制简单零件图。 (5)根据工件材料的性质，刀具的几何形状，选用合理的切削用量。 (6)一般工件在通用、专用夹具上的安装。 (7)一般工件上的划线、钻孔、攻丝和铰孔。 (8)刮削Ⅰ级精度平板。剔制Ⅳ级粗糙度键槽。 (9)铰孔(锥孔涂色接触率70%以上)表面粗糙度达到$Ra1.6$。 (10)制作角度样板，公母合套。 (11)一般机械的部件装配，简单机械(刮板泵、手摇泵等)的总装配。 (12)普通机械设备部件的拆装、修理、符合机修标准要求。 (13)一般工件划线基准面的选择和划线时工件的安置

续表

级别	应　　知	应　　会
中级钳工	(1)通用机械设备(泵、风机、空压机、锅炉、内燃机及典型机床等)结构和原理。 (2)常用精密度量具、仪器的结构原理、使用和调整方法。 (3)各种复杂工具、夹具(包括组合夹具)的结构、使用、调整和维护保养方法。 (4)复杂工件(包括大型、畸形工件)的划线方法。 (5)通用机床加工的知识,一般工件的加工工艺过程。 (6)影响精密机械精度和测量精度的因素,精度的检查方法。 (7)齿轮箱装配的质量要求及检查方法。 (8)旋转零件和部件的平衡种类,基本原理及校正方法。 (9)凸轮的种类、用途、各部尺寸的计算及划线方法。 (10)锥体、多面体展开的方法。 (11)装配精密滑动轴承和滚动轴承的方法。 (12)液压传动系统的基本知识。 (13)零件修复技术的种类、原理及应用。 (14)机床精度对工件精度的影响,提高工件加工精度和减少表面粗糙度的方法。 (15)制订机械设备装配和修理的工艺流程的知识	(1)看懂复杂零件图和简单部件装配。 (2)按工件的技术要求编制加工工艺流程。 (3)复杂工件上的斜孔、对接孔、多孔、深孔、相交孔、小孔钻削,符合图纸要求。 (4)鉴别工件热处理后的质量(裂纹、硬度等)。 (5)复杂工件的六面划线。 (6)旋转零件和部件的动静平衡校正。 (7)装配空压机、油泵等,符合技术要求。 (8)装配较精密的机床设备并检查各项精度。 (9)研磨带锥度的检验芯轴、高精度机床主轴孔。 (10)钻、镗坐标点在空间的角度孔(斜孔)。 (11)设计并绘制较简单的工艺装配图。 (12)机械设备主要零件(机床导轨、缸体、立柱、横梁等)的修复。 (13)在液压试验台进行各种液压件性能试验
高级钳工	(1)复杂和高精度机械设备的工作原理和结构。 (2)精密测量仪器的工作原理和应用。 (3)解决新产品在试制中的加工方法及装配方法。 (4)新产品装配后的质量检查和鉴定方法。 (5)电气传动的理论知识。 (6)程序控制机床的基本知识。 (7)旋转机械组的安装及调试方法。 (8)试车故障的防止和排除方法。 (9)各种挤压加工方法	(1)绘制工艺装配图,制定装配工艺规程。 (2)对工艺规程提出改进意见。 (3)根据新产品试制中高难度零件的技术要求,改进工艺方案,加工出合格零件。 (4)研磨高精度和复杂形状的工件。 (5)装配和修理大型、精密、复杂、高速的机械设备。 (6)按照装配图装配新产品,符合技术要求。 (7)看懂机械电气原理图。 (8)应用推广新技术、新工艺、新设备、新材料,符合技术要求。解决钳工操作及装配、修理中的技术难题。 (9)计算机的操作使用

(十一) 油库焊工应知应会素质

油库焊工是指使用电、气焊设备和工具,对工件进行切割、焊接加工的人员。其他知应会素质见表8-13。

表8-13　油库焊工应知应会素质

级别	应　　知	应　　会
初级焊工	(1)油库焊接工职责和有关规章制度。 (2)油品常识。 (3)油品在使用和保管中的注意事项。 (4)爆炸危险场所等级划分。 (5)机械制图基本知识。 (6)焊接的基本概念。 (7)常用焊接设备(焊枪、割枪、氧气表、乙炔气表、交直流电焊机)的基本结构规格、性能和使用规则。 (8)油库常用钢材的种类、名称、牌号及气割焊接性能和用途。 (9)焊接常用工具的名称、规格、制作方法。 (10)常用焊条(焊丝、焊药)的种类、牌号、规格、适用范围及保管方法。 (11)氧气瓶和乙炔气瓶的结构、搬运方法和在不同气候条件下的保管方法。 (12)氧气和乙炔气的性能用途和使用过程中安全注意事项。 (13)焊接加工符号的表示方法及其意义。 (14)手工电弧焊的种类及平焊、立焊的操作知识和焊接电流的选择知识。 (15)气焊、气割的种类。 (16)技术质量标准和焊缝公差。 (17)电工基础知识。 (18)钳工、铆工的基本知识。 (19)焊工安全操作技术规程	(1)电焊、气焊、气割基本操作方法。 (2)会看简单的零件图和气割下料图。 (3)会看焊接装配图、绘制一般零件草图。 (4)氧气、乙炔气减压器、阻火器的安装和调整。 (5)常用焊接设备维护和一般故障排除。 (6)常用工件的焊接。 (7)气焊、气割操作过程中异常情况的应急处理。 (8)油库常用消防器材的使用。 (9)固定输油管线的焊接。 (10)油桶的修补。 (11)输油管线的应急修补
中级焊工	(1)常用焊接设备的调整方法。 (2)油库常用黑色金属和有色金属材料的牌号、性能及其可焊性。 (3)钢材中主要化学元素对焊接质量影响。 (4)金属材料在气割、焊接过程中进行预热和保温、缓冷的方法。 (5)立式油罐的焊接顺序和装配公差。 (6)焊缝质量的检查方法。 (7)焊缝缺陷产生的原因和预防措施。 (8)编制工艺规程的一般知识(设备、工艺设备、基准面和焊接规范的选择)。 (9)等离子弧焊的特点用途。 (10)异种金属焊接的方法	(1)常用焊接、切割设备(交、直流电焊机,半自动焊机,等离子切割机)的正确使用、维护保养和常见故障排除。 (2)立式油罐的焊接顺序的确定。 (3)铸铁的焊接。 (4)高空作业中的横焊和立焊。 (5)根据X、Y射线中,判断焊缝夹渣气孔,未焊透等缺陷的位置,并进行修补。 (6)铜管的焊接。 (7)直流焊机的故障排除。 (8)氧气、乙炔瓶阀的维修。 (9)亚弧焊、塑料焊的操作。 (10)中压容器的焊接、试压

续表

级别	应　知	应　会
高级焊工	(1)复杂体焊接工艺规程、工艺细则的编制程序。 (2)焊接应力与焊接变形的关系。 (3)焊接 200m³ 以上立式油罐的基本程序和注意事项。 (4)高压容器和承受冲击力的构件焊接方法。 (5)多层高压容器的焊接方法。 (6)控制复杂构件焊接变形的方法和热处理方法。 (7)自动焊接知识。 (8)等离子切割原理。 (9)焊接生产技术管理	(1)焊接设备的检修、测试与验收。 (2)编制洞库立卧式油罐、管线的焊接工艺流程。 (3)新材料的可焊性试验。 (4)推广应用国内新技术、新设备、新材料、新工艺。 (5)高压容器的全位置焊接。 (6)油罐油面下的带油补漏。 (7)吸瘪油罐的焊补修正。 (8)相应复杂程度工件的电、气焊和气割。 (9)熟练操作氩弧焊和二氧化碳保护焊。 (10)掌握焊接、切割设备疑难故障的分析和排除。 (11)计算机的操作使用

(十二) 安全消防员应知应会素质

安全消防员是指使用各种消防设施、设备和器材扑灭火灾，负责消防检查，并对消防设施、设备、器材进行维护、保养的人员。其他知应会素质见表8-14。

表8-14　安全消防员应知应会素质

级别	应　知	应　会
初级消防员	(1)油库安全消防员职责和安全规则。 (2)油库安全消防员值班制度。 (3)油库防火措施。 (4)防中毒措施。 (5)油库火灾发生的原因。 (6)燃烧理论基础知识。 (7)灭火的基本方法。 (8)常用灭火剂的种类和灭火原理。 (9)常用灭火机使用及维护保养。 (10)油罐内外燃烧的扑救方法。 (11)泵房火灾及电气火灾的扑救方法。 (12)桶装油品火灾的扑救方法。 (13)机动加油设备作业时火灾的扑救方法。 (14)油罐车火灾的扑救方法。 (15)油船火灾报警系统。 (16)熟悉油库火灾报警系统。 (17)了解常用的消防供水设备和泡沫灭火设备，熟悉消防信号	(1)原地着装。 (2)防毒面具的使用。 (3)灭火器材的使用、选择。 (4)灭火器材常见故障的排除。 (5)消防泵站工艺流程图的绘制。 (6)消防工作的一般程序。 (7)消防信号的区分。 (8)消防员装备的检查与保养。 (9)油库警戒。 (10)火灾报警

续表

级别	应 知	应 会
中级消防员	(1) 消防工作的性质、方针和任务。 (2) 油库发生燃烧或爆炸的条件。 (3) 油库火灾的特点。 (4) 冷却油罐的方法。 (5) 罐盖炸开燃烧的扑救方法。 (6) 油气冒出罐外燃烧的扑救方法。 (7) 化验室火灾的扑救方法。 (8) 加油站火灾的扑救方法。 (9) 扑救油罐火灾的注意事项。 (10) 灭火后的处理方法。 (11) 油库消防车的结构和工作原理。 (12) 固定式消防泵站的主要设备。 (13) 静电着火产生的条件和规律。 (14) 油库爆炸危险场所等级的划分	(1) 消防设备的检查、维护与保管。 (2) 铺设水带、射水、连接吸水管。 (3) 着装登车。 (4) 攀登消防梯。 (5) 电气火灾的扑救。 (6) 油罐火灾的扑救。 (7) 油船火灾的扑救。 (8) 化验室火灾的扑救。 (9) 加油站火灾的扑救
高级消防员	(1) 火灾危险场所的划分。 (2) 雷电、静电产生的危害。 (3) 流体力学的基本知识。 (4) 各种灭火剂的性能、储存保管方法、用量标准及适用范围。 (5) 消防设备的检查和使用周期。 (6) 消防车技术保养的内容和要求。 (7) 防止静电失火的措施。 (8) 地下和洞库罐火灾的扑救方法。 (9) 输油管线火灾的扑救方法。 (10) 消防器材用量的计算方法。 (11) 油库的消防重点保卫部位和消防预案	(1) 常用灭火剂的配制。 (2) 防毒面具的保养。 (3) 火灾现场救人与自救。 (4) 应急情况下的消防工作。 (5) 根据油库特点，制订消防预案。 (6) 消防车操作。 (7) 地下和洞库罐火灾的扑救。 (8) 输油管线火灾的扑救。 (9) 消防泵站自动化控制与管理。 (10) 能看懂本专业简单外文资料。 (11) 计算机的操作使用

（十三）搬运机械工应知应会素质

搬运机械工是指操纵以内燃机为动力的各类装卸机械设备，完成货物装卸作业及其辅助作用，并对其进行维护保养的人员。其他知应会素质见表8-15。

表8-15　搬运机械工应知应会素质

级别	应 知	应 会
初级搬运机械工	(1) 搬运机械工职责和有关规章制度。 (2) 油库防爆基本常识和不同防爆场所对机械使用的具体规定。 (3) 常用驾驶机械的技术性能和基本结构、工作原理。	(1) 正确掌握所用机械的驾驶技术、减少机件磨损，降低油、材料消耗。 (2) 独立进行机械的一级保养、换季保养。 (3) 拆换发动机的一般部件和附件，轮胎的分解、安装和内胎的修补。

级别	应　知	应　会
初级搬运机械工	(4)常用驾驶机械日常维护保养内容和工作程序。 (5)常用驾驶机械的保养种类、修理分级的基本知识和二级保养的项目程序。 (6)常用驾驶机械使用的燃料油、润滑油、液压油等的种类、牌号、性能及用途，并根据不同季节使用和更换油品。 (7)汽油、柴油发动机燃料系统的结构、作用和主要区别。 (8)堆垛、吊装、装卸棚车和短途运输作业程序及注意事项。 (9)油品基础知识。 (10)电工学基本知识。 (11)识图基本知识。 (12)安全操作技术规程	(4)常用驾驶机械常见故障的排除。 (5)调整离合器的间隙。 (6)按标准对制动系统进行调整和一般修理
中级搬运机械工	(1)机械零件和机械原理的基本知识。 (2)常用驾驶机械各大系统(发动机、液压、底盘等)的工作原理。 (3)常用驾驶机械液压系统的流程及主要部件(多路分配图、油缸、油泵等)的结构、工作原理。 (4)常用驾驶机械转向机、变速器、差速器的结构和工作原理。 (5)常用驾驶机械起动机、发电机、调节器、蓄电池、磁电机的结构，常见故障产生的原因及排除。 (6)搬运机械所配备的各种吊、卡、夹、铲等工具的结构、用途和使用场所。 (7)各种类型搬运机械技术性能和主要区别。 (8)机械装卸作业方案，组织班(组)安全完成装卸作业任务的方法、步骤	(1)总结出安全、低耗和减少磨损的驾驶经验和体会，并具有一定的指导意义。 (2)熟练自如，动作连贯、效率高、消耗低。 (3)根据技术要求，对驾驶的机械底盘和液压系统部分进行拆装、换件，并能排除较复杂的故障。 (4)单独完成二级保养的全部工作。 (5)根据所驾驶机械各部件异常的响声和现象判断及排除较为复杂的故障。 (6)在特殊气候场地条件下，根据作业性质和作业工作量制定科学合理的作业方案，确保在特殊情况下安全作业。 (7)能正确驾驶多种类型的搬运机械
高级搬运机械工	(1)搬运机械故障的分析、判断和排除的方法、步骤。 (2)各种车用仪表和检修仪表的结构、检修方法。 (3)驾驶机械主要机件的磨损规律、原因。 (4)各种配件的互换性和代用品。 (5)常用数学计算的知识。 (6)机械制图基本知识。 (7)钳工基本知识	(1)熟练驾驶多种类型的搬运机械和使用多种吊、卡、夹、铲等工具。 (2)检修各类搬运机械设备和仪表。 (3)根据异响和其他现象，准确判断故障产生的部位，分析产生的原因，熟练排除故障。 (4)检查和排除搬运机械的各种疑难故障，解决维修工作中各种复杂的技术问题。 (5)绘制一般机械零件图，看懂机械装配图，具备钳工、电工的基本技能

（十四）油桶洗修工应知应会素质

油桶洗修工是指使用各类油桶洗修专用设备，对油桶进行鉴级、清洗、整修的人员。其工应知应会素质见表8-16。

表8-16　油桶工洗修应知应会素质

级别	应　　知	应　　会
初级洗修桶工	(1) 油桶洗修工职责和有关规章制度。 (2) 物理、化学基础知识。 (3) 机械洗桶、化学洗桶的作业程序及每道程序的质量要求。 (4) 各道作业程序所用机电设备的性能、操作方法和使用要求。 (5) 油桶洗修的操作规程、安全规则及其他有关规章制度。 (6) 化学洗桶的溶液配方、作用原理和技术要求。 (7) 气焊的基本知识及气焊安全规则。 (8) 电工基础知识。 (9) 金属材料焊接、切割基础知识。 (10) 油库安全常识。 (11) 消防器材和设备的使用方法	(1) 对待修油桶进行分类,不洗桶、小洗桶、中洗桶、大洗桶和报废桶。正确选定作业方法和程序,确定清洗时间。 (2) 正确使用设备,安全进行整形、内外部除油、除锈、烘干、检漏、焊补、涂漆质量检查。 (3) 检查各道工序的机电设备,准确判断其技术状况是否良好,避免设备带故障运转造成设备损坏。 (4) 维护保养各道工序机电设备,并能排除故障,保持经常处于良好状态。 (5) 熟练搬运各种油桶,正确地摆放码垛。 (6) 根据负荷大小,正确选用电器保险丝片,并进行更换
中级洗修桶工	(1) 洗桶、整形、烘干、除锈、焊补、喷漆等作业操作规程,所有机电设备的技术性能和使用要求。 (2) 对机电设备定期检查和保养的时间、项目及方法。 (3) 盐酸除锈、碱中和、钝化所有化工原料的质量标准和检验方法。 (4) 氧气瓶、减压阀、焊枪、乙炔发生器的结构、工作原理和检验方法。 (5) 电化学腐蚀的基本知识。 (6) 油库安全及消防知识。 (7) 气焊及电弧焊技术知识	(1) 检修各道工序的机电设备,排除故障。 (2) 根据待洗桶和原料实际情况,调整溶剂配方。 (3) 检修空压机、泵、电机、机械洗桶机、除锈机等设备,并保持经常处于良好状态。 (4) 检查电气设备的绝缘程度,干燥受潮的电器使之达到合格。 (5) 使用气焊修补油桶各部渗漏点。 (6) 根据待修油桶的数量和质量情况,准确做出洗桶所需原材料,能源和工时的预算。 (7) 根据负荷选择合适的电源电缆,检修电器开关起动设备。 (8) 进行消防器材检查、维护、使用
高级洗修桶工	(1) 机械制造的基本知识。 (2) 计算机基础知识。 (3) 国内洗修油桶各道工序的新技术、新工艺、新设备、新方法。 (4) 常用设备和工艺技术的先进或落后程度	(1) 在作业中或定期检查中及时发现设备隐患和不安全因素,并采取措施,确保安全。 (2) 组织人力对修洗油桶设备进行大修。 (3) 根据待修桶实际情况,选用适当的工艺,提高洗修油桶质量,延长油桶使用寿命。 (4) 制定完善的操作规程和维修保养制度,延长设备使用寿命。 (5) 在延长油桶和设备使用寿命、节约能源和原材料、提高工效和洗修油桶质量等方面,进行技术革新,并取得显著效果。 (6) 计算机的操作使用

（十五）油库锅炉工应知应会素质

油库锅炉工是指对热力锅炉进行检查、试验、启动、监视、调整和故障处理，保护锅炉安全正常运转，达到出力要求的人员。其他知应会素质见表8-17。

表8-17　油库锅炉工应知应会素质

级别	应　知	应　会
初级锅炉工	(1)锅炉工职责和有关规章制度。 (2)锅炉安全管理的"三证"，即蒸汽或热水锅炉使用登记证、锅炉年度检验证、司炉人员操作证，在锅炉操作运转中的意义。 (3)锅炉、附属设备和主要附件的名称、型号、使用规则和保养方法。 (4)常用仪表的规格、用途、使用和保养方法。 (5)常用工具、量具的名称、规格、用途和维护保养方法。 (6)锅炉常用燃料的种类、名称和它的主要特征。 (7)常用保温、防腐材料的种类及热力管道的保温、防腐方法。 (8)锅炉生火、停炉的方法，燃料的燃烧和节能的基本知识。 (9)一般水处理设备的工作原理及锅炉用水的水质标准。 (10)锅炉房主要管路的分布及其走向。 (11)电工、钳工、管工，管道识图及计量单位和基本知识。 (12)安全操作规程和常见事故处理方法	(1)正确操作保养中低压的蒸汽或热水锅炉及其附属设备。 (2)能进行一般事故的处理。 (3)控制燃烧效果及进行压火、停炉工作。 (4)正确读出仪表指示数，准确填写运行操作记录。 (5)调整锅炉负荷，在正常工作情况下保持规定的运行参数。 (6)使用工具和量具进行一般维修工作。 (7)在供水中断和停电时，能正确采取措施，防止发生事故。 (8)拆装和维修常用阀门，修理中低压阀门，在专业人员指导下能维修一般附属设备和管路。 (9)执行安全操作规程
中级锅炉工	(1)锅炉主要部分的结构及工作原理。 (2)锅炉主要附件的校正及各种事故的排除方法。 (3)常用煤质燃烧特性，有关参数及改善燃烧的方法。 (4)锅炉运行前的烘炉、煮炉、冲洗及点火、升压、试运转、调试方法。 (5)锅炉及附属设备一般电气、仪表知识。 (6)烟尘排放标准及消烟除尘的措施。 (7)防止和延误水垢生成的措施，除垢剂的成分和作用。 (8)保证锅炉正常运行、防止事故的应急措施	(1)独立组织运行前的一切准备工作，准确地开启各种阀门，启动各种泵及锅炉各种附属设备直至正常运行。 (2)软化水和除氧装置的正常操作。 (3)准确分析解决锅炉运行发生的异常现象，并能采取有效措施消除隐患，在发生意外事故时能迅速准确地加以处理。 (4)把握锅炉燃烧室中的燃烧过程以及调节过程，掌握强化燃烧的方法。 (5)看懂锅炉房的锅炉、管道系统图。 (6)了解锅炉水质对锅炉的影响，并能采取改善措施。 (7)锅炉正平衡计算方法

级别	应　知	应　会
高级锅炉工	(1)锅炉常用钢板的牌号、锅炉的等级、锅炉的传热方式。 (2)锅炉常见的几种修理方法及检验。 (3)常见的水循环故障。 (4)锅炉水垢的结生、危害及消除。 (5)燃料燃烧与传热基础。 (6)锅炉的热平衡与测量仪表。 (7)锅炉附属设备的作用及电气控制原理。 (8)锅炉事故的定义、分类与处理方法。 (9)常用热力参数，水与水蒸气的性质。 (10)计算机基本常识	(1)能够根据实际需要，正确选择锅炉的型号、容量、等级。 (2)看懂锅炉使用说明书，对锅炉的使用与维护能提出全面的实施方法。 (3)能够实施锅炉常见的修理与检验。 (4)能够准确分析解决锅炉使用中常见的故障，发生意外事故能迅速准确地加以处置。 (5)燃料的燃烧计算。 (6)掌握降低各项热损失的主要措施。 (7)锅炉安全附件的维护、调整与检验。 (8)锅炉设备腐蚀的防止与水处理控制。 (9)计算机的操作使用

第九章　油库业务人员素质与训练考核

油库各岗位人员必须对油库有一个概括性的了解，充分认识油库的基本功能、基本任务、地位与作用，掌握不同岗位应具备的知识和能力，了解所在岗位的职责，才能为安全作业打下基础。

第一节　油库业务人员的素质

不同类型的油库由于设备设施、工艺流程差别较大，对业务管理和技术人员的业务技术素质要求也有所不同，现将其共同的基本标准列出如下。

一、知识标准

知识标准可分为文化知识、专业知识、实际工作知识和相关知识4个方面。

（一）文化知识

文化知识标志着一个油库业务管理和技术人员受教育的程度，即不同类别、不同层次的业务管理和技术人员应具有相应的学历。油库主任（副主任）、业务处长等兼有业务与行政管理的油库决策层人员，要求本科及以上学历；资产、设备管理员，HSE管理、监督人员，数质量管理员，警卫消防队队长，要求大专及以上学历；机电维修班班长、化验班班长、计量班班长、装卸班班长、付油班班长、锅炉班班长、计量员、化验员、电工、锅炉工，要求高中及以上学历。

（二）专业知识

专业知识标志着一个油库业务管理和技术人员从事本专业所具有专门技术的水平。不同专业的知识要求不同，概括起来，油库从事工作的业务技术、安全管理人员应具备以下九个方面的专业知识。

（1）掌握或熟悉油品储运设施（备）的种类、型号、技术性能、完好标准、设置安装及维护管理知识。

（2）掌握或熟悉油库安全管理及事故预防知识。

（3）掌握或熟悉油库主要作业程序、作业方法及作业要求。

（4）掌握或熟悉油库总体布置要求，油库工艺流程设计知识。

（5）掌握或熟悉常用油品的品种、牌号、用途及质量管理知识；了解油品主要理化指标的含义。

（6）了解油库土建工程设计、施工、验收方法，金属工艺与加工要求，水、暖、电、通安装与管理技术等知识。

（7）了解油品勤务（供应）和油品计量管理知识。

（8）了解油库自动化系统方面的知识和机械化有关概念。

（9）了解或熟悉制图、识图知识。

从事油品不同专业工作的业务管理和技术人员，对上述知识要求差别不大，但对知识的了解、掌握深度的要求有所不同，油品应用技术、管理人员对油品性质、质量管理、油品应用化学等方面知识必须掌握，其他知识了解；储运技术、管理人员对油库工艺、设备等方面则要求掌握，其他知识了解；安全管理、事故预防方面的知识油库各类人员都要求必须掌握。

（三）实际工作知识

实际工作知识是作为针对性专业知识而言的，要求对具体工作岗位了如指掌，与本职岗位实际工作有关的知识必须掌握。一般实际工作知识包括以下五个方面。

（1）掌握油库的性质、类型，油库内罐容、罐型、主要任务和业务工作范围，本库编制体制状况和主要业务人员种类。

（2）熟悉油库管理制度、操作程序和规程、有关安全规范及各项工作的标准（如设备完好标准等）。

（3）熟悉本库的分区及各区设施，油料质量管理及防损耗措施，油料储存年限、装油高度和安全高度计算等知识。

（4）掌握本库设备技术状况、使用维修年限。

（5）了解洞库防潮、设备防腐、油品运输等有关知识。

（四）相关知识

相关知识是为扩大油库业务管理和技术人员的知识面，便于有效工作，与本职工作相关联的知识，主要有：

（1）熟悉计算机应用与操作知识。

（2）了解有关财经制度、经济法规、环境保护、土地法规和工业生产、交通运输等知识。

（3）了解或熟悉现代安全管理知识。

二、能力标准

从事不同专业和不同层次的油库业务管理和技术人员，要求的能力标准有所不同，一般包括文字写作、语言表达、业务技术、管理工作四个方面。

（一）文字写作能力

要求具有应用写作基础知识，熟悉常用公文格式，会起草本职内的各种文书报告、总结、计划与方案制订等，会撰写一定水平的学术论文。

（二）语言表达能力

能用口头语言清楚、准确、精练、生动地表达意图、汇报工作、布置任务、进行总结。

（三）业务技术能力

能正确理解和执行油品工作标准、油库规章制度和安全操作规程；能组织实施油品的收发、油罐清洗和涂装、油库设备维修等主要作业；能主持或亲自制订各种应急预案并组织演练落实；具有简单工艺设计能力并会审查油库整修、小型土建、电器改造等工程图纸；会组织业务方面的检查评比、达标验收、考核评估等工作；能解决油库疑难技术问题。除此之外，本身应具备相应级别与层次的动手操作能力；会收集和整理油库信息资料与档案。

（四）管理工作能力

能全面、适时了解全库各部门工作职责与工作进程，能对本职范围工作人员实施有效指挥、监督；能按有关规定严格管理部属；会组织业务训练和安全消防演习；会协调内外关系；注意工作方法，能调动各类人员积极性共同完成各项任务。

三、经历标准

为使油库各类技术干部具有相应岗位的工作基础，要求必须从事油库业务技术工作和从事下一级管理工作若干年限。无论在哪一级业务技术工作岗位上，均应及时总结经验，不断学习提高、认真实践、开拓创新，为胜任本职和荣任高一职岗位打下基础。

第二节　业务训练与考核

油库人员业务训练的组织工作由组织计划部门负责。根据人员素质情况，制订年度训练计划，组织实施，训练后进行考核，年终时进行训练总结。

一、业务管理和技术人员训练内容

油库干部可分为领导干部、中层干部、基层干部、技术干部四类不同岗位，各岗位干部所需知识技术有所不同，但在实际中岗位是变换的。因此，将业务技术干部训练内容分为安全管理和安全生产两个方面列出。安全管理方面的知识主要来源于在职训练、自习，对工作实践中遇到问题的总结；安全生产方面的知识主要是在学历教育获得基础理论，在生产实践中消化应用，以及根据岗位需要再学习。

（一）油库安全管理基础知识

（1）国家安全生产方针、政策、相关法律和安全规定。

（2）石油的组成、性质、用途及炼制方法。

（3）油品的种类、牌号、性质、使用规定及管理要求。

（4）油品的"十种"危险特性（蒸发性、燃烧性、爆炸性、带电性、膨胀性、流动性、漂浮性、渗透性、热波性、毒害性），以及油品的燃烧特性，油品火灾分类等；油库安全管理"十防"（防跑油混油、防着火爆炸、防中毒、防静电和雷电危害、防设备损坏、防禁区失禁、防环境污染、防人的不安全行为、防自然灾害、防人为破坏和泄密）工作。

（5）油库管理有关技术规范、管理规则、管理规程、技术标准。

（6）现代安全管理理论，如精细化管理、HSE 管理等。

（7）工作计划、工作总结、调查报告、通知、报告、请示等公文写作。

（8）油库事故管理，如现场保护、调查方法、原因分析、事故统计等。

（9）油库作业中的危险（隐患）分析，各种预案、演练。

（10）计算机知识及其常用软件的操作使用。

（二）油库安全生产专业知识

（1）电工学、力学、机械制图、金属工艺学、公差配合、机械原理、机械加工图等方面的基础知识。

（2）流体力学、泵等知识；各类发动机泵、加油器材的用途、性能、结构原理、安装使用要求等。

（3）油库常用设备的性能、用途、结构原理、使用要求，以及安装调整、调试验收等。

（4）油品应用、油品标准、质量指标及其化验分析方法，油品质量维护、降耗方法等。

（5）油品计量、统计核算等知识；影响油品质量变化的因素、规律及防止措施。

（6）油库防火、防雷、防静电、防杂散电流危害，以及消防灭火设备设施的性能、用途、安装使用、检查维护、检定检修，以及油库不同类型火灾的扑灭等。

（7）油库设备设施的工艺流程，作业程序和操作规程，以及油品"收储发"管理要求；油库工艺流程图、消防设备设施流程图、接地系统图、供电系统图等的绘制；油库常用设备的规格型号、结构原理、性能用途、安装使用、检查维护、鉴定检修等。

（8）油库设备设施防腐，如防腐设计、涂料选择、防腐涂装、质量检验、竣工验收等。

（9）工程施工图识图审图，一般工程施工图绘制，预决算编制；工程发标、招标、评标，施工监理，现场管理、工程验收等。

（10）计算机简单程序设计及软件应用。

二、一线员工训练内容

（一）加油员的训练内容

（1）加油员职责及有关规章制度。

（2）油品基础知识及相关知识。

（3）电动加油机、计量活塞手摇泵、刮板泵、滑油注入器、加油枪、磅秤、量油尺等加油工具的型号、结构、正确使用和维护保养方法。

（4）常用盛油容器的种类、规格和主要技术指标。

（5）油库站漏油、溢油、跑油、火灾等事故的预防和紧急处置方法。

（6）常用灭火器材的种类、用途、放置位置和使用方法。

（7）油品体积与重量的换算方法。

（8）安全用电知识。

（9）岗位应急处置预案，紧急情况的处置。

（二）油品保管员的训练内容

（1）油品保管员职责及有关规章制度。

（2）油品基本知识及相关知识。

（3）铁路油罐车、汽车油罐车的收发作业程序。

（4）洞库收发油作业要求及注意事项。

（5）桶装油品的装卸、运输和保管要求及注意事项。

（6）温度、湿度概念及有关换算。

（7）油品测量，常用度量衡单位和换算。

（8）油品及特种液的保管规定，洞库防潮、降湿、通风知识。

（9）油品加注、计量工具的型号、结构、工作原理及正确使用。

（10）油库防漏、防溢、防跑、防混油、防火防爆、防中毒、防雷击和静电失火的措施及方法。

（11）油库设备设施及工艺流程知识。

（12）岗位应急处置预案，紧急情况的处置。

（三）司泵员的训练内容

（1）油库司泵员职责和有关规章制度。

（2）泵站的分类、油库常用工艺流程，泵房电气设备的使用和维护保养方法。

（3）油泵、真空泵的型号、性能、结构、工作原理及保养方法。

（4）阀门、过滤器的种类规格、结构用途和维护保养，管路、管件的作用及使用维护。

（5）常用测量仪表的名称、用途、使用和维护保养方法。

（6）电工、流体力学、内燃机、油品消防等知识。

（7）安全用电知识。

（8）岗位应急处置预案，紧急情况的处置。

（四）油品化验员的训练内容

（1）油品化验员职责、有关规章制度及各种规则。

（2）石油的组成、性质及石油的炼制。

（3）常用油品化验仪器的种类、用途，玻璃仪器的洗涤、干燥。

（4）各种常用溶液和标准溶液的配制及标定。

（5）常规化验项目试验方法的步骤、原理、影响因素及注意事项。

（6）化验室常用仪器的使用、维护和故障排除。

（7）油品应用知识、油品储运知识、电工基本知识。

（五）油品计量员的训练内容

（1）油品计量员职责及有关规章制度，国家有关部门关于计量工作的法规和上级有关规定。

（2）油品计量基础知识，油品理化性质，油品测量安全知识。

（3）计量技术设备、测量工具结构、性能和操作方法。

（4）标准密度、体积、油品重量的计算方法，储存、运输中的自然损耗标准。

（5）常用量具、仪表的检定方法，测量误差的分析方法。

（6）有关计量工作中的计算机应用知识。

（六）油品统计员的训练内容

（1）油品统计人员的工作职责，油品计量制度，油品供应制度和供应标准，油品自然损耗标准内容及规定。

（2）油品统计核销工作的基本任务、方法及要求。

（3）法定计量单位及常用计量单位、符号，油品计量工具、设备的种类及型号。

（4）油品报表的填报方法，油品统计、审核的要求、内容及方法，油品自然损耗的计算。

（5）油罐容积表的编制、校正。

（6）油品测量工具、设备的计量原理，使用方法和注意事项。

（7）拟制油料供应保障预案，应急行动预案的方法。

（七）油库电工训练内容

（1）油库电工职责及有关规章制度。

（2）电工知识，油品基础知识，机械传动和液力传动基本知识，逻辑代数和数字控制系统知识，机械识图知识。

（3）电工常用仪表的结构、使用方法和维修保养。

（4）常用安全工具和防护用品的名称、型号、规格、用途及使用方法。

（5）油库电器设备、防爆电气设备的选择安装，检修及保养。

（6）计算机控制的复杂自动线路、电子线路的调整。

（八）油库修理工训练内容

（1）修理工职责及有关规章制度。

（2）油品基础知识，发动机修理知识，机械加工知识，电气控制知识等相关知识。

（3）常用工具、量具的结构、工作原理、使用方法和调试方法。

（4）油库设备的结构、工作原理、故障排除及维护。

（5）油罐附属设备及管件的修理。

（6）油桶洗修设备检查、维护、检修。

（九）油库车工训练内容

（1）油库车工职责及有关规章制度。

（2）油品基础知识，机械制图知识，钳工基本知识，金属切削原理，安全用电知识。

（3）常用各种车床的性能、结构、精度的检查、安装及调整。

（4）车工常用计算方法。

（5）常用精密量具的使用方法和维护保养。

（6）一般工件乃至薄壁工件、深孔工件等其他较复杂工件的车制。

（十）油库钳工训练内容

（1）油库钳工职责及有关规章制度。

（2）机械制图知识，油品基础知识，液压传动知识，安全用电知识。

（3）常用刀具的使用和维护保养。

（4）钳工操作、装配和修理。

（5）研磨、刮削原理及操作。

（6）新产品试制的加工方法及装配方法。

（7）各种挤压加工的方法。

（十一）油库焊工训练内容

（1）油库焊工职责及有关规章制度。

（2）油品知识，识图知识，电工知识，钳工、铆工等相关知识。

（3）常用工、夹、量具的使用，保养方法。

（4）常用钢材的种类及其气割，焊接性能。

（5）氧气瓶、乙炔瓶等搬运、使用和保管方法。

（6）手工电弧焊、气焊、气割的操作方法。

（7）复杂件焊接及处理方法。

（十二）油品安全消防员训练内容

（1）消防员职责及有关规章制度。

（2）国家有关消防条例和规定。

（3）消防装备的名称、用途及检查保养方法。

（4）灭火机的种类、结构、用途、使用和维护保养方法。

（5）油库不同类型火灾的扑救方法及注意事项。

（6）防中毒的措施和灭火后的处理方法。

（7）各种灭火剂的性能、用量标准、储存保管方法和适用范围。

（8）油品基础知识，静电基本知识、电工基本知识、流体力学基础知识。

（十三）搬运机械工的训练内容

（1）搬运机械驾驶员职责和有关规章制度。

（2）油品基础知识，电工学基本知识，识图基础知识等相关知识。

（3）常用搬运机械的技术性能，基本结构和工作原理。

（4）常用搬运机械产生故障的原因及故障排除方法。

（5）堆垛、吊装、装卸棚车和短途运输等作业程序及注意事项。

（6）多种类型搬运机械的驾驶。

（7）各种常用仪表的检修和维护。

（十四）油桶洗修工的训练内容

（1）洗修桶工职责和有关制度。

（2）机械洗桶和化学洗桶作业程序和每道程序的质量要求。

（3）化学洗桶液的配制、作用原理和技术要求。

（4）氧气瓶、减压阀、焊枪、乙炔发生器的结构、工作原理和检验方法。

（5）油桶分类与质量检查。

（6）消防器材的操作使用方法。

（十五）油库锅炉工的训练内容

（1）锅炉工职责，锅炉房规章制度、交接班制度、维修检查制度、水质管理制度和安全操作规程等。

（2）燃烧的基本知识及有关计算。

（3）蒸汽锅炉和热水锅炉的基本结构，燃烧设备、附属设备和附件仪表的工作原理及操作使用方法。

（4）水质 pH 值和水的硬度对锅炉的影响，锅炉内水垢生成的原因及其危害，锅炉水的化学处理方法。

（5）锅炉房常见事故，发生的原因，处理办法和有关的预防措施。

（6）常用燃料品种、特点、发热量和经济效益。

三、训练方法及考核

（一）学习方法

一般来说，业务技术人员以自习、研讨为主，一线作业员工以讲授、现场操作为主。根据各单位实际情况，采取多种训练方法，使理论学习与实际操作相结合、集体组织与个人自学相结合、请进来与走出去相结合，考核与比武相结合等方法。

（二）考核办法

结合本单位实际情况，采取口试与笔试、图上作业与实际操作相结合的方法进行。油库每年业务考核不少于一次。

（三）成绩评定

每次训练结束后，由专职考评员评定成绩，一般要求及格率不低于95%，优秀率不低于50%。

第三节　新入职员工的安全教育

对新入职员工普遍采取"三级安全教育"的安全教育方式，其实质是一种结合油库实际认识安全教育。通过三级安全教育使新入职员工对油库有一个概括性的了解，对油库具有的危险性有一个基础性的认识，为上岗位奠定初步的安全认识。新入职员工大体可分为学历较高者、中专学历者和高初中学历者三类。

（1）学历较高者是指具有石油专业大专、本科储运、应用专业学历或其他专业大专、本科学历者，或者安全工程大专、本科学历者。这类人虽是少数，但这类人专业基础知识较好，有一定安全知识，有较好的理解能力，将会成为安全管理的人才，油库应重视这类人认识安全教育。

（2）中专学历者是指具有石油储运、应用中专学历或其他中专学历者。这类人随着中专教育的发展会逐步增加，有一定专业技术基础，有一定的理解能力和操作技能，对安全也有一定的认识，将会成为油库一线作业人员中的骨干力量，油库应结合岗位实际做好认识安全教育。

（3）高初中学历者是指具有高初中学历者甚至小学或只识几个字者的人数较多，特别是现在有不少油库使用从农村来的合同或临时工，部分人大都从事一线作业，一般能吃苦，文化知识基础较差，没有专业知识，特别是对安全的认识不足，油库应特别重视这部分人的认识安全教育。

新入职员工的安全教育的方法，根据一次入职人数的多少、文化程度的不同而采取不同的方法。一般可采取参观观摩、座谈讨论、授课讲解等方法。

一、参观观摩式安全教育

参观观摩式安全教育是指由专人带领新入职员工参观观摩油库各区域和岗位，同时简介油库、不同区域和岗位的危险性、危险源、安全生产情况等。参观观摩会对参观者产生第一印象，影响着对油库的看法，也影响着即将开始的工作，因此应十分重视。

这种安全教育形式适合于新入职的三类职工，只是应有不同侧重点。教育时是先看影像、录像资料片，再参观观摩油库各区域和岗位。参观观摩带领者应由对安全有较高认识和意识，了解油库安全生产情况，熟悉油库安全方面存在问题的人担任，边走边简要介绍情况。重点是通过参观观摩对油库全貌、对油库人与物形成第一印象，特别应重视高学历者第一印象。

二、座谈讨论式安全教育

座谈讨论式安全教育一般由部门（单位）组织进行，适用于高中学历者，应在参观观摩后进行。座谈讨论前应先拟定内容，如对油库有什么印像，个人有什么想法和打算，对油库安全生产方面有什么要求，油库工作设备是否先进，如此等等。参加人员应有选择，一般由部门（单位）领导、业务技术骨干与新员工共同讨论。与此同时应向员工提出期望和要求，如请新员工绘制工艺流程图、电气系统图、接地系统图，对当前进行的重点工作提方案，对存在的安全问题进行探讨等。

三、讲授式安全教育

讲授式安全教育适用于油库、部门（单位）、班组安全教育。一般应根据具有情况编印不同类型的小册子。

安全教育内容包括国情教育，库情、安全保密、劳动法、劳动合同，国家有关劳动保护的文件，安全生产状况，油库内不安全区域的介绍，一般的安全技术知识。

部门(单位)安全教育主要内容包括生产概括、工艺流程、机械设备的分布及性能、材料的特性、安全生产情况，油库典型事例，劳动规则和应该重视的安全问题，有针对性地提出新人员当前应特别注意的一些问题。

班组安全教育主要内容包括不同岗位工作性质、职责范围和安全规章制度，应知应会要求，各种机具设备及安全防护设施的性能、作用，个人防护用品的使用和管理，以及岗位(工种)的安全操作规程，工作点的油气释放源、危险机件、危险区的控制方法；讲解事故教训，发生事故的紧急救灾措施和安全撤退路线等。

高、中学历者可概括讲授内容，以阅读、自习、讨论为主；低学历者以讲授、讨论为主。

第十章　油库标识与业务登记

第一节　油库标识

一、油库设备编号

（一）油库业务建筑编号

（1）编号均为白底红字，白色墙可直接喷字。

（2）底与字的规格应与建筑物本身相适应。

（3）全库编号正规、统一，无重号、漏号。

（4）库房门编号须含两个号，前号是库房号，后号为门的序号，如"3-1""3-2""……"。

（二）油罐编号

（1）油罐编号顺序按先主油系统、后附油系统编排。同一系统中的罐，按收油工艺流程，从油泵至储油罐，先到达的罐编在前，后到达的罐编在后，且同一条洞内的罐或同一组罐要一次编完。

（2）放空罐、中继罐单独编号，如"放1号""中1号"等。

（3）有单作密闭门的罐，其编号设在单体门上，其他罐编号设在油罐正面（立式罐设在进出油管的上方，卧式罐设在进出油管一端的球顶中心）。编号在直径30cm的白底内，字的颜色与罐前阀门手轮颜色一致，字体正规。

（三）阀门编号规定

主、附油系统的阀门分别按工艺流程编号。每一系统内的阀门编号不重号。编号印制清楚，字体工整，位置适当。

二、油库设备标识涂色

油库设备标识涂色见表10-1。

表10-1　油库设备标识涂色

序号	涂漆颜色	涂漆范围
1	蓝色	喷气燃料和航空润滑油组：阀门手轮、单向阀的阀盖、过滤器上盖
2	绿色	（1）航空汽油组：阀门的手轮、单向阀的阀盖、过滤器上盖。 （2）油罐消防冷却水喷淋系统管道及设备

续表

序号	涂漆颜色	涂漆范围
3	红色	(1) 车用汽油组和汽油机润滑油组(含全损耗系统用油、汽轮机油、压缩机油和锭子油):阀门的手轮、单向阀的阀盖、过滤器上盖。 (2) 消防沙箱、水桶、灭火器材箱和消防工具的非金属部分(消防沙箱、水桶的字为白色)。泡沫消防系统管道及设备,消防栓、消防炮、消防井盖、消防报警电话、按钮。 (3) 防爆电器设备的防爆标志,阀门体铸有规格、公称压力的凸出标志和阀门开关方向指示标志(如与本色相同可用黄色)
4	黄色	柴油组和柴油机润滑油组:阀门的手轮、单向阀的阀盖、过滤器上盖
5	黑色	齿轮油组:阀门的手轮、过滤器上盖
6	色环	(1) 泵房、阀门交换组和检查井内的输油管线在进、出口排列整齐处,洞口和露天输油管线每隔100m左右处涂宽0.05m色环,其颜色应与管线上的阀门手轮相同。 (2) 泵房内防爆操作柱和控制按钮的支柱距地面高0.7m处涂0.05m色环,其颜色与被控设备阀门手轮相同。 (3) 本安电路及关联电路配线的电缆、钢管、端子板,颜色为蓝色。 (4) 透气管线每隔100m左右处涂宽0.025m银粉色环和相连油罐油品的色环

三、油库主要业务场所标牌设置

油库主要业务场所标牌设置见表10-2。

表10-2　油库主要业务场所标牌设置

序号	场所	类型
1	禁区入口	库区(禁区)管理规则、出入库区规则,禁止、警告、提示标志等
2	洞库工作间(洞内或室内)	查库流程图、应急情况处置措施、保管员职责、洞库管理规则,洞内油罐平面布置图、工艺流程图等
3	覆土油罐区	查库流程图、应急情况处置措施、保管员职责、覆土油罐管理规则等
4	地面罐区	查库流程图、应急情况处置措施、保管员职责、地面油罐管理规则等
5	洞罐及覆土油罐操作间、地面油罐	油罐编号、油罐揭示牌等
6	桶(小包)装油品库(棚、场)	物资堆放平面布局图、查库流程图、应急情况处置措施、保管员职责、桶装油料保管规则、桶(小包)装油料库房管理规则等
7	油料装备库房	装备摆放平面布局图、查库流程图、保管员职责、油料装备保管规则、油料装备库房管理规则等

序号	场　所	类　型
8	铁路(码头)收发作业现场	收发作业程序图、应急情况处置措施、现场值班员职责等
9	主附油泵站(房、棚)	设备操作规程、司泵员职责、应急情况处置措施、工艺流程示意图、泵房管理规则等
10	汽车零发油作业现场	零发油作业流程图、设备操作规程、应急情况处置措施、加油员(安全员)职责、各类告示牌、零发油现场管理规则等
11	汽车零发油控制室	领油作业流程图、服务公约、开票员职责、控制室管理规则
12	灌桶作业间	灌桶作业流程图、设备操作规程、加油员职责、灌桶间管理规则等
13	消防泵房	消防系统平面示意图、消防作业操作流程图、司泵员职责、消防值班员职责、消防泵房管理规则等
14	搬运机械库房	机械设备操作规程、操作员职责、库房管理规则等
15	机修间	设备操作规程、人员职责、机修间管理规则等
16	交配电室	电气系统平面示意图、配电工作流程图、人员职责、配电门管理规则等
17	发电房	发电工作流程图、发电机组操作规程、人员职责、发电房管理规则等
18	自控室	网络拓扑图、自动化设备操作规程、操作员职责、控制室管理规则等
19	通风机房(间)	通风作业流程图、通风机操作规程、通风机房(间)管理规则等

注：表格中未列入场所参照相近场所要求执行。

第二节　油库基本业务登记

　　油库基本业务登记统计本、表分为 8 类 33 种。油库总值班记录、业务会议记录、训练记录、施工记录、信息化系统运行记录等表格式样，以及各种基本业务登统计本、表的摆放位置、数量等由各单位进行规范。对于精细化管理需要的相关表格，由各油库按照实用、管用和少而精的原则自行设置。

一、勤务性记录

　　勤务性记录主要有六种，是反映库领导查库、保管员查库、钥匙使用、出入库区、消防值班、消防车值班制度的活动信息，真实记载活动中发现问题，解决问题的方法、决定，是油库安全的重要保障手段之一。

　　（一）领导查库记录

　　（1）此记录适用于库、分库(保管队)领导的集体查库。

　　（2）检查类别分每月(周)例行查库、特殊情况(重大节假日、大气异常、上级通知要求等)查库两种。

（3）领导查库主要内容：人员职责、各种操作规程等规章制度的执行情况，设施设备管理、使用、维修情况；安全管理情况；库存油料、装备数质量情况；警卫勤务情况；上次检查发现问题的改进情况等。每次检查可有侧重，对发现问题要认真研究，及时处理。

（4）此记录平时存放于业务处和分库(保管队)，年终交库资料室永久保存。

（二）保管员查库记录

（1）此记录适用于保管员日查库(罐)和进入场所工作情况。

（2）查库主要内容：被查场所的建筑设施技术状况；工艺设备设施技术状况；库存物资数质量情况；油罐有无渗漏油；罐体是否正常，各附件是否完好，油罐内部压力(U形压力计)是否正常；场所内有无违章现象，场所周围环境有无异常情况和泄漏油气等。如发现问题应立即处理，处理有困难的应立即向上级报告，并在查库记录上写明异常情况的具体地点或设备号。

（3）此记录平时存放于各业务场所工作间(台柜)，年终交库资料室存档，保存期为五年。

（4）备注栏填写：①保管员查库(罐)中发现的问题，并在什么时间、什么地点、向什么人作了正式报告；②领导查库时对保管员查库情况的评语和签名。

（三）钥匙领交登记

（1）此记录适用于钥匙管理登记，由钥匙保管人负责填写。

（2）领、交钥匙时，钥匙保管人员必须核实申领钥匙理由，只发相应工作场所中的有关钥匙。无特殊情况，钥匙不准在领取人处过夜。使用智能钥匙柜的需要定时打印记录。

（3）此记录平时存放于钥匙保管地点，年终交库资料室存档，保存期为五年。

（四）出入库区(洞库)登记

（1）此登记为外来人员(除本场所责任工作人员以外的一切人员，包括领导查库人员、施工人员等)进入库区、洞库、业务库房、储油区、收发作业区等业务场所用，由当日值班员(保管员)负责填写。

（2）外来人员和库陪同人均填写职务最高者。

（3）此记录平时存放于各场所入口处工作间，年终交库资料室存档，保存期为五年。

（五）消防值班记录

（1）此记录适用于库消防日值班，由值班员每天负责填写。

（2）此记录平时存放于库消防值班室；年终交库资料室存档，保存期为五年。

（六）消防车值班记录

（1）此记录适用于各种作业的消防车现场例行值班和特勤值班，由值班员（或消防车驾驶员）负责填写。

（2）此记录平时存放于消防值班室；年终交库资料室存档，保存期五年。

二、作业记录

作业记录规范了六种经常性的主要作业，是反映作业活动的真实记载，其运行数据的积累统计，既可反映油库作业活动的频繁程度，又可为设备设施维护检修提供依据，对计划检修有重要的作用。

（一）泵站（机组）运行记录

泵站（机组）运行记录，印制成 16 开，横排双面，50 张成册，并装潢软封面。其运转小时的积累、异常情况的发现与处理，是泵机组检修的重要依据。

（1）此记录适用于泵站运行记载，每次作业时由司泵员负责填写。

（2）此记录平时存放于泵站（房、棚）工作台（柜、箱）内；年终交库资料室存档，保存期五年。

（二）铁路整车桶（小包）装油料收发作业记录

（1）此记录适用于每次收发整车桶（小包）装油料，由现场值班员负责组织填写。

（2）作业过程中出现的异常问题及处理情况应在作业纪要栏内详细记载。

（3）此记录平时存放于桶装库房，年终交库资料室存档，永久保存。

（三）铁路整车油料装备收发作业记录

（1）此记录适用于每次收发整车油料装备，由现场值班员负责组织填写。

（2）作业过程中出现的异常问题及处理情况应在作业纪要栏内详细记载。

（3）此记录平时存放装备库房，年终交库资料室归档，永久保存。

（四）洞库通风作业记录

（1）此记录适用于洞库通风作业，由洞库保管员负责填写。

（2）通风目的包括正常换气、收发油作业、降湿、排除油气、测量作业、施工作业、油罐清洗涂装作业等。

（3）通风范围是指全坑道通风或对单个罐室通风，单罐室通风（如收发油料罐）填写罐室编号，全坑道通风则在"全洞"栏内打"√"。

（4）通风方式，可在相应栏目下打"√"，固定、移动通风方式同时进行的可同时打"√"。

（5）洞库通风只允许采用负压（抽吸）通风，故不再区分正负压通风法。

（6）此记录平时存放于洞库通风机房，年终交库资料室存档，保存期五年。

（五）零发油工作记录

（1）此记录适用于汽车油罐车零发油作业，每日作业由零发油现场发油（安全）员负责填写。

（2）此记录平时存放于汽车油罐车零发油现场工作间，年终交库资料室存档，保存期五年。

（六）机车（油船）入库登记

（1）此记录适用于铁路机车（油船）入库登记，不作为随车（船）物资的数质量入库凭证，由接车（船）员负责填写。

（2）此记录平时存放于负责铁路接车（接船）部门的办公室，年终交库资料室存档，保存期五年。

三、量油记录

量油记录共有两种，是油品收发、储存过程中，作业活动的现场量油记载，对保证入库、出库油品数量准确，减少损耗，维护油库和消费者经济利益具有关键作用，同时也是检验储油设备技术状态良好的一种手段，对发现储油设备缺陷具有重要作用。

（一）量油原始记录

（1）此记录适用于计量员（保管员）现场量油作业的现场原始记录，由测量人员负责填写。

（2）此记录可分储存罐区（组）、中转罐（组）、铁路槽车、化验室记录等单独成本或全库合一本，一本用完后再启用新本，时间应连续吻合。

（3）此记录平时存放于保管队（化验室），年终交库资料室存档，保存期五年。

（二）油罐测量计算记录

（1）此记录适用于油罐存油数量的测量计算正式记录，可全库合用1本，也可分罐或罐区记录，由油料统计员负责填写。

（2）此记录本亦可作为油罐车（油船）测量记录。

（3）此记录平时存放于保管队，年终交库资料室存档，保存期五年。

四、检修测试记录

检修测试记录共有两种，是设备设施维护检修的记载，也是设备设施技术状态的反映，对设备设施安全运行、计划维护检修、更新改造具有指导性作用。

（一）油库防雷、防静电、电气接地电阻检查记录表

（1）此记录适用于油库各类接地电阻值检查测量，由检测人员负责填写。

（2）标准阻值一栏，根据接地体属性填写，分别是防雷接地 10Ω、防静电接地 100Ω、电气保护接地 4Ω；合并设置的接地体，标准阻值为其中最小者。

（3）记录本可跨年度连续使用，平时存放于检修所，旧本用完后，启用新本，旧本交库资料室存档，永久保存。

（二）技术设备检修记录

（1）此记录适用于油库各场所技术设备的检查、测试和检修，由检修人员负责填写。

（2）此记录平时存放于检修所，年终交库资料室存档，永久保存。

五、设备运行记录

（一）装卸搬运机械作业记录

（1）此记录适用于装卸搬运机械作业，每次作业由操作员负责填写。

（2）此记录平时存放于装卸搬运机械库房，年终交库资料室存档，保存期五年。

（二）变配电设备运行记录

（1）此记录适用于变配电室日值班，由值班电工负责填写。

（2）记录本平时存放于变配电室，年终交库资料室存档，保存期五年。

（三）油罐标牌

油罐标牌用于反映油罐主要技术参数，并动态表明油罐运行（储油）情况，相关人员看一眼便知其基本状态。其中进油、测量、装油高度和重量是动态数据，随着进出油与管理活动而变化，所以制作时应满足其变更的需要。油标牌内容见表 10-3。

表 10-3　油罐标牌

油罐编号	号	油料名称	
公称容量	m^3	油料质量（等级）	
实际容量	m^3	进油时间	年　月　日
安全容量	m^3	安全高度	m
油罐直径	m	装油高度	m
油罐壁高	m	装油体积	m^3
油罐顶高	m	装油质量	t
允许正压	mmH_2O	测量时间	年　月　日
允许负压	mmH_2O	保管员	

六、作业通知单(票证)

油库常用作业通知单(票证)设定了四种,其他危险作业(如临时用电、高位作业、动土作业等)由各单位统一设计其格式。通知单(票证)是根据作业中可能出现的危险和后果而设定其内容的,明确作业者必须遵守事项,同时也是对作业安全措施的一种检查、复核,是安全作业的一种保障手段。

(一)油库动火作业证

(1)动火作业证用后交签发部门,与作业证存根对粘,加附"可燃气体"测试记录,年终与动火申请一起交库资料室存档,保存期五年。

(2)此证单平时存放于业务处,由业务处长负责填写,相关人员签字。

(3)可燃气体测定内容见表10-4,印制成竖排单面,不装订。此表以油罐动火作业设定,其他动火作业可参照执行。

表10-4 可燃气体测定记录表

油罐类型		罐号	
容量(m³)		储油品种	
仪器型号		检定气体	
生产厂			

测试方法:

(1)测点距地面0.2m。

(2)各测点如图所示(测点简图)。

(3)如测点数据超过规定要求,应用第二台仪器复测。

(4)如罐进口处浓度超过标准,可不进罐测试。

(5)对测试数据有疑问时,应用第二台仪器复测。

(6)其他检测点应根据现场具体情况确定,如易积聚油蒸气的地方

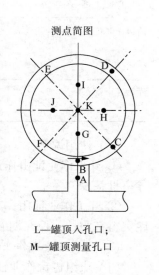

测点简图

L—罐顶入孔口;
M—罐顶测量孔口

项目	测试时间 (h:min)	气温 (℃)	A	B	D	C	E	F	G	H	I	J	K	L	M	测试人
作业前																
作业后																

测试结论:

年 月 日

（二）油罐清洗开工作业证

（1）油罐清洗开工作业证表格内容见表 10-5。

表 10-5　油罐清洗开工作业证

填表人：　　　　　　　　　　　　　　　　　　　　　　年　月　日

计划作业日期		安全检查情况			
		序号	检查项目摘要	执行情况	执行人
油罐编号		1	油品排空时间		
储油品种		2	底油清除时间		
班（组）数		3	油、气管隔离措施		
容量（m³）		4	自然通风时间（h）		
作业任务		5	机械通风时间（h）		
安全员意见：		6	接地系统检查		
		7	可燃性气体浓度测定（附表）		
签字：　　年 月 日		8	电器设备安全检查		
现场负责人意见：		9	消防器材及措施		
签字：　　年 月 日		10	安全防护用品数量、质量		
清罐作业负责人意见：		11	救护措施		
		12	现场警语、护栏设置		
签字：　　年 月 日		13	安全教育、考核情况		
库领导审批意见：		14			
签字：　　年 月 日		15			

（2）使用说明：

① 开工作业证由作业现场负责人指定专人填报，业务处归口办理，油库领导审批签发。

② 开工作业证用完后黏附"可燃气体"测定记录表，送业务处存放，年终交库资料室归档，保存期五年。

（三）班组进罐作业证

（1）班组进罐作业证表格内容见表 10-6。

表 10-6 班(组)进罐作业证

进罐日期		进罐时间		出罐时间		班(组)进罐作业记录
进罐班(组)		进罐人数		班(组)长		
油罐编号		容积(m^3)		储油品种		
作业任务						

安全项目登记

序号	检查项目和内容	摘要	执行人	
1	通风设备是否完好			
2	可燃性气体测定(附表)			
3	防爆电气设备是否符合要求			
4	消防设备数量、质量			班(组)长签名:
5	呼吸器数量、质量			
6	防护装具数量、质量			
7	作业工具、机械是否防爆			
8	现场消防员人数			注:作业中罐内、巷道内可燃性气体浓度、人员轮换时间、进罐人员姓名、着装检查情况、事故隐患,以及事故和检查验收情况等,都详细记录备查
9	安全、监护人员是否在位			
10	医护人员及急救药品情况			
11				
12				
13				
安全员签名		现场负责人签名		

(2)使用说明:

① 班(组)进罐作业证当班有效,隔班作废,换班重新签发新证。

② 空证本平时存放于业务处。业务处根据批准的清罐作业方案和《油罐清洗开工作业证》,将此证本发给作业现场负责人(油库方人员),由现场负责人签发班(组)进罐作业证,作业后负责收回;整个清罐作业完成后,统一交回业务处保存,年终交库资料室存档,保存期五年。

(四)油料输转收发作业通知单(作业证)

(1)凡使用油罐(含中继罐)、管线进行油料收发、输送、转罐等作业均应使用通知单。

(2)通知单上部分由业务处(或相当部门)填写,经库领导批准(本库内油料输转可由业务处长批准)后,发给本次作业现场指挥员。通知单下部分由现场指挥员委托现场值班员填写,作业完毕后,现场指挥员签字;平时存放于泵房,年终交业务处或相关部门与作业证存根对粘后交库资料室归档，永久保存。

（3）作业纪要栏中填写作业中主要情况、实际收发输转油料数量、作业过程中的异常情况等。

七、安全检查记录

安全检查记录设定了四种，是贯彻落实"油库安全管控七项新机制"（油库作业业务风险评估与预警机制、油库安全检查责任联系机制、油库安全违章行为责任追究机制、油库安全奖惩调控机制、油库安全整治经费保障机制、油库设备设施淘汰更新机制、油库应急处置机制）中"谁组织谁负责，谁检查谁负责"而设定的，其目的是明确安全责任，追踪安全检查中发现问题的整改和落实。

（一）油库安全检查登记表

油库安全检查登记表设定了两张表格，即《油库安全检查登记表》和《安全检查发现问题及处理意见》。

油库安全检查登记表见表 10-7。

表 10-7　油库安全检查登记表

受检油库		油库主任	
检查组织单位		检查类别	
检查内容			
检查依据			
检查发现问题及处理意见	（逐项填写检查发现问题，栏目不够可另附页）		
安全总体评价			
责任人	部职别	签名	
检查负责人			
检查成员			
检查成员			
检查成员			
检查成员			

注：此表由检查负责人组织填写，一式二份，一份存受检油库，一份送检查组织单位；油库组织的检查，只填写一份备查。

安全检查发现问题及处理意见见表 10-8。

表 10-8　安全检查发现问题及处理意见

受检油库：　　　　　　　　　　　　　　　　　检查时间：　　年　月　日

序号	发现问题	处理意见
1		
2		
3		
4		
……		

（二）油库安全检查整改通知书

油库安全检查整改通知书，见表 10-9。

表 10-9　油库安全检查整改通知书

编号：

（受检单位）：		
你单位在(检查单位)于(检查时间)组织的安全检查中，由于存在不符合安全规定和要求的有关问题，现通知你们按下列事项、时限与要求进行整改。		
安全整改事项	（根据问题危害大小、整改难易程度、经费保障情况，区分轻重缓急依次填写）	
安全整改时限及要求		
检查负责人：（签名） 检查组织单位负责人：（签名） 　　　　　　　　　　年　月　日	签发单位：（盖章） 　　　　　　　　　　年　月　日	

注：此表由检查组织单位负责人组织填写，一式二份，一份发受检单位，一份存检查组织单位。油库组织的检查，该通知书发到基层分队。须立即发往受检单位的，检查组织单位负责人亦可授权检查负责人签名后立即发出。

（三）油库安全检查整改复查登记表

油库安全检查整改复查登记表见表 10-10。

表 10-10　油库安全检查整改复查登记表

填表日期：

受检单位			
复查单位		复查类别	（亲自/授权复查）
复查时间	年　月　日至　月　日		
检查内容	执行(某单位)签发的(编号)《油库安全整改通知书》的相关要求		

整改落实情况：

复查意见：

续表

责任人	部职别	签名
检查负责人		
检查成员		
检查成员		
检查成员		
检查成员		

注：此表由复查负责人组织填写，亲自复查的，一式一份存受检油库，一份送复查单位；授权复查的，一式三份，存受检油库，一份送复查单位，一份报授权单位。

（四）油库事故报告表

油库事故报告表见表 10-11。

表 10-11　油库事故报告表

填报时间：　　　　　　　　　　　　　　　　　　　　　　　　　年　　月　　日

油库名称		事故发生时间		油库直管单位意见： 盖章 年　月　日
事故性质		事故类型	拟定等级	
损失情况：				
事故主要经过：				分公司意见： 盖章
事故原因分析：				
主任签字		书记签字		年　月　日

八、油库基本情况表

（一）油库历年人员知识结构统计表

油库历年人员知识结构统计表见表 10-12。

（二）油库历年容量、库房面积变化统计表

油库历年容量、库房面积变化统计表见表 10-13。

（三）油库历年完成任务统计表

油库历年完成任务统计表见表 10-14。

（四）油库历年油罐、库房利用率统计表

油库历年油罐、库房利用率统计表见表 10-15。

（五）油库历年事故统计表

油库历年事故统计表见表 10-16。

表 10-12　油库历年人员知识结构统计表

序号	年度	专业类别	现有人数		管理人员										职工					
			管理人员	职工	硕士以上		本科		大专		中专		小计		高中	初中	中专以上	高中	初中	短训
					人	%	人	%	人	%	人	%	人	%	人	人	人	人	人	人
		油料																		
		其他																		
		油料																		
		其他																		
		油料																		
		其他																		

注：(1) 短训指三个月以上的训练。
（2）每年填写一次，数字以当年 12 月 31 日为准。

表 10-13　油库历年容量、库房面积变化统计表

序号	年度	罐装容量（m³）													库房面积（m²）																备注
		合计		主油								附油		合计			桶（小包）装库			装备与器材库			空桶库			管线库			
				汽油		喷气燃料		柴油																						
		容量	罐数	容量	罐数	容量	罐数	容量	罐数	容量	罐数	容量	罐数	面积	栋数	面积	栋数	面积	栋数	面积	栋数	面积	栋数	面积	栋数	

表10-14 油库历年完成任务统计表

序号	年度	收发						装备保养			设备维护		质量管理		油桶洗修		设备大修		专业训练		绿化		备注
		油料(t)			装备(套件)			加油装备	管线油泵	容器	油罐涂漆刷漆	管线保养设备	化验油样	化验项目	主油	附油	完成项目	完成经费	训练班	训练人数	植树	种苗圃	
		合计	收	发	合计	收	发	套/件根/件	台	个	m²/台	台	个	个	桶	桶	项	万元	期	人次	棵	苗	

表10-15　油库历年油罐、库房利用率统计表

年度	油罐容积利用率			库房面积利用率			备注
	油库全年每月报表油罐库存油料数量之和÷12(m³)	油库各储油罐安全容量之和(m³)	利用率 (1)/(2)%	油库每月实际使用库房面积之和÷12(m²)	各库房使用面积之和(m²)	利用率 (3)/(4)%	
	(1)	(2)		(3)	(4)		

注：(1) 罐装容量不包括高架罐、中继罐、放空罐。

(2) 每月实际使用库房面积是指以规定的合理堆垛方式和堆放的物资摆放方式而占用的库房面积，不包括不合理存放方式而多占用的库房面积。

表10-16　油库历年事故统计表

序号	年度	事故起数					人员伤亡								经济损失（万元）					备注
		合计	业务等级事故	外方责任	灾害	行政	亡人				伤人				合计	业务等级事故	外方责任	灾害	行政	
							合计	行政	灾害	外方责任	业务等级事故	合计	行政	灾害						

附录 油库主要场所先进标准

一、评比范围及要求

（一）评比单位名称

（1）卧式油罐间、半地下罐室、罐组和分散的 $100m^3$ 以上的油罐单位评先进罐区。

（2）主、附油泵房评先进泵房。

（3）主、附油洞库评先进洞库。

（4）装备器材库、桶装库评先进库房。

（5）变电所评先进变电所。

（6）洗桶厂评先进洗桶厂。

（7）更生厂评先进更生厂。

（8）修理所评先进修理所。

（9）锅炉房评先进锅炉房。

（10）发油(灌桶)亭(间)评先进发油亭。

（二）评比时间

先进洞库、罐区、库房、泵房、发油(灌桶)亭(间)、变电所、洗桶厂、更生厂、修理所、锅炉房由分库、队、股每半年评比一次。

（三）评比资格

参加油库年终评比的洞库、罐区、库房、泵房、变电所、洗桶厂、更生厂、修理所、锅炉房、发油(灌桶)亭(间)，必须是全年两次被评为先进的单位。

（四）表彰方法

油库应建立先进竞赛表彰办法，对评为先进的单位和个人予以奖励。

被评上的先进洞库、罐区、库房、泵房、发油(灌桶)亭(间)、变电所、洗桶厂、更生厂、修理所、锅炉房的基层单位挂流动标牌。

连续三年被评为先进的保管员、司泵员、电工、锅炉工、维修工、机械手等，应进行表彰、记功，或给予物质奖励。

二、先进洞库标准

（1）及时、正确地搞好通风、防潮。洞库相对湿度全年都在85%以下，数字查算准确，登记及时。

（2）各种规章制度、卡片、登记、记录齐全。认真进行各种检查，及时登记。无丢项、补记、漏记。

（3）按时测量、清点所保管的油料、装备器材等物资，及时准确地登记，做到账、物、卡相符。

（4）认真执行"存新发旧，优质后用"的原则和油料、装备收发"三清四无""六不发"，油料装备及验收的"一核对、四检查、试运转"等规定要求。严格遵守操作规程，按照收发凭证及时准确、安全地完成收发任务。

（5）严格执行各项规章制度，切实做到油料"七不"，油料装备保管"三定、五无"和油库设备管理"三勤、七无"。

（6）安全工作落实，无火种、火迹、无责任事故和等级技术事故。消防器材配备齐全，性能良好，整齐清洁。

（7）洞库、设施内外无乱写、乱画、无破布、胶垫、管头、管件等杂物，无积尘(不含浮灰)、灰网和油迹。

（8）洞库内无非保管的易燃、易爆、腐蚀性物品。

（9）各种物资、器材按规定摆放，做到整齐划一。不混垛混储。垛位线和各堆垛距离符合规定。

（10）所管和在用的物资、器材、设备无故障、无丢失、无损坏缺件、无渗漏、无锈蚀、无霉烂变质、无虫蛀鼠咬。所管物资、油料无私自动用。

三、先进库房标准

（1）各种物资、器材按规定摆放，做到整齐划一，不混垛混储，垛位线和各堆垛距离符合规定。

（2）洞库内无非保管的易燃、易爆、腐蚀性物品。

（3）库房内无破布、桶盖、胶垫、胶盖、管头、管件等杂物，无鸟粪、积尘(不含浮灰)、灰网和油迹。

（4）所保管和在用的物资、器材、设备无故障、无丢失、无损坏缺件、无渗漏、无锈蚀、无霉烂变质、无虫蛀鼠咬。所管物资、油料无私自动用。桶装油料桶身清洁，无污垢，无渗漏，标记清晰，符合规定。

（5）各种规章制度、卡片、登记、记录齐全。认真进行各项检查，及时登记。无丢项、补记、漏记。

（6）认真执行"存新发旧，优质后用"的原则和油料、装备收发"三清四无""六不发"，油料装备验收的"一核对、四检查、试运转"等规定要求。严格遵守操作规程，按照收发凭证及时、准确、安全地完成收发任务。

（7）按时测量、清点所保管的油料、装备器材等物资，及时准确地登记，做到账、物、卡相符。

（8）严格执行各项规章制度，切实做到油料"七不"，油料装备保管"三定、五无"和油库设备管理"三勤、七无"。

（9）库房、设施内外无乱写乱画。门窗、玻璃清洁完好。

（10）安全工作落实，无火种、火迹、无责任事故和等级技术事故。消防器材配备齐全，性能良好，整齐清洁。

四、先进泵房标准

（1）各种设备完好，泵、电机运转正常。技术状态良好，附件齐全，渗漏不超过标准（填料：10 滴/min；机械密封：3 滴/min）。及时检查保养，做到"三勤"，达到"七无"。泵房内无非保管的易燃、易爆和腐蚀性物品。

（2）泵房内无破布、桶盖、胶垫、胶盖、管头、管件等杂物，无鸟粪、积尘（不含浮灰）、蛛网和油迹。泵房、设施内外无乱写乱画。门窗、玻璃清洁完好。

（3）各种规章制度和阀门操作图齐全、完整。机泵、阀门编号齐全，与操作图相符。严格执行泵房的操作规程和技术规定，正确操作，及时、准确、安全地完成油料收发任务。

（4）认真填写日检查和司泵记录，记载齐全，无补记、漏记。

（5）正确操作真空回油系统，不跑油、冒油。无私自动用油料。

（6）维修工具、通风、安全设施、消防器材等配备齐全，性能良好，整齐清洁。

（7）安全工作落实，无火种、火迹，无责任事故和等级技术事故。

五、先进罐区标准

（1）罐区内无非保管的易燃、易爆和侵蚀性物品。

（2）罐区设施完好、门窗玻璃齐全清洁，罐室内无破布、桶盖、胶垫、胶盖、管头、管件等杂物，无鸟粪、积尘（不含浮灰）、灰网，地面无油迹。

（3）做好油料保管工作，达到"七不"要求，按时测量，清查所保管的油料，及时准确地登记、统计，做到账、物、卡相符。

（4）罐区 10m 内不得有高杆农作物、树木，秋季要清除枯草；拦油池内不准有杂草，防火堤无裂纹、无渗漏，排水设施、阀门完好。

（5）认真执行"存新发旧，优质后用"的原则和油料收发"三清四无""六不发"的规定要求。严格遵守操作规程，按照收发凭证及时、准确、安全地完成收发任务。

（6）各种规章制度、卡片、登记、记录齐全。认真执行日检查制度，及时登记，无丢项、补记、漏记。

（7）油罐设备、附件技术状态良好，做到"三勤、七无"，所管物资、油料无私自动用。

（8）安全工作落实，无火种、火迹、无责任事故和等级技术事故。消防器材配备齐全，性能良好，整齐清洁。

六、先进发油（灌桶）亭（间）标准

（1）发油（灌桶）亭（间）工作人员，佩戴工作证，服务态度好，待人热情周到，发油数量准确，质量合格，无克扣、卡索，不以物谋私。

（2）发油（灌桶）亭（间）设备、附件技术状态良好，达到"三勤""七无"的要求，地面无油迹。设施完好、棚、墙无裂纹、渗漏，门窗玻璃齐全清洁。无破布、胶垫等杂物，无积尘（不含浮灰）、灰网、鸟粪等。

（3）发油（灌桶）亭（间）计量准确。在用的计量器具误差：流量表在±（0.3~0.5）％以内；磅秤必须在±0.2％以内，并按规定每半年检定一次。

（4）发油（灌桶）亭（间）防静电接地体、防静电连接线必须符合要求，每年测试二次（春、秋季）。按规定控制发油速度，注意鹤管插到罐底（10~20cm处），杜绝静电放电事故。

（5）安全工作落实，无火种、火迹，无责任事故和等级技术事故。消防器材配备齐全，性能良好，整齐清洁。

（6）发油手续齐全，有登记，做到日清月结。无私自、白条发油现象，无监守自盗行为。

七、先进变电所标准

（1）各种电气设备技术状态良好，变压器、仪表，运行、指示正常。变压器、开关柜配件齐全，无漏油。及时检查、保养，维修技术设备做到"三勤""七无"。

（2）变电所设施完好，墙、房顶无裂纹、漏雨、门窗玻璃齐全、清洁。室内无易燃、易爆等危险品，无其他与工作无关的杂物，无积尘、蛛网。变电所内外及电气设备上无乱写乱画。

（3）各种规章制度齐全、完整。严格执行变电所操作规程和技术规定，正确操作，及时、准确、安全地完成送变电任务。

（4）认真填写变电所电工值班记录。泵房电工值班记录，防雷、防静电接地电阻测试记录，项目记载齐全，无补记、漏记。

（5）变电所设备、仪表，每年都能按国家规定进行检定和耐压试验。维修工具、安全设施、消防设备等配备齐全，性能良好，整齐清洁。

（6）安全工作落实，无证不得上岗操作，无责任事故和技术等级事故。

（7）技术档案齐全，全库电气线路图、电原理图、防雷防静电接地体测试点分布图齐全准确。

八、先进洗桶厂标准

（1）各种机械、电气、控制设备运转正常，技术状态良好，附件齐全，能及时检查、保养维修。

（2）厂房设施完好，建筑无裂纹，基础无下沉、无漏雨，厂内无杂物、积尘（不含浮灰）灰网，无乱写乱画，门窗玻璃完好清洁。

（3）各种规章制度齐全、完整。严格执行洗桶厂的操作规程和技术规定，洗桶质量好，能按时完成洗桶任务。

（4）认真填写洗桶记录，记载齐全，无补记、漏记。

（5）维修工具、安全设施、消防器材配备齐全，性能良好、整齐清洁。

（6）安全工作落实，氧气、电石、酸、碱等物品有专人负责保管。全年无责任事故和等级技术事故。

（7）全厂人员操作熟练，争当多面手。每人必须熟练掌握两道以上洗桶工序的操作技术。洗桶合格率达到95%以上，返修率不大于5%。

九、先进更生厂标准

（1）各种设备、机泵、蒸馏釜运转正常，技术状态良好。附件齐全，渗漏不超过标准，能及时检查保养维修。

（2）更生厂设施完好，建筑无裂纹、漏雨。厂内无易燃、易爆等危险品，无其它与工作无关的杂物，无积尘、灰网。厂房内外及电气设备上无乱写乱画。门窗玻璃齐全、清洁。

（3）各种规章制度齐全、完整。严格执行更生厂的操作规程和技术规定，正确操作，能够生产出符合标准的合格产品，按时完成生产任务。

（4）认真填写生产记录。记载齐全，无补记、漏记。

（5）维修工具、安全设施、消防设备等配备齐全，性能良好，整齐清洁。

（6）安全工作落实，厂房内无火种、火迹，无责任事故和等级技术事故。

（7）往来账目清楚、无误，并有专人负责。

（8）全厂人员操作熟练，争当多面手，每人要掌握两道以上工序操作技术。更生油料质量达到标准，合格率100%。

十、先进修理所标准

（1）各种机床设备完好，运转正常，设备附件齐全，完好率在90%以上。

（2）修理所设施完好，建筑无裂纹、基础无下沉、不漏雨，所内无易燃易爆和侵蚀性物品，无积尘（不含浮灰）、灰网，所内外及设备无乱写乱画，门窗玻璃完好清洁。

（3）各种规章制度齐全、完整。严格执行各种机床的操作规程。正确操作，加工出合格产品，按时完成生产任务。

（4）认真填写工作记录，记载齐全，无补记、漏记。

（5）维修工具、安全设施、消防器材配备齐全，性能良好，整齐清洁。

（6）安全工作落实，氧气、电石等物品有专人负责，剧毒物品送保密室保管，双人取送。全年无责任事故和等级技术事故。

（7）全所人员技术熟练，争当多面手。每人必须熟练掌握两种以上机床操作、使用技术。能按时保质、保量地完成上级赋予的维修任务。

十一、先进锅炉房标准

（1）锅炉、通风、除尘、水泵、电气等设备运转正常，技术状态良好，各种附件齐全，能做到及时检查、保养、维修。

（2）锅炉房无其他易燃、易爆物品，无杂物、灰网，锅炉房内外及设备无乱写乱画，门窗玻璃完好清洁。

（3）各种规章制度齐全、完整。严格执行锅炉安全操作规程和技术规定，正确操作，保证安全，能按时完成取暖、加温任务。

（4）认真填写工作日记，交接班记录，记载齐全，无补记、漏记。

（5）维修工具、安全设施、消防器材配备齐全，性能良好、整齐清洁。

（6）安全工作落实。锅炉、安全阀、仪表等能按国家标准规定进行定期检定和检验，无证不得上岗操作，全年无责任事故和等级技术事故。

参 考 文 献

[1] 总后油料部．油库技术与管理手册[M]．上海：上海科学技术出版社，1997．

[2]《油库管理手册》编委会．油库管理手册[M]．北京：石油工业出版社，2010．

[3] 马秀让．石油库管理与整修手册[M]．北京：金盾出版社，1992．

[4] 马秀让．油库工作数据手册[M]．北京：中国石化出版社，2011．

[5] 杨进峰．油库建设与管理手册[M]．北京：中国石化出版社，2007．

编 后 记

20年前，我和老同学范继义曾参加《油库技术与管理手册》一书的编写，2012年我们两个老战友、老同学、老同乡、"老油料"，人老心不老，在新的挑战面前不服老，不谋而合地提出合编《油库业务工作手册》。两人随即进行资料收集，拟定编写提纲，并完成部分章节的编写，正准备交换编写情况并商量下一步工作时，范继义同志不幸于2013年6月离世。范继义的离世，我万分悲痛，也中断了此书的编写。

范继义同志是原兰州军区油料部高级工程师。他一生致力于油料事业，对油库管理，特别是油库安全管理造诣很深，参加了军队多部油库管理标准的制定，编写了《油库设备设施实用技术丛书》《油库安全工程全书》《油库技术与管理知识问答》《油库安全管理技术问答》《油库加油站安全技术与管理》《油库千例事故分析》《加油站百例事故分析》《油罐车行车及检修事故案例分析》《加油站事故案例分析》等图书。他的离世是军队油料事业的一大损失，我们将永远牢记他的卓越贡献。

范继义同志走后，我本想继续完成《油库业务工作手册》的编写，但他留下的大量编写《油库业务工作手册》素材的来源、准确性无法确定及他编写的意图很难完全准确理解，所以只好放弃继续完成这本巨著。但是其中很多素材是非常有价值的，再加上自己完成的部分书稿和积累的资料和调研成果，于是和石油工业出版社副总编辑章卫兵、首席编辑方代煊一起策划了《油库技术与管理系列丛书》。全套丛书共13个分册，从油库使用与管理者实际工作需要出发，收集了国内外油库管理及建设的新知识、新技术、新工艺、新标准、新设备和新材料，总结了国内油库管理的新经验和新方法，涵盖了油库技术与业务管理的方方面面。希望这套丛书能为读者提供有益的帮助。

马秀让

2016.9